Biología y Geología

1º Secundaria

M.ª Luisa Fernández Fernández
Miriam Gayo Escribano
Jesús Fernández Casanova
Miguel Antonio Ibáñez Martín

Mc Graw Hill

MADRID · BUENOS AIRES · CARACAS · GUATEMALA · MÉXICO
NEW YORK · PANAMÁ · SAN JUAN · BOGOTÁ · SÃO PAULO · AUCKLAND
HAMBURGO · LONDRES · MILÁN · MONTREAL · NUEVA DELHI · PARÍS
SAN FRANCISCO · SIDNEY · SINGAPUR · SAINT LOUIS · TOKIO · TORONTO

Contenido

Cómo se utiliza este libro

PRESENTACIÓN DE LA UNIDAD

El **Sumario** avanza los contenidos que se van a tratar en la unidad.

Comenzamos la unidad con un texto motivador sobre el tema que vamos a tratar.

Descubre es una actividad que pretende despertar tu curiosidad.

Aprender a aprender es una sección al inicio para que evalúes tus conocimientos previos al tema.

DESARROLLO DE CONTENIDOS

La estructura y secuenciación está trabajada para que los contenidos se den de forma ordenada, progresando en dificultad, de forma clara y concisa, con imágenes e infografías que ayudan a entender el contenido.

Todas las imágenes tienen contenido imprescindible, que se muestra de forma visual con la intención de facilitar la comprensión.

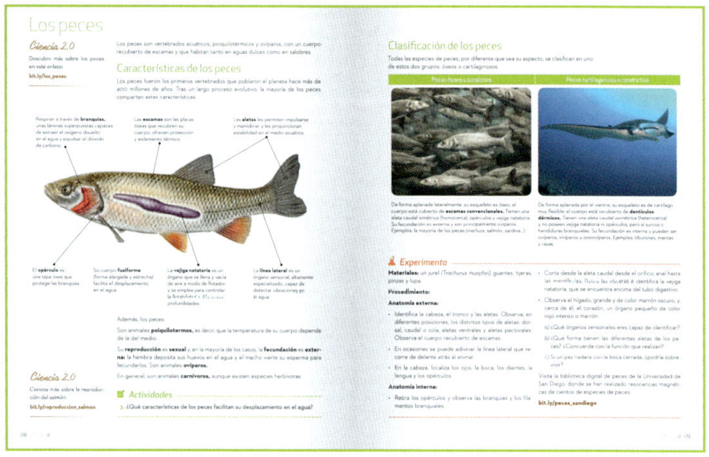

ACTIVIDADES

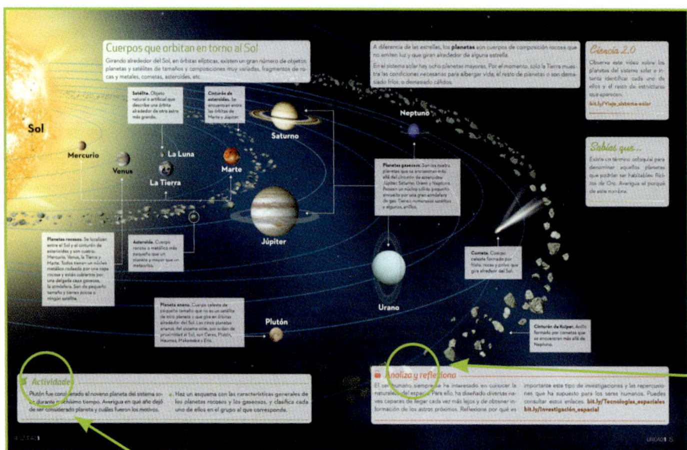

Te proponemos un reto

Con estas actividades aprenderás la importancia de la investigación y el razonamiento.

Analiza y reflexiona

Queremos que des un paso más y trabajes el pensamiento crítico.

Experimenta

Actividades para aplicar el método científico y para resolver en la práctica lo que se aprende en la teoría.

Actividades

Para reforzar lo que has aprendido.

Coopera y aprende

Ejercicios para resolver en equipo, realizando un trabajo cooperativo.

SECCIONES FINALES

Mapa conceptual

Complétalo y elabora un mapa mental.

Investigamos

Proponemos un trabajo de investigación cooperativo para profundizar en alguno de los contenidos.

Actividades finales

Se recogen los contenidos imprescindibles para que alcances los conocimientos necesarios. Están categorizadas por nivel de dificultad y distribuidas por epígrafes.

PISA

Para trabajar las competencias.

Hicieron Ciencia / Cineteca

Vamos a conocer importantes avances científicos y sus protagonistas, así como la relación entre cine y ciencia.

El desafío

Te proponemos un juego para repasar, de forma lúdica, los contenidos de la unidad.

PROYECTOS

Para cerrar bloques proponemos dos proyectos de investigación en los que se repasa parte del contenido.

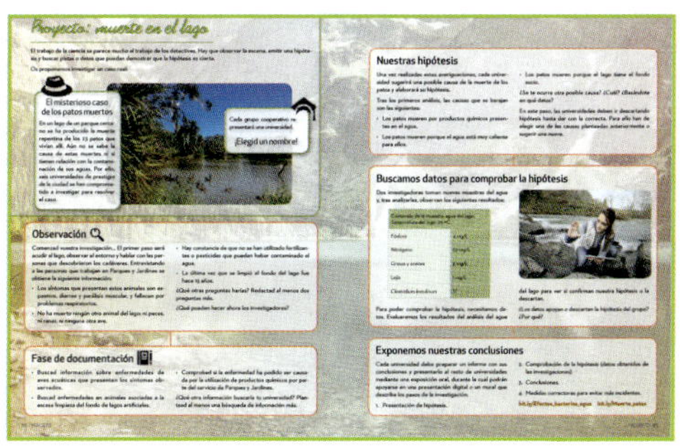

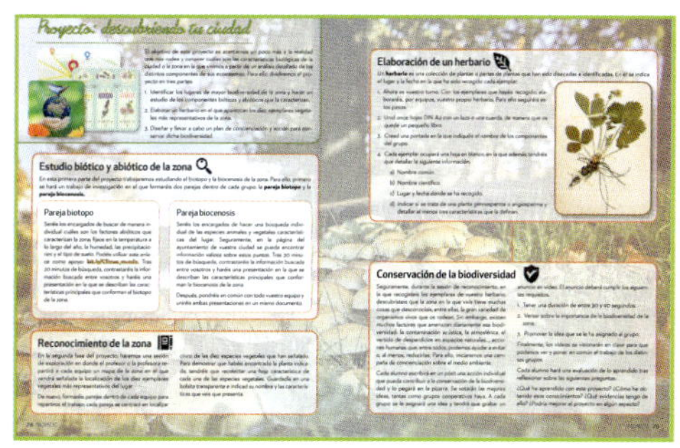

ANEXO

Un anexo que recoge todo lo que necesitas saber sobre el relieve terrestre y su evolución.

GLOSARIO

Un extenso vocabulario para que consultes los términos imprescindibles.

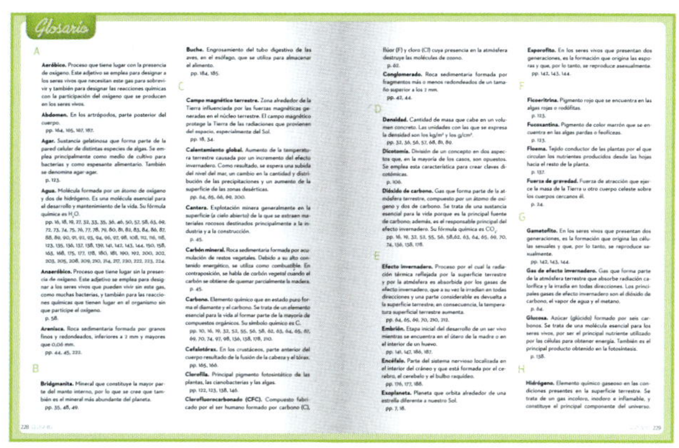

1 La Tierra en el universo

Sumario

«Hace veinte años, los astrónomos descubrieron el primer planeta alrededor de una estrella similar al Sol y lo denominaron *Dimidio* (antes *51 Pegasi b*). Desde entonces, los astrónomos han descubierto miles de nuevos mundos exóticos, han analizado atmósferas de planetas lejanos y desarrollan tecnología punta para lanzarnos en busca de vida alienígena.

Planetas con dos soles, planetas errantes sin estrella, primos cercanos al planeta Tierra. Esta es la historia de los primeros cazadores de planetas, y de cómo ahora están preparados para responder a una de las preguntas más antiguas de la humanidad: ¿hay vida en algún otro lugar del universo?»

Texto traducido y adaptado de Exoplanet Exploration Communications NASA Team.

Si quieres acceder a más información sobre este tema, consulta este enlace: bit.ly/another_earth

Descubre

Hace milenios los seres humanos comenzamos a explorar nuestro planeta en busca de nuevas tierras y nuevas formas de vida. Recientemente, los seres humanos hemos ampliado nuestros horizontes en busca de planetas hermanos capaces de albergar vida; los llamamos exoplanetas.

En la actualidad, existen dos misiones espaciales en busca de exoplanetas: el Proyecto Keppler, de la NASA, y el Proyecto PLUTO, de la Agencia Espacial Europea (ESA).

¿Conoces los diferentes cuerpos estelares que forman el universo? Observa las imágenes e indica el nombre de aquellos que conozcas.

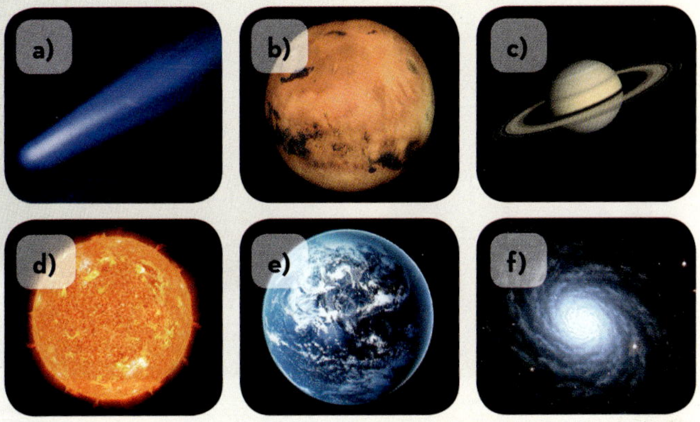

Una de las características que podemos observar en las imágenes es que algunos de estos cuerpos emiten luz. Elabora una tabla con dos columnas e indica cuáles emiten luz y cuáles no y contesta.

¿Por qué crees que emiten luz?

¿Sabrías decir cuáles de ellos son planetas? ¿En cuáles de ellos crees que podríamos encontrar vida? Explica por qué.

En el siguiente enlace podrás encontrar información sencilla de la Agencia Espacial Europea sobre el universo y nuestro sistema solar:

bit.ly/Información_Sistema_Solar

También puedes descubrir más sobre el Proyecto Kepler:

bit.ly/Proyecto_Kepler

¿Qué sé sobre el universo?

¿Qué quiero saber sobre el universo?

Conozco qué hay en el universo.

Sé dónde está la Tierra y los movimientos que realiza el planeta.

Entiendo qué es un eclipse.

Comprendo por qué hay cuatro estaciones.

El universo

El ser humano siempre se ha preguntado cómo son los astros y las estrellas que lo rodean, el universo del que forma parte. A lo largo de la historia, el concepto de universo ha variado.

Las civilizaciones primitivas observaban como el Sol «salía» cada mañana desde el mismo punto y se «ocultaba» en el punto opuesto. Esto les llevó a la idea de que la Tierra era plana y carente de movimiento.

Fueron los griegos quienes, con sus observaciones y sus cálculos, dedujeron que la Tierra era esférica y «flotaba» junto con otros astros. A partir de entonces surgieron teorías más científicas, como el geocentrismo y el heliocentrismo.

Modelo geocéntrico

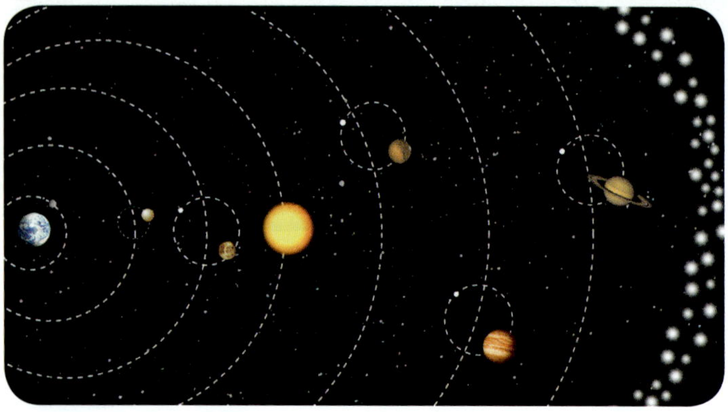

Este modelo fue descrito en el siglo II d. C. por Claudio Tolomeo y suponía que la **Tierra** estaba en el **centro del universo** y todos los astros giraban alrededor de ella. Este modelo se consideró válido durante varios siglos.
Se trataba de un modelo intuitivo porque desde la superficie del planeta parece que, efectivamente, son los astros los que se desplazan y la Tierra permanece quieta. Sin embargo, los cálculos contradijeron la intuición.

Modelo heliocéntrico

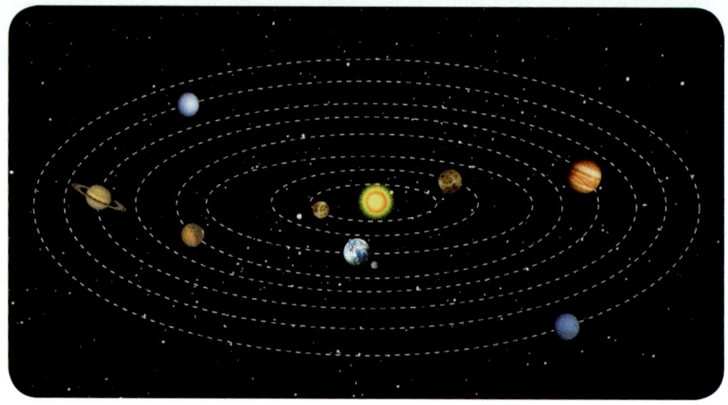

Este revolucionario descubrimiento se lo debemos a Nicolás Copérnico. Hace apenas 500 años que conocemos que el **Sol** es el **centro del sistema solar** y que los planetas giran en torno a él. Como suele ocurrir en ciencia, los cálculos se fueron acumulando durante siglos, hasta que las pruebas fueron irrefutables: el modelo geocéntrico no funcionaba, no explicaba correctamente las observaciones. Si el centro del sistema era el Sol los datos encajaban.

Actualmente, el **universo** se define como la suma de todo lo que existe y de las leyes físicas que lo rigen; esto engloba el tiempo, el espacio, la materia, la energía, etc.

De qué hablamos...

Relaciona cada definición con uno de estos términos: *teoría, hecho científico, ley* e *hipótesis*.

a. Fenómeno natural que se observa.

b. Idea para explicar un hecho observado.

c. Descripción de un fenómeno observado en la naturaleza que se cumple cada vez que se prueba.

d. Explica por qué suceden los hechos observados.

Origen y evolución del universo

Hoy en día no se sabe con certeza cómo se formó el universo, pero existen diversas teorías que intentan explicar su origen. Las más aceptadas son las que se exponen a continuación.

El origen: teoría del *big bang*

Según la teoría del *big bang*, también llamada de la gran explosión, hace unos 13 700 millones de años toda la materia estaba concentrada en un punto concreto del espacio. En un determinado momento, tuvo lugar una gran explosión que causó la expansión de esta materia en todas direcciones.

Poco a poco las enormes temperaturas descendieron y originaron agrupaciones de materia en forma de estrellas y planetas. Desde entonces, el universo continúa en evolución y movimiento, expandiéndose, pero cada vez más lentamente.

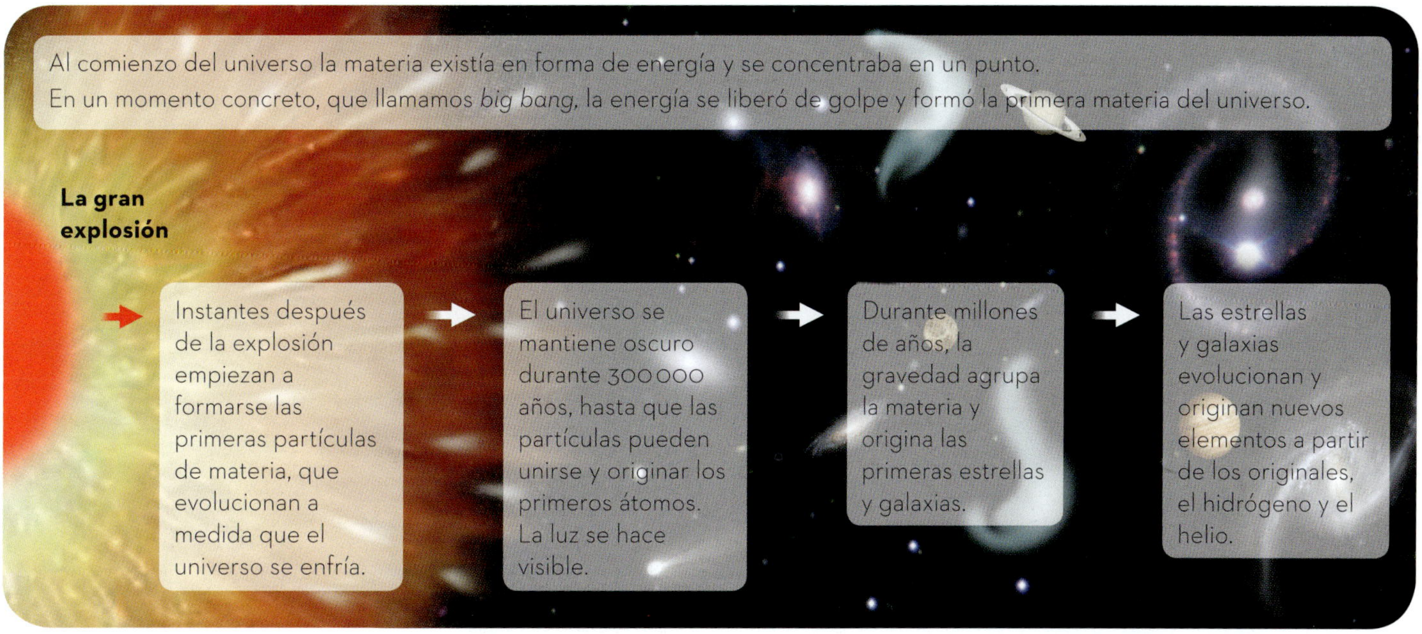

El universo inflacionario

La teoría del universo inflacionario propone que en los primeros instantes del universo, cuando todavía estaba muy caliente, el universo empezó a expandirse cada vez más rápido, hecho que aún tiene lugar en la actualidad.

Teoría del universo oscilante

Según esta teoría, el universo frenará su expansión y comenzará a contraerse hasta volver a unir toda la masa en un único punto, denominado *big crunch*.

Sabías que...

La teoría del *big bang* deja algunas incógnitas sin resolver: ¿por qué explotó la materia? ¿Cómo era la materia antes del instante de la explosión? ¿Cómo se explica el tamaño actual del universo?

Experimenta

Materiales: un globo, una pinza, un metro, un rotulador permanente.

Procedimiento:

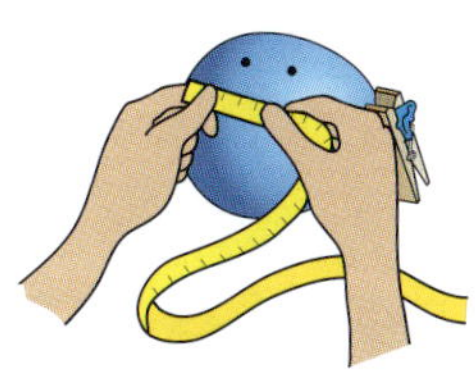

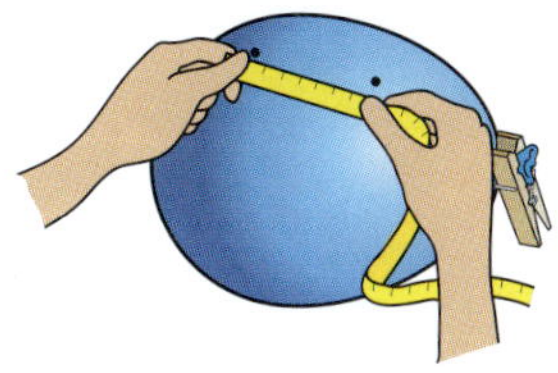

1. Infla un poco el globo; usa una pinza para que no se deshinche.
2. Pinta con el rotulador unos puntos negros a distintas distancias unos de otros. Ponle un número a cada uno de ellos. ¿Qué crees que representan estos puntos?
3. Mide las distancias entre los puntos y anota los resultados. Infla el globo un poco más. ¿Qué simulamos inflando el globo?
4. Vuelve a medir la distancia entre las galaxias. Repite el proceso varias veces. ¿La distancia entre puntos se mantiene, o crece cada vez más?

Qué piensas sobre...

Si las estrellas emiten luz y los planetas y satélites no, ¿por qué los vemos brillar en el cielo?

Al mirar al cielo, ¿cómo distinguirías una estrella de un planeta?

Los componentes del universo

La materia formada tras el *big bang* era muy sencilla. Prácticamente los únicos elementos del universo eran átomos de hidrógeno y de helio. Estos átomos comenzaron a agruparse y a formar protoestrellas. En ellas empezaron a tener lugar reacciones nucleares que generaron otros elementos químicos, como el litio, el sodio y el carbono.

En la actualidad, la materia toma forma de estrellas, planetas y otros cuerpos menores, que se agrupan y originan **galaxias** dispersas por todo el universo conocido.

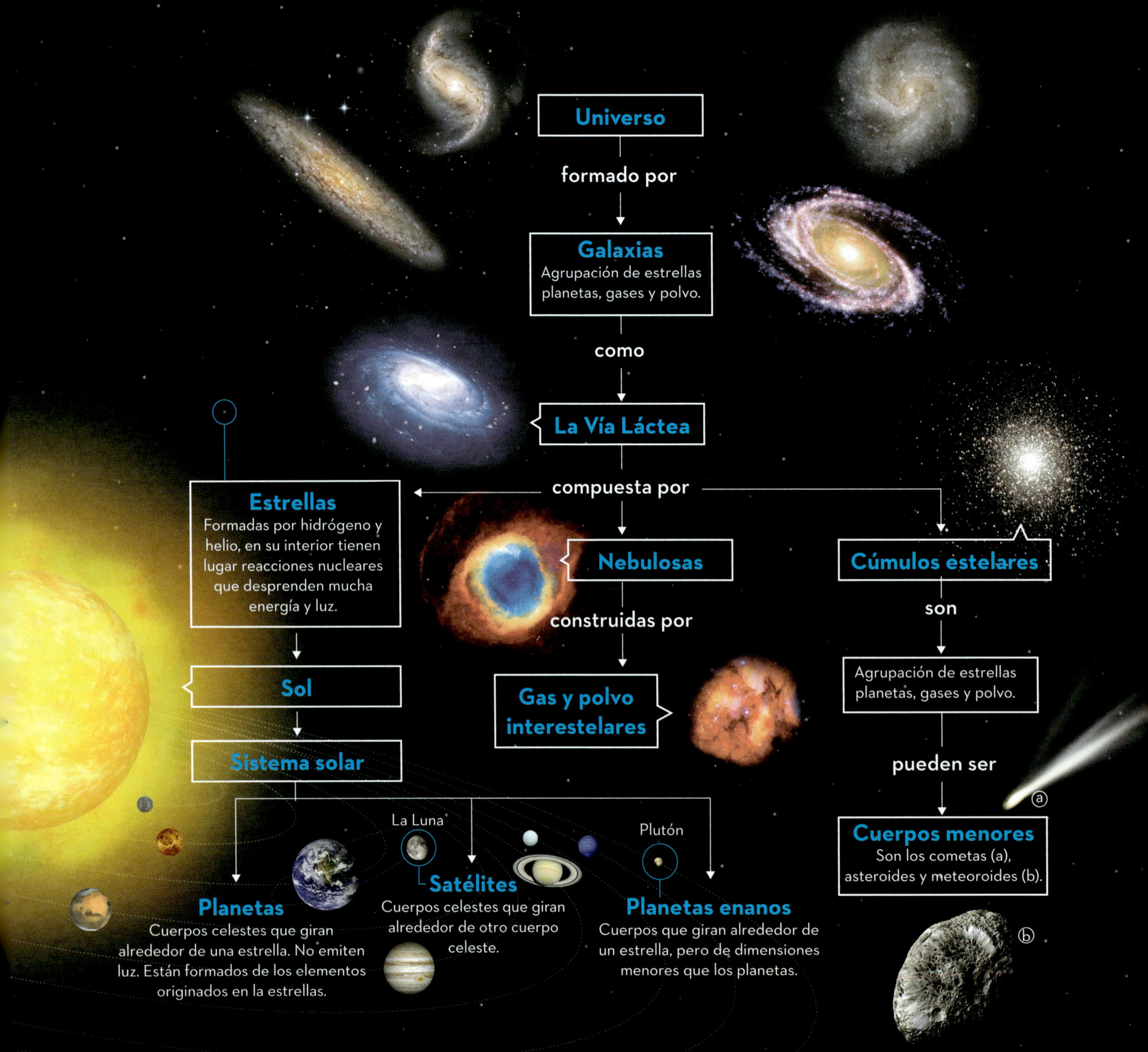

Las **galaxias** son enormes agrupaciones de estrellas, nebulosas, planetas y otros cuerpos. El número de galaxias en el universo se cuenta por miles de millones y estas pueden tomar forma elíptica, espiral o irregular.

Galaxia elíptica	Galaxia espiral	Galaxia irregular

La **Vía Láctea** es la galaxia donde se localiza nuestra estrella, el Sol, y, por lo tanto, también nuestro planeta, la Tierra.

La Vía Láctea está compuesta por unos 200 000 millones de estrellas, que se disponen formando una enorme espiral aplanada que gira alrededor de su centro como si fuera un remolino. El Sol se encuentra en uno de los brazos de la espiral, cerca del borde.

Sabías que...

El centro de la Vía Láctea se encuentra a unos 25 000 años luz de la Tierra y en él se localizan decenas de pequeños agujeros negros y un gran agujero negro llamado Sagitario A*.

Unidades de medida del universo

Las dimensiones de los cuerpos estelares y las distancias que los separan son enormes. Al igual que existen unidades para medir dimensiones muy pequeñas, también existen otras para trabajar con distancias enormes, como las que se barajan con los datos de astronomía. Las dos unidades más frecuentes son la unidad astronómica y el año luz.

Unidad astronómica

Es la distancia media entre la Tierra y el Sol. De manera aproximada equivale a 150 000 000 km.

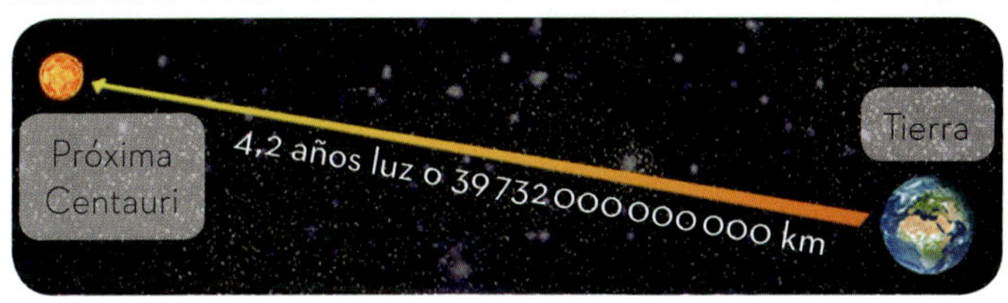

Año luz

Es la distancia que recorre la luz en un año. Equivale aproximadamente a 9 460 000 000 000 km.

Analiza y reflexiona

Queremos construir una gran maqueta del sistema solar de 10 metros de diámetro. Si sabemos que el diámetro real del sistema solar es de unas 20 000 unidades astronómicas, calcula a qué distancia se encontraría la Tierra del Sol en nuestra maqueta. Expresa el resultado en centímetros.

Actividades

1. Realiza en tu cuaderno un mapa mental del universo.

   El esquema debe contener un resumen de las ideas principales de todos los apartados.

2. Las teorías científicas pueden cambiar según se dispone de mejores instrumentos de medida y más datos, que son interpretados por la comunidad científica para llegar a acuerdos. ¿Cuál de las teorías sobre el origen y la evolución del universo te convence más? ¿Por qué?

La estructura del sistema solar

Ciencia 2.0

Accede al vídeo para conocer las misiones de la ESA (Agencia Espacial Europea) que exploran el sistema solar:

bit.ly/Exploración_sistema_solar

El **sistema solar** es un sistema planetario formado por una gran estrella, el Sol, y ocho planetas, con sus respectivos satélites, que giran a su alrededor en órbitas elípticas. También forman parte del sistema solar planetas enanos, asteroides, cometas, meteoritos y corpúsculos interplanetarios. Todos ellos se mueven dentro de la **Vía Láctea.**

Origen del sistema solar

Para explicar la formación del sistema solar existen diversas teorías, algunas de las cuales se han descartado porque no se corresponden con los datos observados; otras todavía están en discusión en la comunidad científica.

Actualmente la teoría más aceptada sobre la formación del sistema solar terrestre es la **teoría nebular o planetesimal** que supone que el sistema solar se formó hace unos 4600 millones de años a partir de una nebulosa de gas y polvo estelar en rotación.

Una nebulosa formada por polvo estelar empieza a girar sobre sí misma.

La materia se concentra en el centro de la nebulosa y da lugar al Sol en su etapa inicial. Recibe el nombre de **protosol.**

La materia de la nebulosa choca entre sí y se forman fragmentos cada vez más grandes.

La mayor parte de la materia de la nebulosa se ha concentrado en grandes cuerpos, los **planetas** y **satélites**.

Coopera y aprende

Vamos a descubrir cuál es la edad de nuestro planeta. Para ello, formamos grupos de cuatro estudiantes, que se numeran del uno al cuatro.

1. Pensad individualmente durante dos minutos cuál creéis que puede ser la edad de la Tierra.

- Cada participante escribe en su cuaderno lo que ha pensado.

2. Compartid vuestras respuestas con el grupo; debatid y elaborad una respuesta en común.
3. El docente dice un número en voz alta y el miembro seleccionado de cada grupo se levanta y se desplaza por la clase en busca de nuevas respuestas.
4. Los que estéis sentados debéis llamar a algún compañero de los que están levantados para que se una a vuestro grupo.
5. Los estudiantes levantados ocupan el lugar vacío en el nuevo grupo.

- A la señal del docente, comparten sus respuestas.

6. Finalmente, el docente da la indicación de regresar al grupo original para compartir la nueva información con los miembros de vuestro equipo.
7. Ahora ya está todo el mundo preparado para una gran puesta en común.

El Sol

Es la **estrella** que se encuentra en el centro del **sistema solar.**

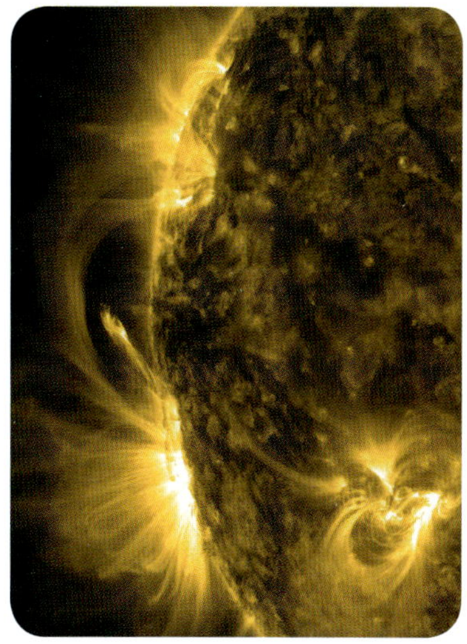

Las **estrellas** son cuerpos esféricos de plasma (un estado similar al gaseoso) que emiten luz y calor. Están formadas mayoritariamente por dos gases, hidrógeno y helio.

La luminosidad que presenta una estrella y la energía que desprende son consecuencia de las reacciones de la fusión nuclear que ocurren en su interior.

En el caso del Sol, su superficie se encuentra a unos 6000 °C, una temperatura similar a la del núcleo interno de la Tierra.

Las estrellas como el Sol son lugares muy especiales porque en ellos se forma a la materia del universo. Son enormes esferas incandescentes capaces de generar la energía necesaria para que átomos ligeros se unan y formen otros más pesados. Los átomos son los «ladrillos» de los que se compone la materia del universo.

Te proponemos un reto

El sistema solar se puede representar atendiendo a dos escalas: los diámetros de los planetas y su distancia al Sol. En esta actividad os proponemos que, de forma grupal, realicéis uno de los dos modelos.

Maqueta de diámetros	Maqueta de distancias al Sol
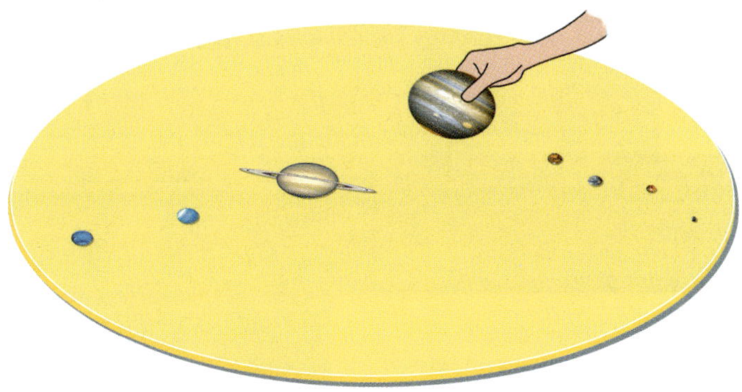	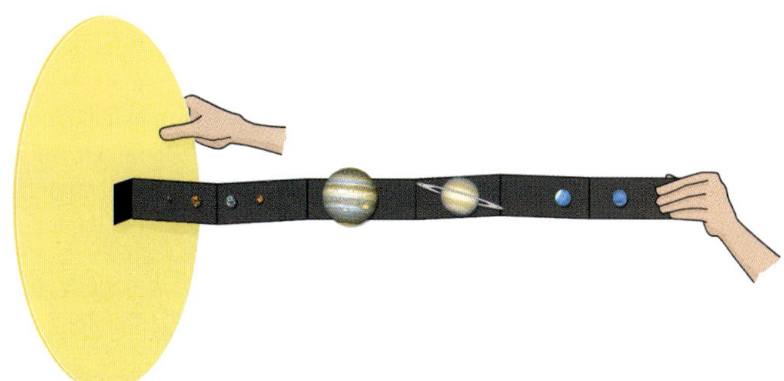
En papel continuo se recorta un círculo de color amarillo para representar el Sol. Los diferentes planetas se recortan en cartulina y se dibujan sus principales características para identificarlos con mayor facilidad. Finalmente, se pegan todos ellos sobre el disco solar.	Se corta una cartulina a tiras de 10 cm de ancho y se unen hasta tener una cinta de varios metros. A continuación, se dibujan, a la distancia que les corresponde, los diferentes planetas. Se recomienda utilizar una escala de 1 cm para cada 10 millones de kilómetros.

¿Os ha sorprendido el resultado de vuestro trabajo? ¿Ha cambiado la idea que teníais sobre las dimensiones del sistema solar?

Explicad por qué creéis que en los libros de texto y en las imágenes que representan el sistema solar no se aplican estas dos escalas.

Si queréis ampliar información sobre este tema, entrad en los siguientes enlaces para descubrir los secretos del sistema solar y su escala:

bit.ly/Secretos_sistema_solar

bit.ly/Escala_universo

Cuerpos que orbitan en torno al Sol

Girando alrededor del Sol, en órbitas elípticas, existen un gran número de objetos: planetas y satélites de tamaños y composiciones muy variadas, fragmentos de rocas y metales, cometas, asteroides, etc.

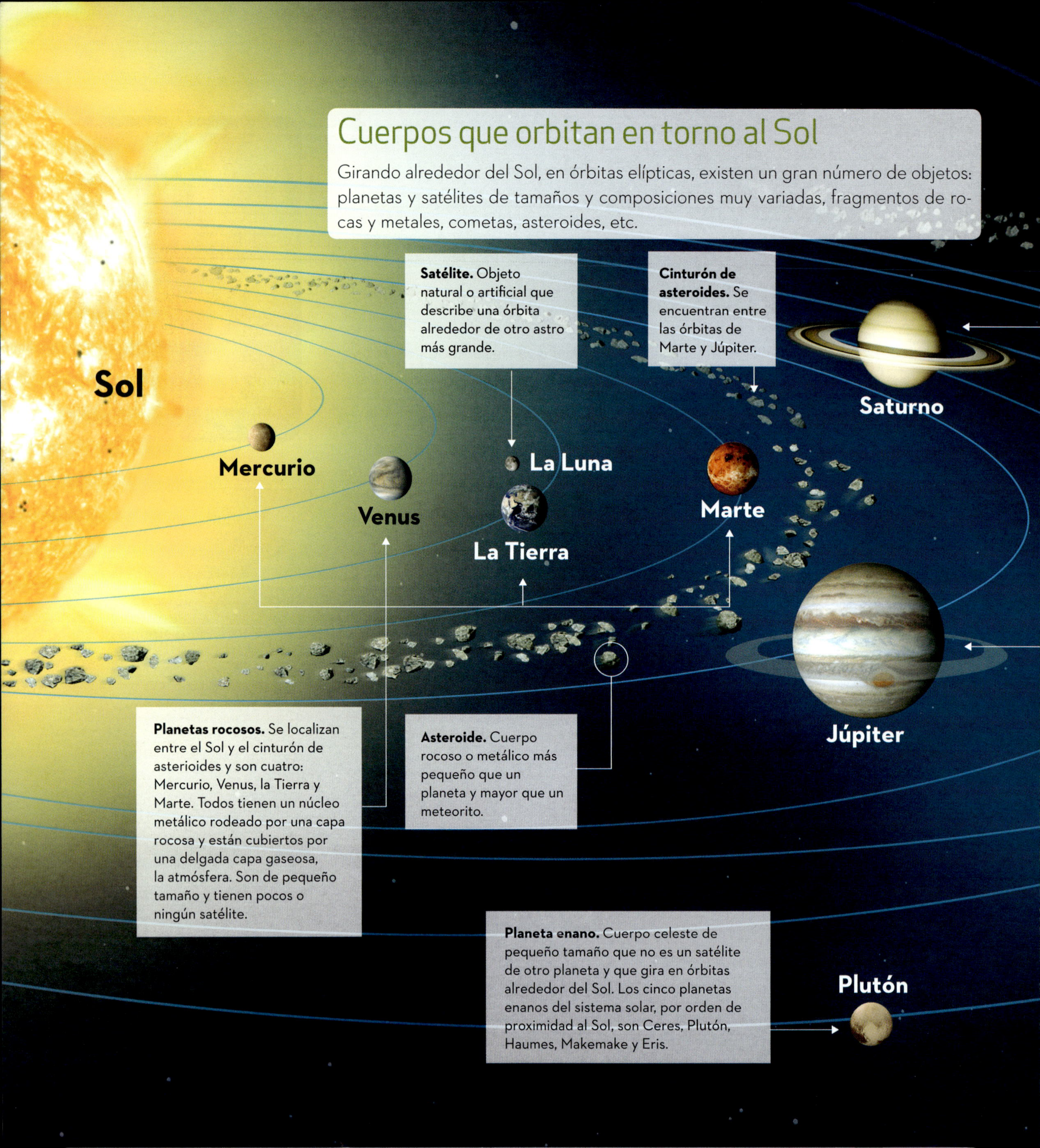

Satélite. Objeto natural o artificial que describe una órbita alrededor de otro astro más grande.

Cinturón de asteroides. Se encuentran entre las órbitas de Marte y Júpiter.

Planetas rocosos. Se localizan entre el Sol y el cinturón de asterioides y son cuatro: Mercurio, Venus, la Tierra y Marte. Todos tienen un núcleo metálico rodeado por una capa rocosa y están cubiertos por una delgada capa gaseosa, la atmósfera. Son de pequeño tamaño y tienen pocos o ningún satélite.

Asteroide. Cuerpo rocoso o metálico más pequeño que un planeta y mayor que un meteorito.

Planeta enano. Cuerpo celeste de pequeño tamaño que no es un satélite de otro planeta y que gira en órbitas alrededor del Sol. Los cinco planetas enanos del sistema solar, por orden de proximidad al Sol, son Ceres, Plutón, Haumes, Makemake y Eris.

Actividades

3. Plutón fue considerado el noveno planeta del sistema solar durante muchísimo tiempo. Averigua en qué año dejó de ser considerado planeta y cuáles fueron los motivos.

4. Haz un esquema con las características generales de los planetas rocosos y los gaseosos, y clasifica cada uno de ellos en el grupo al que corresponde.

A diferencia de las estrellas, los **planetas** son cuerpos de composición rocosa que no emiten luz y que giran alrededor de alguna estrella.

En el sistema solar hay ocho planetas mayores. Por el momento, solo la Tierra muestra las condiciones necesarias para albergar vida; el resto de planetas o son demasiado fríos, o demasiado cálidos.

Ciencia 2.0

Observa este vídeo sobre los planetas del sistema solar e intenta identificar cada uno de ellos y el resto de estructuras que aparecen:

bit.ly/Viaje_sistema-solar

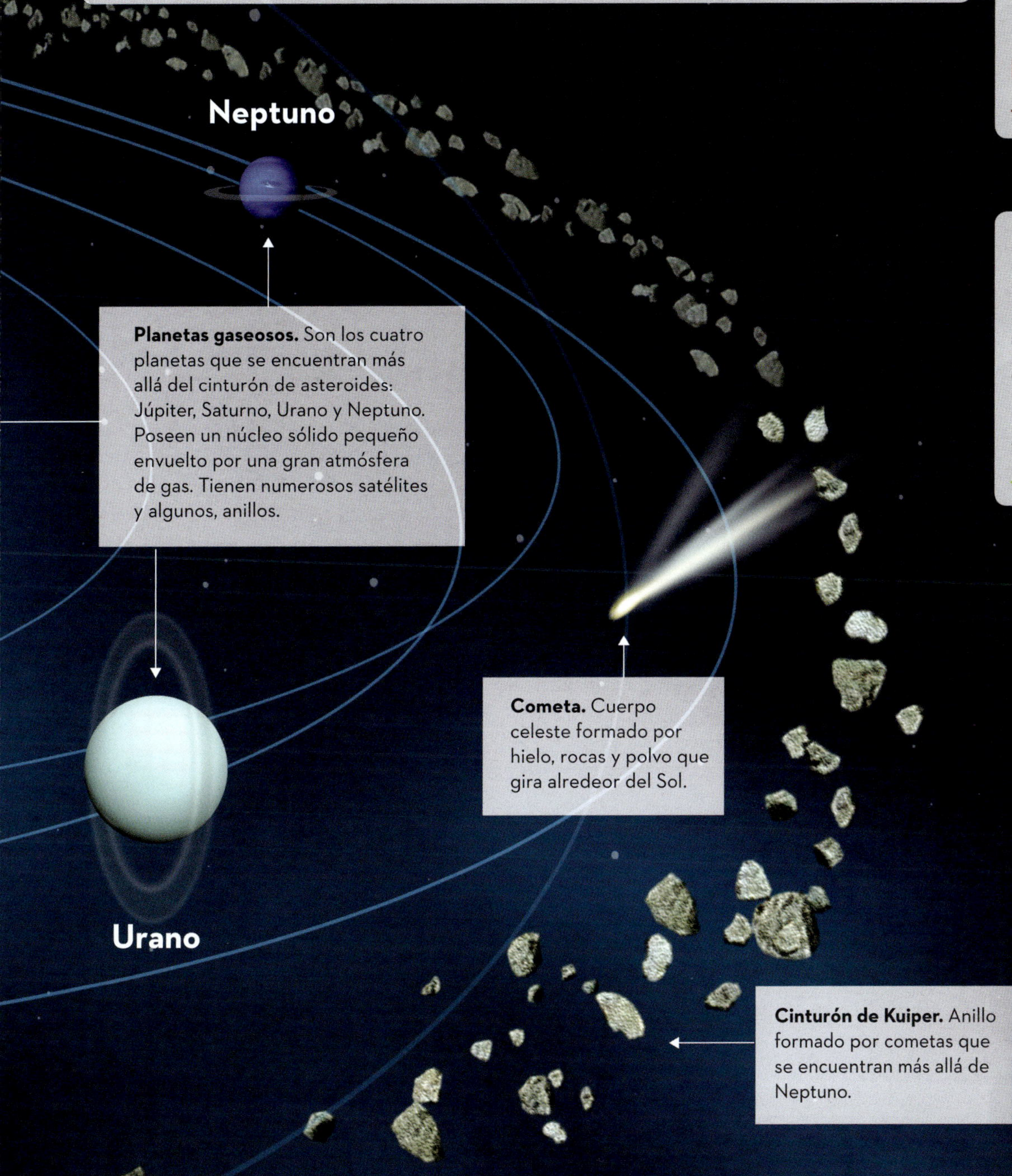

Planetas gaseosos. Son los cuatro planetas que se encuentran más allá del cinturón de asteroides: Júpiter, Saturno, Urano y Neptuno. Poseen un núcleo sólido pequeño envuelto por una gran atmósfera de gas. Tienen numerosos satélites y algunos, anillos.

Cometa. Cuerpo celeste formado por hielo, rocas y polvo que gira alredeor del Sol.

Cinturón de Kuiper. Anillo formado por cometas que se encuentran más allá de Neptuno.

Sabías que...

Existe un término coloquial para denominar aquellos planetas que podrían ser habitables: *Ricitos de Oro*. Averigua el porqué de este nombre.

Analiza y reflexiona

El ser humano siempre se ha interesado en conocer la naturaleza del espacio. Para ello, ha diseñado diversas naves capaces de llegar cada vez más lejos y de obtener información de los astros próximos. Reflexiona por qué es importante este tipo de investigaciones y las repercusiones que ha supuesto para los seres humanos. Puedes consultar estos enlaces: **bit.ly/Tecnologías_espaciales** **bit.ly/Investigación_espacial**

Los planetas, uno a uno

Los planetas interiores son más pequeños y tienen una superficie compuesta de material **rocoso.** Tienen una rotación lenta en comparación con los gaseosos. Casi todos tienen atmósferas finas y pocos o ningún satélite, y no tienen anillos.

Mercurio

Temperatura media superficial: 166 ºC
Gravedad (m/s^2): 3,70
Periodo de traslación (años): 0,24
Diámetro/ distancia al Sol: 4 900 km/ 58 mill. km
Satélites: 0
Atmósfera: no tiene una atmósfera verdadera.

- Se parece a la Luna en su tamaño y composición.
- Como en la Luna, su superficie está llena de cráteres.

Venus

Temperatura media superficial: 450 ºC
Gravedad (m/s^2): 8,87
Periodo de traslación (años): 0,62
Diámetro/ dist. al Sol: 12 100 km/ 108 mill. km
Satélites: 0
Atmósfera: vapor de agua y ácido sulfúrico muy denso.

- La cara soleada se ve al atardecer y al amanecer.
- Gira en sentido contrario.
- La presión atmosférica es cien veces mayor que en la Tierra.

Tierra

Temperatura media superficial: 15 ºC
Gravedad (m/s^2): 9,78
Periodo de traslación (años): 1
Diámetro/ dist. al Sol: 12 755 km/ 150 mill. km
Satélites: 1
Atmósfera: nitrógeno y oxígeno.

- Es el único planeta conocido con vida.
- Es el único planeta conocido con agua líquida cubriendo su superficie.

Marte

Temperatura media superficial: -23 ºC
Gravedad (m/s^2): 3,71
Periodo de traslación (años): 1,88
Diámetro/ dist. al Sol: 6 794 km/ 228 mill. km
Satélites: 2
Atmósfera: dióxido de carbono, nitrógeno y argón.

- En el pasado Marte tuvo agua líquida en su superficie formando ríos.
- Tiene un volcán de 200 km de altitud llamado Monte Olimpo.

Los planetas **gaseosos o gigantes** se caracterizan por tener atmósferas muy densas y gruesas formadas fundamentalmente de hidrógeno y helio. También poseen anillos y numerosos satélites. Hay discrepancias en el número real de satélites, ya que algunos de ellos son pequeños y ciertos científicos no los tienen en cuenta.

Júpiter

Temperatura media superficial: -121 ºC
Gravedad (m/s^2): 23,12
Periodo de traslación (años): 1,86
Diámetro/ dist. al Sol: 143 000 km/ 780 mill. km
Satélites/ anillos: 4 mayores – 67/ SÍ
Atmósfera: hidrógeno, helio, metano y amoniaco.

- Tiene una fina capa de anillos.
- Su masa es 3 000 veces mayor que la Tierra.
- Si fuese diez veces mayor podría ser una estrella.

Saturno

Temperatura media superficial: -140 ºC
Gravedad (m/s^2): 8,96
Periodo de traslación (años): 29,45
Diámetro/ dist. al Sol: 220 500 km/ 1 427 mill. km
Satélites/ anillos: 63/ SÍ
Atmósfera: hidrógeno, helio, metano y amoniaco.

- Su masa es 95 veces mayor que la Tierra y su tamaño diez veces mayor.
- Sus anillos están formados de polvo y cristales de hielo.

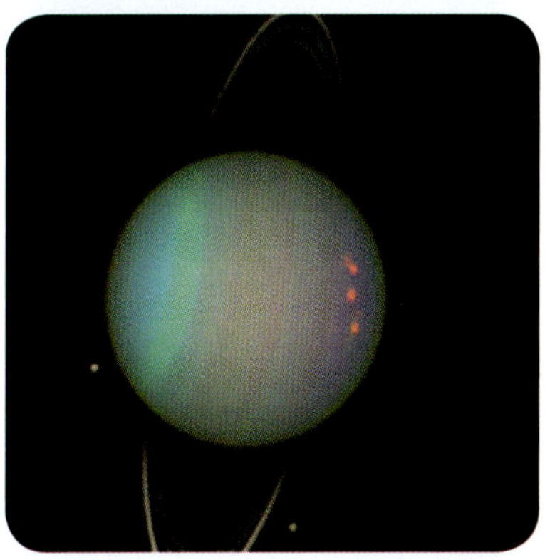

Urano

Temperatura media superficial: -197 ºC
Gravedad (m/s^2): 8,69
Periodo de traslación (años): 84,02
Diámetro/ dist. al Sol: 51 115 km/ 2 871 mill. km
Satélites/ anillos: 15/ SÍ
Atmósfera: hidrógeno y helio.

- Gira con su eje de rotación tumbado.
- Uno de sus satélites, Tritón, gira en sentido contrario al resto de sus satélites.

Neptuno

Temperatura media superficial: -220 ºC
Gravedad (m/s^2): 11
Periodo de traslación (años): 164,79
Diámetro/ dist. al Sol: 49 500 km/ 4 500 mill. km
Satélites/ anillos: 8/ SÍ
Atmósfera: hidrógeno, helio y metano.

- Su plano de traslación es diferente al del resto de los planetas del sistema solar.
- Emite más luz de la que recibe del Sol.

La Tierra, un planeta excepcional

El planeta Tierra posee unas características muy particulares que han permitido el desarrollo de la vida. De momento, no se conoce ningún otro astro del sistema solar que también albergue vida, pero los hay que muestran las características necesarias. Veamos cuáles son.

Distancia adecuada al Sol, que permite una temperatura media de 15 ºC y agua en los tres estados de agregación (sólido, líquido y gaseoso).

El tamaño del planeta le permite retener los gases y formar una **atmósfera.** En la actualidad posee oxígeno, un gas esencial para muchos organismos.

La **Luna,** el satélite de la Tierra, es el causante de las mareas y de otros fenómenos importantes para la vida.

Tamaño adecuado del Sol. Si fuera más pequeño, no llegaría suficiente energía a la Tierra, y si fuese mayor, ya hubiera dejado de brillar.

La Tierra genera un **campo magnético** como si fuera un gran imán, lo que le protege de la radiación dañina del Sol.

El planeta muestra **actividad geológica** (volcanes, terremotos y formación de montañas), lo que favorece la vida en la Tierra.

Actividades

5. ¿Los gases de la atmósfera terrestre son distintos a los de otros planetas del sistema solar? Cita tres gases que existan en la Tierra y que posibiliten la vida y que, además, estén en otros planetas.

¿Qué diferencias encuentras entre la Tierra y el resto de planetas con relación a estos gases?

6. Indica cinco características fundamentales para la vida en la Tierra.

¿Hay algún otro planeta que comparta alguna de estas características? En caso afirmativo, ¿cuál es la diferencia con respecto a la Tierra?

7. Investiga qué son los exoplanetas. ¿Podrías nombrar alguna misión espacial actual que los busque?

8. ¿Sabrías decir al menos dos características que deba tener un exoplaneta para ser considerado habitable?

9. La NASA (Agencia Espacial Estadounidense) ha creado en su página web una aplicación que permite realizar viajes simulados por diferentes exoplanetas más allá del sistema solar.
Puedes visitar esta Oficina de Turismo virtual de la NASA y descargarte pósters de estos viajes.
bit.ly/Exploración_exoplanetas

Los subsistemas terrestres

La Tierra es un planeta formado por diferentes **capas** (llamadas subsistemas), íntimamente relacionadas entre sí, que intercambian materia y energía.

Gracias a estos intercambios, la Tierra ha evolucionado a lo largo de sus 4600 millones de años de existencia: ha pasado de ser un planeta ardiente volcánico y sin vida a ser un planeta único, lleno de organismos extraordinarios.

Las capas o subsistemas que permiten la vida del planeta son:

Sabías que...

El planeta Tierra no es una simple esfera rocosa inerte. Nuestro planeta es un planeta activo, se mueve por dentro.

Actividades

10. Observa las imágenes e indica a qué subsistema o capa pertenece cada elemento de la lista y qué relaciones mantiene con otros subsistemas. Recuerda que estas relaciones tienen que ver con el intercambio de materia y energía entre los subsistemas.

11. ¿Crees que la atmósfera era igual hace 4600 millones de años que hoy en día? ¿En qué crees que ha cambiado? ¿Cuál de los subsistemas terrestres crees que ha cambiado más desde la formación del planeta? Razona la respuesta.

Sabías que...

Katherine Coleman Goble Johnson es una científica espacial y matemática. Gracias a su extraordinaria capacidad de cálculo, realizó, junto a su equipo, los cálculos de las trayectorias de vuelo que permitieron el primer viaje orbital del Apollo 11 y su aterrizaje en la Luna en 1969.

Los movimientos terrestres

La Tierra, como los demás planetas del sistema solar, **gira sobre sí misma** y se desplaza siguiendo una órbita elíptica **alrededor del Sol,** sin detenerse. Estos movimientos se producen simultáneamente. Son el movimiento de **rotación** y el de **traslación.**

Movimiento de rotación

Es el giro de la Tierra sobre un eje imaginario que la atraviesa del polo norte al polo sur. Este eje está ligeramente inclinado, unos 23,5º respecto al plano de traslación.

La Tierra tarda 24 horas en dar un giro completo, que es el tiempo que dura un día terrestre.

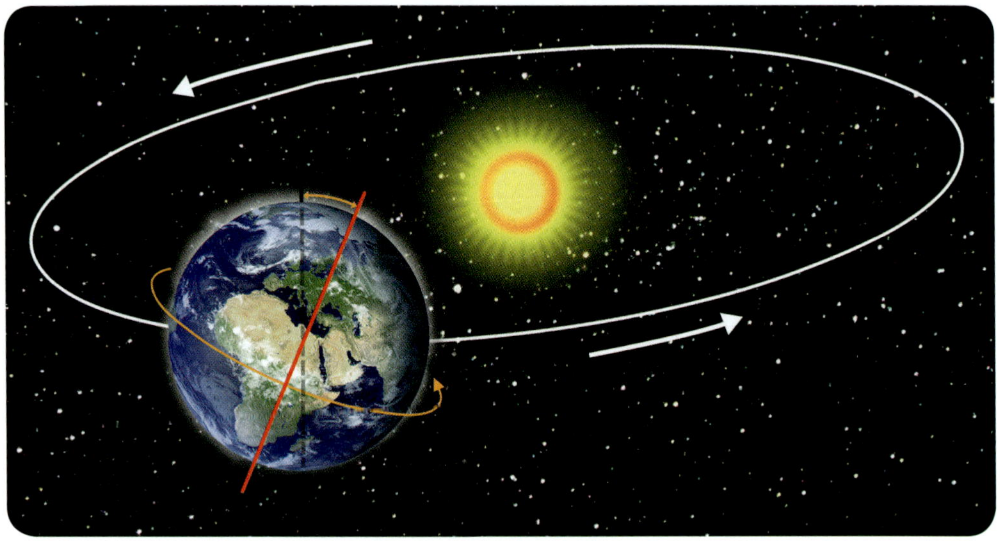

En la imagen, las partes iluminadas por el Sol son las zonas en las que es de día, y en las que no llega la luz del Sol es de noche.

Movimiento de traslación

Es el movimiento de la Tierra alrededor del Sol. Ese recorrido u órbita dura aproximadamente 365 días y seis horas (año terrestre) y tiene una forma ligeramente elíptica.

A lo largo del recorrido, se dan cuatro posiciones principales que determinan cuatro periodos o estaciones a lo largo del año.

> Las **estaciones** son periodos de tiempo de unos tres meses en los cuales las condiciones del clima (lluvias, temperaturas, etc.) se mantienen constantes en una zona, dentro de unos límites.

Las estaciones del año varían según el hemisferio del planeta Tierra donde nos encontremos, siendo la situación opuesta a un lado y otro del ecuador.

Que existan las estaciones depende fundamentalmente de dos factores:

- De la **distancia que separa la Tierra del Sol,** que no es la misma en todo el recorrido; esto sucede porque la trayectoria es elíptica, no circular.
- De la **inclinación del eje de rotación,** de unos 23,5º respecto al plano de traslación, lo que provoca que los rayos solares incidan de distinta manera dependiendo del lugar del planeta en el que nos encontremos.

Sabías que...

El 4 de enero la Tierra está a unos 147 millones de kilómetros del Sol.

El 4 de julio la Tierra está a unos 152 millones de kilómetros del Sol.

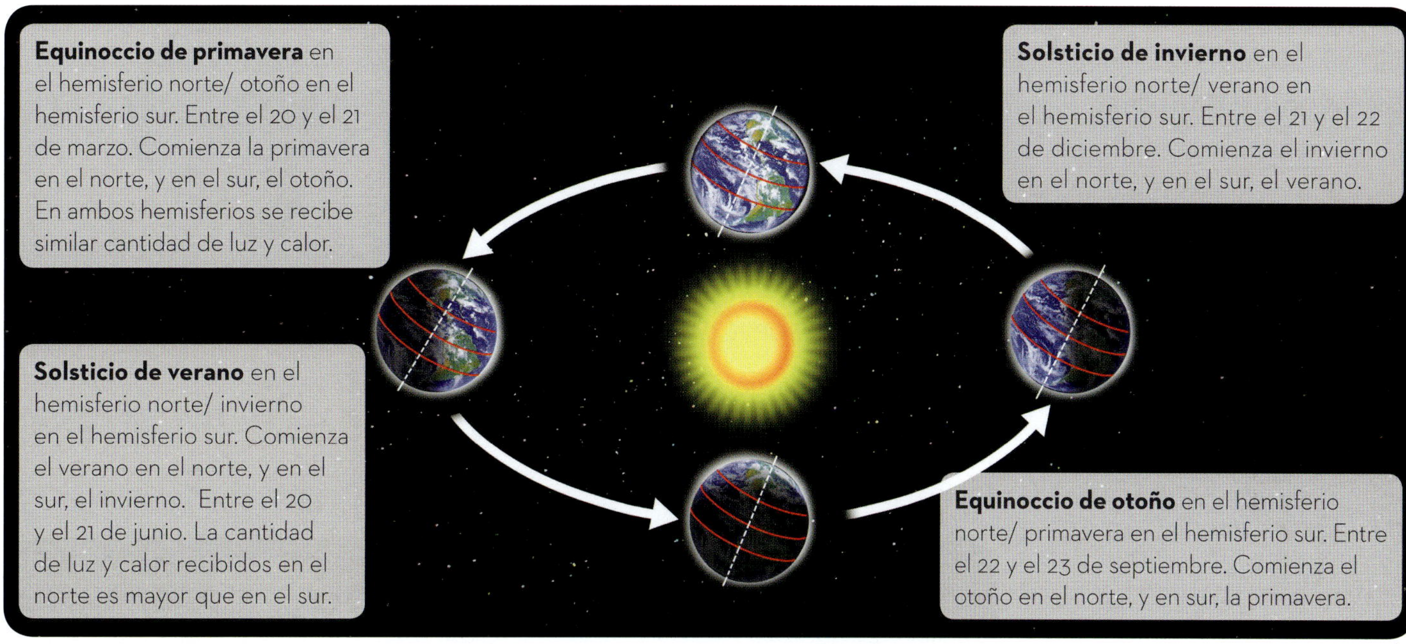

Experimenta

Vamos a construir una sencilla maqueta para observar los movimientos de la Tierra y la Luna con respecto al Sol y los efectos que provocan.

Materiales: tres bolas de poliespán de 10 cm (Sol), 5 cm (Tierra) y 1 cm (Luna); una base plana de poliespán tamaño A4; un palillo de madera de unos 20 cm; una linterna; 1 metro de alambre fino; unos alicates.

Procedimiento:

En grupos de cuatro, y con los conocimientos que habéis adquirido, debéis:

- Enrollad, como muestra la imagen, el alambre sobre el palillo.
- Dejad unos 10 cm de alambre, dobladlo y pinchad la bola de 5 cm (Tierra).
- Enrollad otro trozo de alambre sobre el eje de la Tierra; esta vez dejad unos 5 cm, doblad y colocad la bola de la Luna.
- Finalmente, pinchad la bola de 10 cm (Sol) en el palillo y este en la base de poliespán).

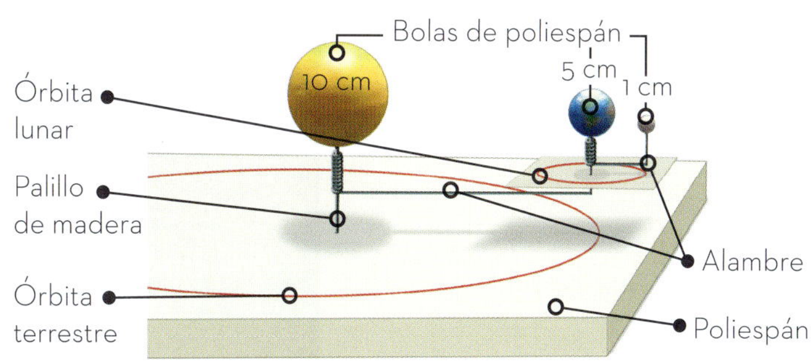

Puedes decorar la maqueta dando color a tus astros y pintando sobre la base las órbitas de la Tierra y la Luna. Esta maqueta nos servirá más adelante para otros experimentos.

Utilizad las esferas del Sol y la Tierra para simular las estaciones:

- Coloca la Tierra en la posición de otoño en el hemisferio sur e ilumínala con la linterna.
- Coloca la Tierra en la posición de solsticio de verano en el hemisferio norte.

Puedes hacer unas etiquetas para colocar en la base que indiquen las posiciones de inicio de cada estación.

La Luna, satélite de la Tierra

Qué piensas sobre...

La superficie de la Luna está llena de impactos de meteoritos.

¿En qué fase lunar sería más apropiado observarla con prismáticos para ver los cráteres? ¿Por qué?

Si la Luna está llena de cráteres, ¿por qué no lo está la Tierra?

El satélite natural de la Tierra es la Luna. Es el lugar más lejano de la Tierra que ha pisado el ser humano.

La teoría más aceptada sobre el origen de la Luna explica que se formó tras una enorme colisión entre la Tierra y un planeta del tamaño de Marte llamado Theia. Tras la colisión, se desprendieron rocas y metales fundidos que formaron la Luna.

Ciencia 2.0

Puedes ver una nueva explicación sobre el origen de la Luna en el siguiente enlace:

bit.ly/origen_Luna

Características de la Luna

- La distancia a la Tierra es de 385 000 km.
- Su tamaño es cuatro veces inferior al de la Tierra.
- No tiene atmósfera.

- Las zonas oscuras se denominan **mares** y corresponden a las zonas más profundas. Antiguamente se pensaba que realmente eran mares. Las zonas claras corresponden a terrenos más elevados, como grandes mesetas llamadas ***terrae*** o **tierras** que están llenas de cráteres de impacto.
- La masa de la Luna es menor que la de la Tierra, por ello, su gravedad es menor que la de la Tierra. Su escasa gravedad también impide la existencia de una atmósfera lunar.

La Luna tarda **28 días** en dar una vuelta completa a la Tierra, el mismo tiempo que necesita para dar una vuelta sobre sí misma.

Sabías que...

Por el hecho de que coinciden el tiempo que tarda la Luna en dar una vuelta alrededor de la Tierra y el de dar una vuelta sobre sí misma, la Luna siempre nos muestra la misma cara.

bit.ly/cara_Luna

Traslación de la Luna: las fases

La Luna es un satélite y, por tanto, un cuerpo rocoso que **no emite luz.**

Entonces, ¿por qué la vemos brillar en el cielo?

La Luna brilla porque refleja la luz que le llega del Sol, como un enorme espejo, pero este espejo se mueve y, por tanto, su reflejo cambia. A estos cambios los llamamos *fases lunares*.

Una vuelta completa de traslación de la Luna alrededor de la Tierra se denomina ciclo lunar y dura 29 días. En él se dan diferentes fases, debidas al reflejo de la luz del Sol sobre su superficie.

En un ciclo lunar se observan cuatro fases, cada una de las cuales tiene una duración aproximada de una semana: luna llena, cuarto creciente, cuarto menguante y luna nueva.

Sabías que...

Isaac Newton expuso lo siguiente: «Es de la misma naturaleza la fuerza que hace que los objetos caigan con aceleración constante en la Tierra (gravedad terrestre) y la fuerza que mantiene en movimiento los planetas y las estrellas».

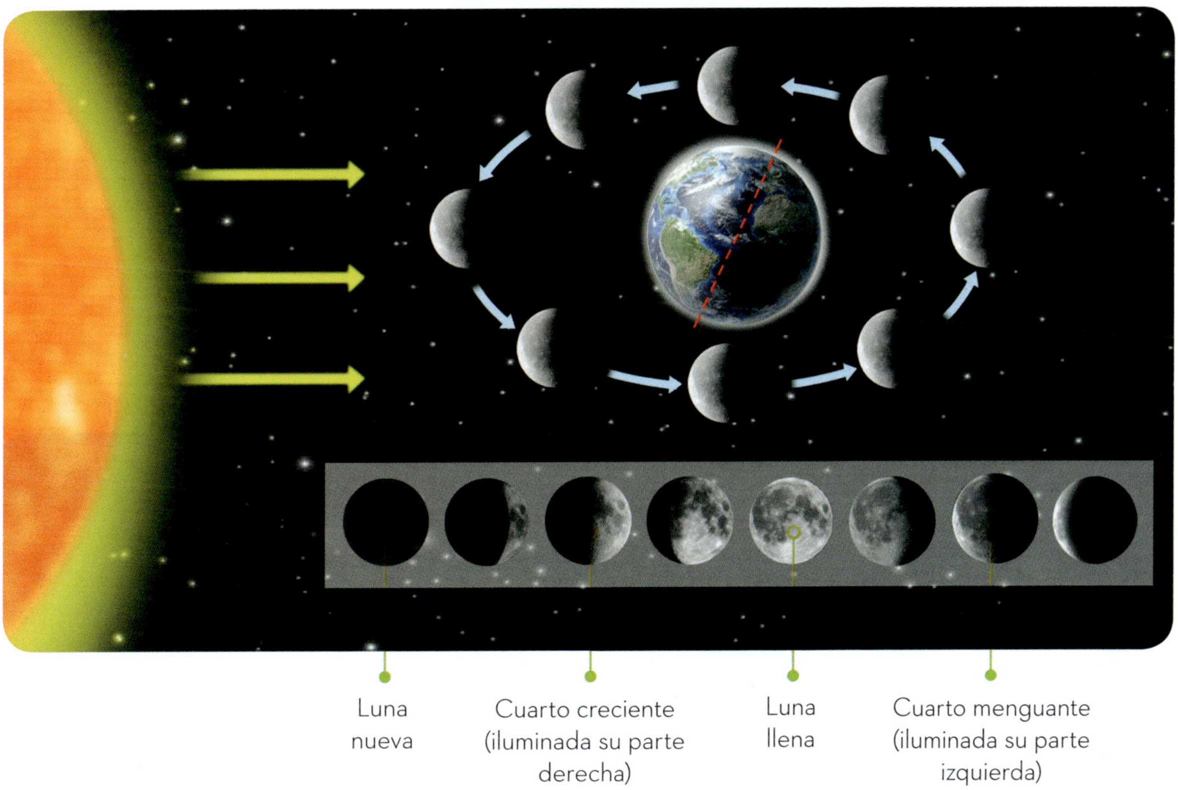

Actividades

12. Haz un esquema resumen en tu cuaderno indicando las características principales de la Luna.

13. Por grupos y con la maqueta del sistema solar que habéis elaborado:

a) Colocad la Luna y la Tierra en fase de luna llena.

b) Colocad la Luna y la Tierra en fase de cuarto creciente.

c) Simulad el movimiento de rotación y traslación de la Luna para comprobar por qué solo vemos una cara de la Luna.

Ciencia 2.0

Para ver maquetas de eclipses y fases lunares, puedes consultar este enlace:

bit.ly/Astronomía_Luna

bit.ly/Fases_lunares

Efectos de la Luna en la Tierra

Los eclipses

Cuando desde la Tierra un astro queda oculto por otro, tiene lugar un **eclipse.** Los eclipses que se pueden ver son los de Sol y los de Luna.

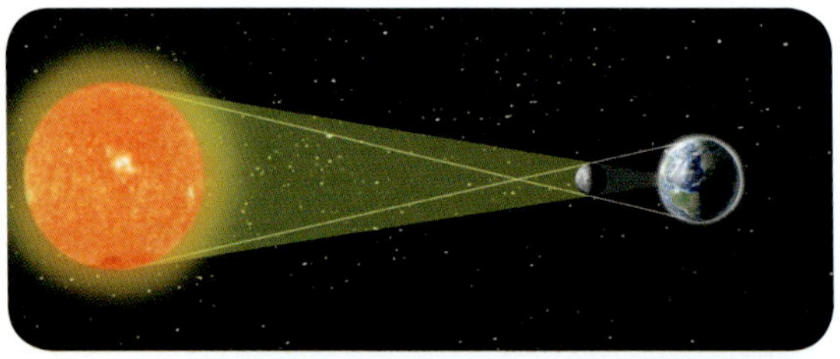

La **Luna** se sitúa entre el Sol y la Tierra y proyecta su pequeña sombra sobre algunas partes de la superficie del planeta. En esos lugares no ven el Sol durante unos minutos.

La **Tierra** se sitúa entre el Sol y la Luna y proyecta su gran sombra sobre ella.

Cuando los astros no están perfectamente alineados, se pueden producir eclipses parciales de Sol o de Luna.

Las mareas

Las mareas se producen por la **fuerza de gravedad** que ejerce la Luna, y también el Sol, sobre la Tierra.

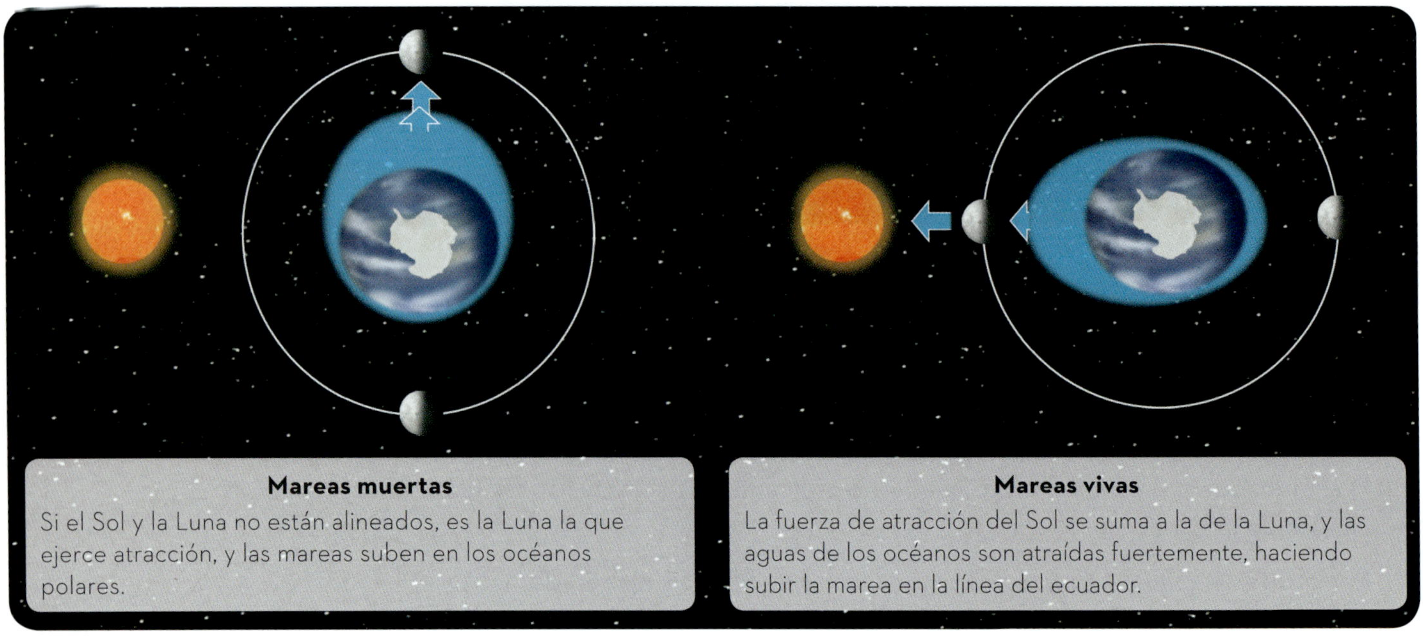

Mareas muertas
Si el Sol y la Luna no están alineados, es la Luna la que ejerce atracción, y las mareas suben en los océanos polares.

Mareas vivas
La fuerza de atracción del Sol se suma a la de la Luna, y las aguas de los océanos son atraídas fuertemente, haciendo subir la marea en la línea del ecuador.

Analiza y reflexiona

¿Por qué si la Luna es 400 veces más pequeña que el Sol puede taparlo completamente y producir un eclipse de Sol? Razona la respuesta y debate tus ideas con tus compañeros.

Mapa conceptual

Rellena en tu cuaderno el mapa conceptual y crea un mapa mental sobre el universo.

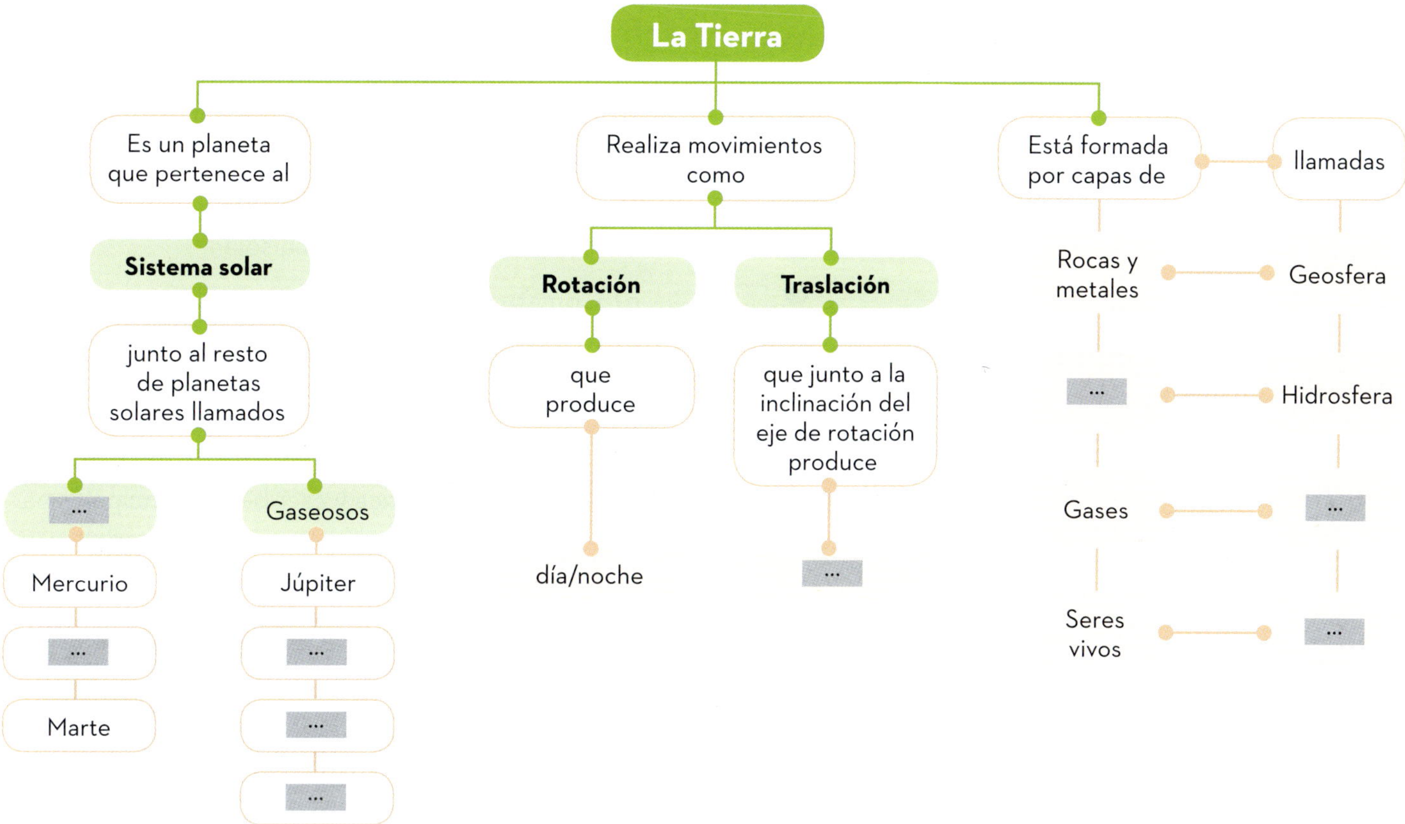

Investigamos

Las estaciones del año en nuestro planeta se producen por la combinación del movimiento de traslación y la inclinación de su eje de rotación.

Os proponemos investigar las estaciones en nuestros planetas vecinos. Observad la imagen:

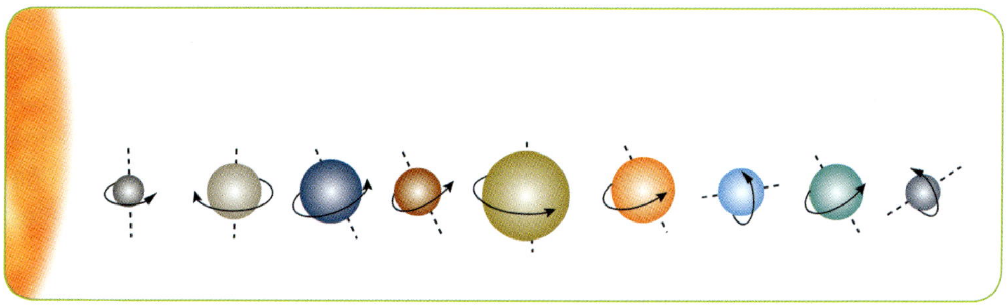

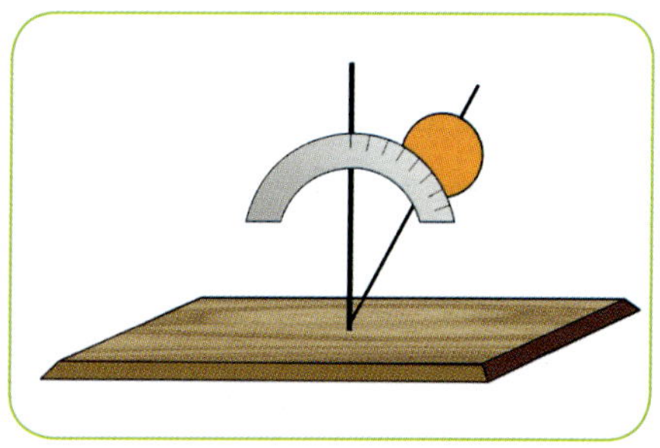

- En grupos de cuatro o cinco estudiantes, investigad las estaciones de uno de los planetas del sistema solar (salvo la Tierra).
- Con una bola de poliespán de tamaño proporcional al del planeta, y con ayuda de una plancha plana del mismo material, dos trozos de alambre y un transportador, realizad el siguiente montaje. Tened en cuenta el ángulo de inclinación del eje del planeta que os toca representar.
- Cada grupo debe mover y rotar su planeta hasta averiguar cómo serán las estaciones, y anotar sus conclusiones. Recuerda que deberéis tener en cuenta la distancia que separa el planeta del Sol.
- Exponed las conclusiones al resto de grupos.

Actividades finales

El universo, origen y evolución

1. Copia las siguientes etapas del origen del universo y ordénalas en tu cuaderno.

Formación de galaxias.	●
Formación de las primeras estrellas.	●
Formación de átomos de hidrógeno.	●
Etapa oscura.	●
Gran explosión.	●

2. Busca y razona qué evidencias puede haber sobre las siguientes preguntas:

   a) ¿Podemos conocer cómo fue el origen del universo?

   b) ¿Podríamos obtener una foto de ese instante?

La estructura del sistema solar

3. El Sol, la Tierra y la Luna son cuerpos celestes. ¿Qué tienen en común? ¿En qué se diferencian de una estrella?

4. Copia las siguientes columnas en tu cuaderno y une con flechas:

Cometas	●	●	Giran alrededor de un planeta
Sol	●	●	Tienen numerosos satélites
Planetas rocosos	●	●	Masa de hielo y fragmentos rocosos
Planetas gaseosos	●	●	Planeta más cercano al Sol
Satélites	●	●	Planeta más alejado del Sol
Mercurio	●	●	Es una estrella
Neptuno	●	●	Tienen pocos o ningún satélite

5. Henrietta Leavitt fue una astrónoma estadounidense que contribuyó a cambiar nuestra manera de ver el universo. Empezó a trabajar midiendo y grabando estrellas en el Observatorio Harvard, para posteriormente descubrir la relación que existía entre el brillo de una estrella y la distancia de esta a la Tierra, lo que les dio a los científicos la posibilidad de conocer dicha distancia tomando como base la luminosidad de la estrella.

   Busca información de las distancias de las siguientes estrellas a la Tierra: Alfa Centauri, Estrella de Barnard, Wolf 359, Lalande 21185 y Sirius.

6. ¿Qué es el sistema solar? ¿Dónde se encuentra?

7. Enumera los componentes del sistema solar y sus características.

8. Enumera los planetas en orden creciente de distancia respecto del Sol.

9. Indica diferencias y similitudes entre los siguientes componentes del sistema solar:

   a) Cometas y asteroides.

   b) Planetas interiores y exteriores.

   c) Satélites y planetas.

10. Copia en tu cuaderno un modelo del dibujo del sistema solar, identifica y escribe las principales partes de este: Sol, planetas rocosos, cinturón de asteroides y planetas gigantes gaseosos.

11. ¿La temperatura de la Tierra es distinta de la de otros planetas del sistema solar? Cita características de la Tierra que hacen posible la vida en ella.

12. Hasta el 24 de agosto de 2006 los planetas del sistema solar eran nueve: Mercurio, Venus, Tierra, Marte, Júpiter, Saturno, Urano, Neptuno y Plutón. En dicha fecha, la Unión Astronómica Internacional creó una nueva clase de planetas, los planetas enanos, y Plutón pasó a ser considerado uno de ellos. Nombra otros planetas enanos.

13. ¿Qué diferencias existen entre los ocho planetas del sistema solar y los planetas enanos?

La Tierra: un planeta excepcional

14. ¿Cuáles son las características que hacen única a la Tierra?

15. ¿Qué forma tiene la Tierra? Dibújala y especifica el valor del radio respecto de los polos y respecto del ecuador.

16. ¿Las siguientes afirmaciones son verdaderas o falsas? Razona la respuesta. En caso de ser falsa, escríbela de forma correcta.

a) La Tierra rota alrededor del Sol.

b) El eje de rotación de la Tierra está inclinado 66,5° con respecto a la eclíptica.

c) La Tierra tarda un día en trasladarse alrededor del Sol.

d) La Tierra se mueve (rotación y traslación) de forma distinta al resto de planetas.

17. ¿En qué afecta a la vida la posición de la Tierra en el sistema solar? ¿Podía existir vida si la Tierra estuviese en la posición de Venus o de Marte?

18. Busca información sobre la Tierra y explica cómo afecta su posición en el sistema solar a las siguientes características del planeta:

- La temperatura.
- Composición de los gases de la atmósfera.
- Presencia de agua.

19. Haz un dibujo en el que estén representados los subsistemas terrestres y figure una breve descripción de cada uno de ellos.

20. ¿Por qué cada cuatro años febrero es bisiesto?

21. ¿A qué se debe que haya días y noches?

22. ¿La traslación de la Tierra alrededor del Sol es el motivo por el que existen las estaciones del año? ¿Por qué?

23. ¿Cuáles son las consecuencias de que el eje de rotación de la Tierra esté inclinado?

24. ¿Qué término se emplea para denominar el comienzo del otoño y la primavera? ¿Y para el invierno y el verano?

25. Realiza una búsqueda en Internet y completa en tu cuaderno una tabla con la duración de los días y años de todos los planetas del sistema solar:

- **Mercurio** Tiempo de rotación / Tiempo de traslación.
- **Venus** Tiempo de rotación (en días o años) / Tiempo de traslación (en años terrestres).
- **Tierra** Tiempo de rotación / Tiempo de traslación.
- **Marte** Tiempo de rotación / Tiempo de traslación.

Incluir en la tabla los ocho planetas.

26. ¿Por qué se dice que el 24 de junio (día de San Juan) es el día más largo del año?

27. ¿Por qué razón vemos salir el Sol por el este y ocultarse por el oeste?

28. Indica qué estación comienza, en el hemisferio sur, el día que se indica.

a) Entre el 21 y 22 de diciembre

b) Entre el 22 y 23 de septiembre

c) Entre el 20 y 21 de junio

d) Entre el 20 y 21 de marzo

La Luna, satélite de la Tierra

29. Enumera al menos tres características de la Luna.

30. ¿Cuáles son las fases lunares? ¿A qué se deben?

31. ¿Es cierto que solo vemos una cara de la Luna? ¿Por qué sucede esto?

32. Completa el texto en tu cuaderno:

La ··· es la responsable de dos fenómenos que ocurren en la Tierra: los ··· y las ···.

Se produce un ··· cuando un astro oculta total o parcialmente a otro al pasar por ··· de él.

Un eclipse puede ser ··· o ···.

Las mareas son el movimiento de ··· y de ··· del nivel del ···. Se deben a la ··· de ··· de la ···, principalmente, y del Sol, en menor medida, sobre la masa de ··· de la Tierra.

33. Define los términos *pleamar* y *bajamar*. ¿Cada cuánto se repiten?

34. ¿Qué son las mareas vivas? ¿Y las mareas muertas?

Escribe dos ideas que tengas claras y que consideres fundamentales.
Realiza dos preguntas sobre aspectos que no te han quedado claros.
Escribe dos aspectos sobre los que te gustaría profundizar.

Fuente: Ministerio de Educación

Hoy, cuando el hemisferio norte celebre su día más largo, los australianos tendrán su día más corto.

En Melbourne*, Australia, el Sol saldrá a las 7:36 y se pondrá a las 17:08, proporcionando 9 horas y 32 minutos de luz.

Compara el día de hoy con el día más largo del año en el hemisferio sur, que será el 22 de diciembre, en el que el Sol saldrá a las 5:55 y se pondrá a las 20:42, proporcionando 14 horas y 47 minutos de luz.

El presidente de la Sociedad Astronómica, el señor Perry Vlahos, dijo que la existencia de cambios de estaciones en los hemisferios norte y sur estaba relacionada con los 23° de inclinación del eje de la Tierra.

* Melbourne es una ciudad de Australia cuya latitud está alrededor de 38° sur con respecto al ecuador.

Pregunta 1

¿Qué frase explica por qué hay día y noche en la Tierra?

a) La Tierra gira alrededor de su eje.

b) El Sol gira alrededor de su eje.

c) El eje de la Tierra está inclinado.

d) La Tierra gira alrededor del Sol.

Pregunta 2

La figura representa los rayos del Sol iluminando la Tierra.

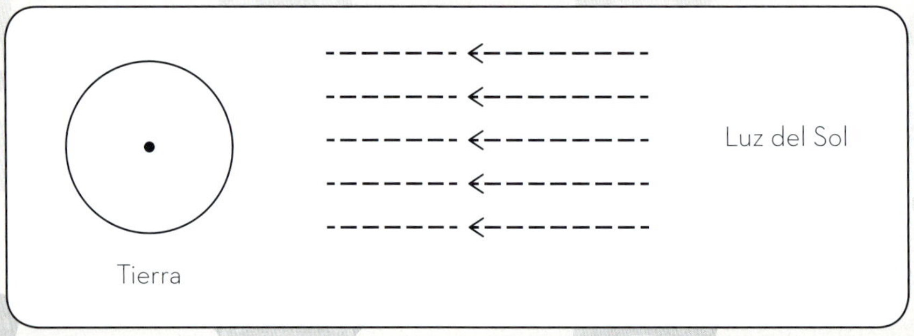

Imagina que es el día más corto en Melbourne.

Marca el eje de la Tierra, el hemisferio norte, el hemisferio sur y el ecuador en la figura.

Pon etiquetas a todas las partes de tu respuesta.

Cineteca

Figuras ocultas

Dirección: Theodore Melfi

Equipo artístico: Octavia Spencer, Taraji P. Henson, Janelle Monáe, Kevin Costner, Kirsten Dunst y Jim Parsons

Sinopsis

A principios de los años sesenta, no había superordenadores digitales que pudieran calcular de manera precisa las trayectorias de un cohete.

Por este motivo la NASA precisaba encontrar mentes brillantes que pudiesen realizar los complicados cálculos matemáticos necesarios para trazar las trayectorias de vuelo de las naves espaciales.

Finalmente, se encargó el proyecto a las matemáticas Katherine Johnson, Dorothy Vaughan y Mary Jackson.

La película narra la historia de estas tres fantásticas mentes y de las dificultades que tuvieron que superar para alcanzar sus metas.

Actividades

1. ¿Qué profesiones tienen las tres protagonistas de la historia? ¿Dónde fueron contratadas? ¿Para qué las contrataron? ¿A qué dificultades tuvieron que enfrentarse?
2. ¿En qué época y lugar ocurren los hechos que narra la película? Pregunta al profesorado de Historia y describe brevemente el contexto social de esa época.
3. Debate en clase sobre cómo crees que ha cambiado la presencia de la mujer en la ciencia.

El desafío

Te proponemos el juego *Cadena de preguntas* para repasar el tema. Estas son las reglas del juego:

- Formaremos grupos de cuatro o cinco personas y nombraremos dos portavoces (que irán cambiando en las diferentes rondas). Uno de ellos leerá las preguntas de su grupo, y el otro, las respuestas.
- Cada grupo tendrá tres minutos para pensar y escribir una pregunta sobre el tema del universo, que planteará al equipo que se encuentra a su lado. Se trata de pensar preguntas que podrían salir en un examen sobre cuestiones trabajadas en la clase.
- Cada pregunta planteada debe escribirse en una tarjeta o un folio para pasarla al siguiente grupo.
- Pasados tres minutos, el portavoz del primer equipo plantea la pregunta al equipo siguiente, que tendrá tres minutos para pensar su respuesta y responder. El portavoz del segundo equipo hará su pregunta al equipo que viene a continuación, y así sucesivamente hasta que el último equipo haga la pregunta al equipo que comenzó la «cadena de preguntas».
- Acabada la primera ronda, se dejan tres minutos más para pensar nuevas preguntas y se inicia una nueva cadena, pero en sentido contrario.

2 La geosfera

Sumario

¿Sabías que en el fondo oceánico hay relieves más grandes y abruptos que los de los continentes?

La estadounidense Mary Tharp fue la primera científica en publicar, en 1977, un mapa del fondo oceánico pintado a mano. Le llevó unos 18 años de estudio y trabajo poder completarlo. Gracias a esta geóloga descubrimos cómo era realmente la superficie del planeta, que en su mayor parte está escondida bajo los océanos.

Descubre

¿Te imaginas ser la primera persona en el mundo en hacer algo? La primera persona en pisar la Luna, la primera persona en subir el Everest, la primera persona en ver un nuevo mineral...

El 38% de nuestro planeta está hecho de un misterioso mineral. Es el más abundante de la Tierra y se encuentra a unos 700 km de profundidad en el manto terrestre. Hasta el año 2014 nunca habíamos podido verlo y ni siquiera tenía nombre.

Credit: Dr. Chi Ma/Caltech

¿Cuál es el nombre de este mineral? ¿Por qué crees que no habíamos podido verlo nunca hasta el año 2014? ¿En qué tipo de roca se encontró? ¿Cuál es el origen de esa roca?

Puedes encontrar información útil para tu investigación en:

bit.ly/nuevo_mineral

¿Conozco la geosfera?

Qué hay en el interior del planeta.

Puedo diferenciar una roca de un mineral.

Conozco los nombres de algunos minerales y rocas.

Sé por qué hay minerales muy caros y otros que no valen nada.

Formación del planeta Tierra

Vocabulario

La **densidad** de los materiales mide la cantidad de masa que cabe en un volumen concreto.

Cuantas más partículas quepan en ese volumen, más denso será el material.

Hace 4600 millones de años, cuando nació nuestro planeta, su aspecto era totalmente diferente al actual. Durante los primeros 4000 millones de años, la Tierra pasó de ser un planeta volcánico, ardiente y sin vida, a convertirse en el planeta azul y acogedor que conocemos hoy en día.

¿De qué está hecha la Tierra?

La Tierra está formada por materiales **sólidos** (minerales y rocas), materiales **líquidos** (principalmente agua) y **gases** (nitrógeno, oxígeno, dióxido de carbono, etc.). Hace 4600 millones de años todos estos materiales estaban mezclados y fundidos unos con otros. El planeta Tierra necesitó unos mil millones de años en separarlos por densidades.

Los materiales metálicos más densos se acumularon en el centro del planeta; por encima, rocas de diferentes densidades forman capas, y los más ligeros, líquidos y gases, en la superficie.

Este proceso se denomina **diferenciación gravitacional** o separación por densidades.

Experimenta

Vamos a experimentar con la densidad de diferentes materiales.

Materiales: Cinco globos, un puñado de bolas de metal, un poco de grava, arena y agua.

Procedimiento: Rellenamos cada globo con uno de los materiales hasta conseguir un tamaño similar en los globos, es decir, que tengan un volumen igual. Hincha el último globo con aire hasta alcanzar el tamaño de los otros.

a) Ordena los globos por su densidad. ¿Qué material es más denso? ¿Qué material es menos denso? ¿Cuánto tendrías que llenar un globo con agua para que pesase lo mismo que el de arena?

b) Toma un recipiente con agua y vierte el contenido de los globos; mézclalos, espera un rato y observa lo que sucede. Dibuja cómo han quedado distribuidos los materiales. ¿Podrías explicar por qué se han ordenado así? ¿Dónde ha quedado el aire del globo?

c) ¿A qué capa de la Tierra correspondería cada material? Une con flechas en tu cuaderno:

Geosfera	Globo de agua	Gas
Hidrosfera	Globos de metal, grava y arena	Líquido
Atmósfera	Globo de aire	Sólidos

La geosfera

La geosfera es la parte sólida del planeta, formada por **metales y rocas.** En su origen, la Tierra estaba muy caliente y estos materiales estaban fundidos. A medida que el planeta se enfriaba, los materiales rocosos se fueron separando por densidades. Los metales quedaron en el núcleo del planeta, y los materiales menos densos se solidificaron en la superficie, formando la corteza rígida sobre la que nos encontramos.

La atmósfera

La atmósfera es la capa de **gases** que rodea la Tierra. Estos gases en principio estaban atrapados entre las rocas fundidas del interior del planeta, como en los refrescos gaseosos. Al enfriarse, los gases escaparon y formaron una capa alrededor del planeta.

La hidrosfera

La hidrosfera es la capa líquida formada por **agua** sólida (hielo), líquida (mares, ríos, océanos, etc.) y gaseosa (vapor). El agua también estaba atrapada en el interior del planeta, pero se fue escapando poco a poco por las erupciones volcánicas.

La biosfera

Los **seres vivos** del planeta aparecieron por primera vez hace unos 3800 millones de años. Eran organismos microscópicos y muy sencillos, pero poco a poco comenzaron a cambiar la atmósfera, la hidrosfera y la geosfera de nuestro planeta, ayudando con ello a la aparición de organismos más complejos, como los humanos.

De qué hablamos...

Geo-. Prefijo de origen griego que significa perteneciente o relativo a la Tierra.

-Sfera. Sufijo que hace referencia a la forma esférica de las capas terrestres.

Busca el significado de los prefijos *hidro-* y *atmo-*.

Es un planeta formado por una mezcla de materiales fundidos y gases.

El planeta se enfría y se forman capas de materiales, ordenadas por densidades.

El vapor liberado en las erupciones volcánicas se condensa formando **nubes** que precipitan para dar lugar a los primeros océanos.

En los océanos primitivos nace la vida.

Los organismos fotosintéticos liberan oxígeno.

Formación del planeta

Formación de la geosfera

Formación de la atmósfera primitiva sin oxígeno

Formación de la hidrosfera

Formación de la biosfera

La geosfera. ¿Qué hay bajo nuestros pies?

Sabías que...

La separación entre el núcleo interno y el núcleo externo fue descubierta en 1936 por Inge Lehmann y recibe el nombre de *discontinuidad de Lehmann,* en honor a esta científica.

Fíjate en la información sobre el núcleo. ¿Por qué crees que se le llama *discontinuidad*?

La esfera sólida de nuestro planeta está formada por tres capas concéntricas: la corteza, el manto y el núcleo. Cada una de ellas tiene unas características diferentes.

El **núcleo** es la esfera central del planeta; está formada por metales de hierro y níquel en diferentes estados: sólido y líquido.

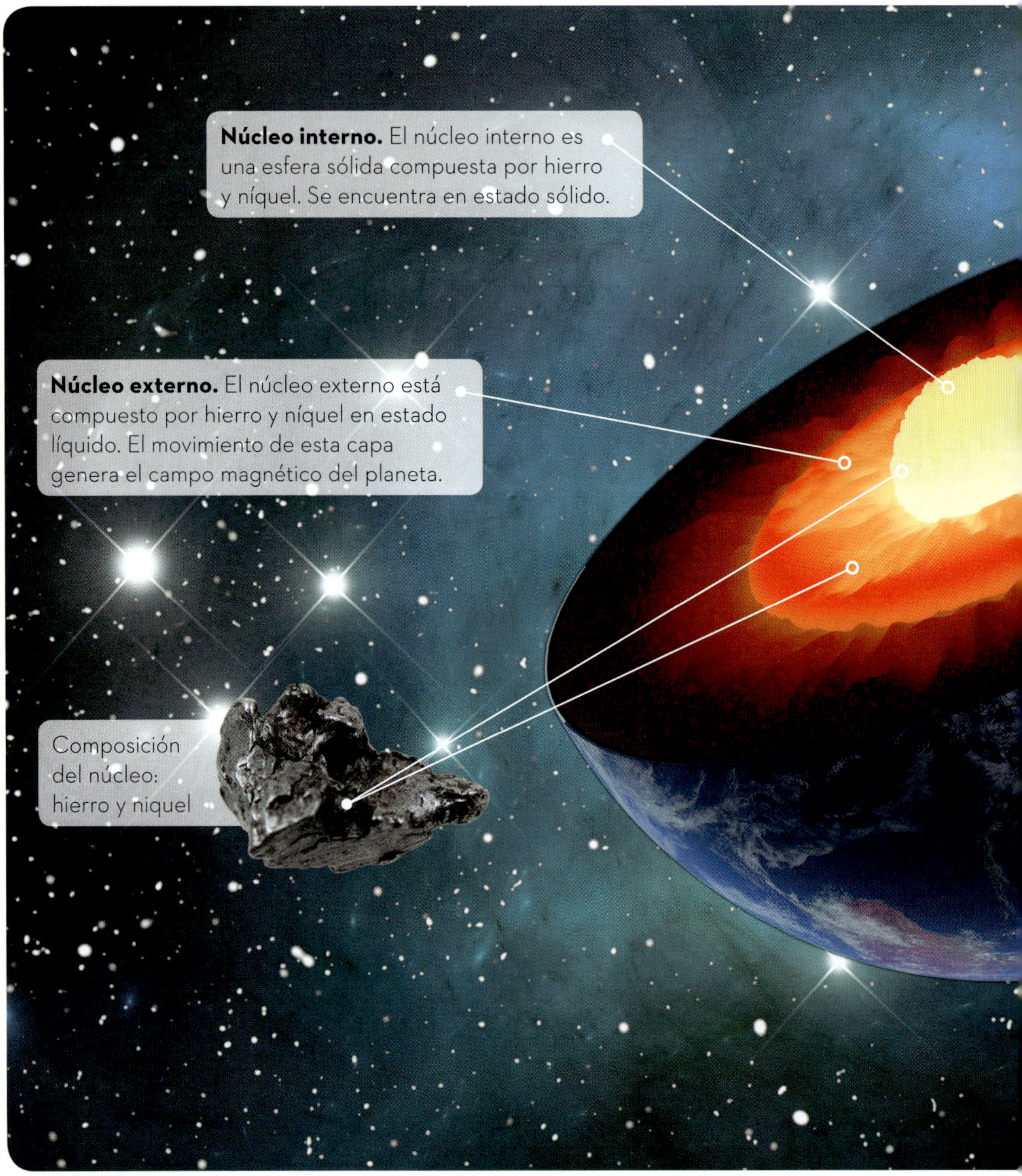

De qué hablamos...

Busca el significado de la palabra *solidificar* y pon dos ejemplos de sustancias que se solidifiquen.

Actividades

1. Realiza un esquema en tu cuaderno de las capas de la geosfera y señala sus características principales. Indica qué capa es la más densa de las tres y cuál es la menos densa. Razona la respuesta.

   Puedes encontrar información interesante en: **www.capasdelatierra.org**

2. ¿En qué parte del planeta podemos encontrar rocas fundidas? ¿Por qué? Explícalo con tus palabras.

3. Busca información: ¿A qué profundidad se encuentra la separación entre el núcleo interno y el externo? ¿Qué temperatura se calcula que hay en el núcleo?

El **manto** es la capa central del planeta y ocupa el 80 % del volumen total, con un espesor de 2 800 km. Está formado por rocas y minerales de diferentes composiciones y densidades.

Ciencia 2.0

Puedes consultar este vídeo explicativo de las capas de la Tierra en este enlace:

bit.ly/capas_tierra

Sabías que...

El manto terrestre contiene más cantidad de agua en su interior que todos los océnos juntos. Esta agua se encuentra dentro de la estructura de la bridgmanita.

Puedes leer más en:

bit.ly/agua_interior_tierra

Coopera y aprende

Observad la imagen y contestad, primero de forma individual y luego por parejas y en grupos de cuatro, las siguientes preguntas:

¿Cómo se llama el material que sale del volcán? ¿Es sólido? ¿De dónde procede? ¿Qué le ocurre al entrar en contacto con la atmósfera? Investiga cómo se llaman las rocas que se originan con estos materiales.

Sabías que...

En las zonas de contacto entre placas tienen lugar fricciones de gran intensidad que generan terremotos y procesos volcánicos.

La piel del planeta: la corteza

La corteza de la Tierra es una gran esfera formada por grandes placas, denominadas **placas tectónicas,** que encajan unas con otras como el caparazón de una tortuga. Algunos de esos fragmentos son de gran espesor y emergen de las aguas del océano formando continentes. Otros fragmentos son más finos y quedan cubiertos por las aguas oceánicas.

Si se pudiera vaciar el agua de los océanos, los relieves del fondo oceánico serían visibles: dorsales, volcanes submarinos, abismos de miles de metros de profundidad y grandes llanuras.

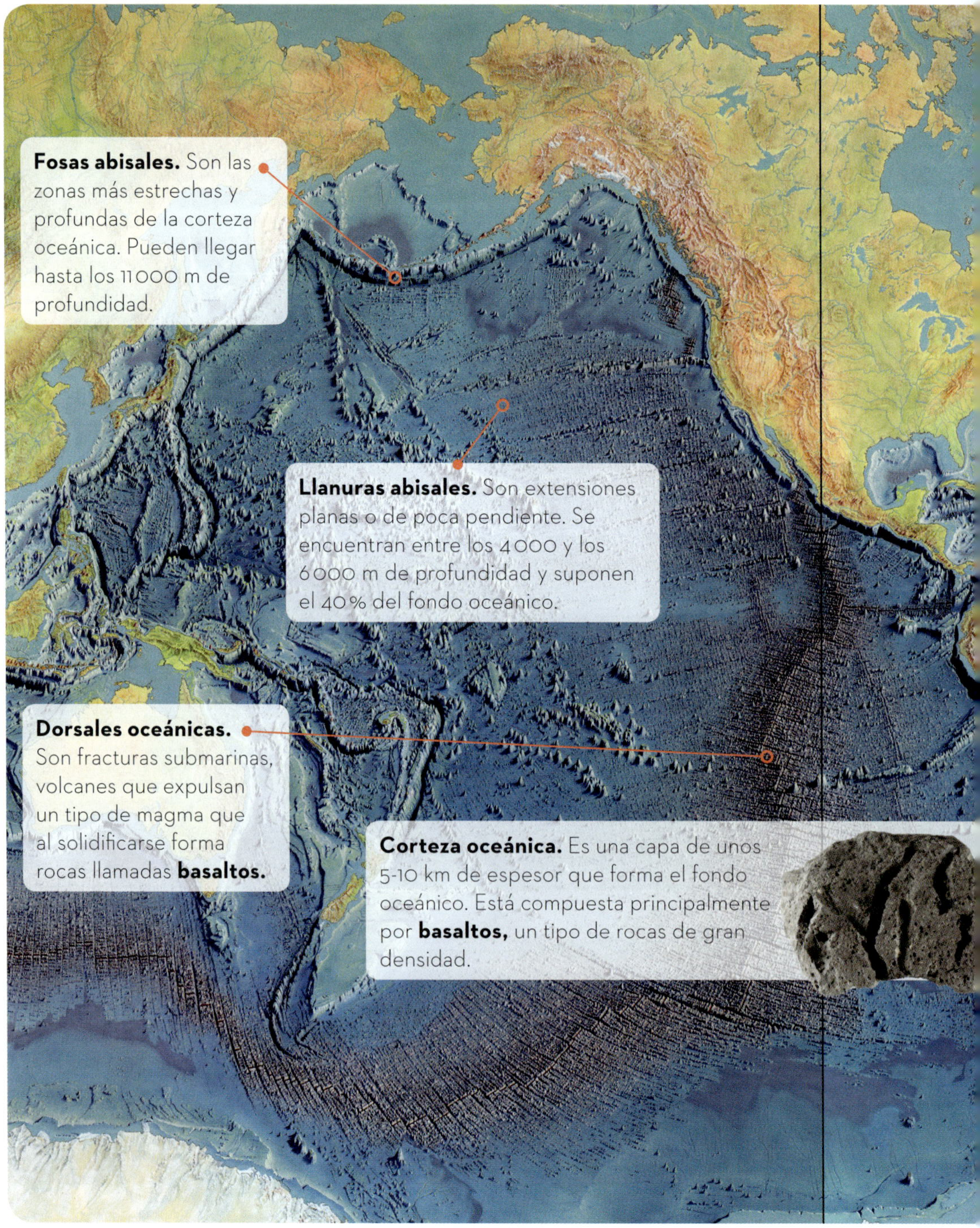

Analiza y reflexiona

Observa el mapa completo de la corteza terrestre y responde:

a) ¿A qué tipo de corteza corresponde el color azul? ¿Y el color amarillo?

b) Intenta señalar los límites de una de las placas tectónicas. ¿Está formada por corteza oceánica o por continental?

c) En el centro del océano Atlántico hay un límite entre placas. ¿Cómo se llama la fractura que divide estas placas? ¿Qué material sale de esas fracturas? ¿En qué tipo de roca se convierte al solidificarse?

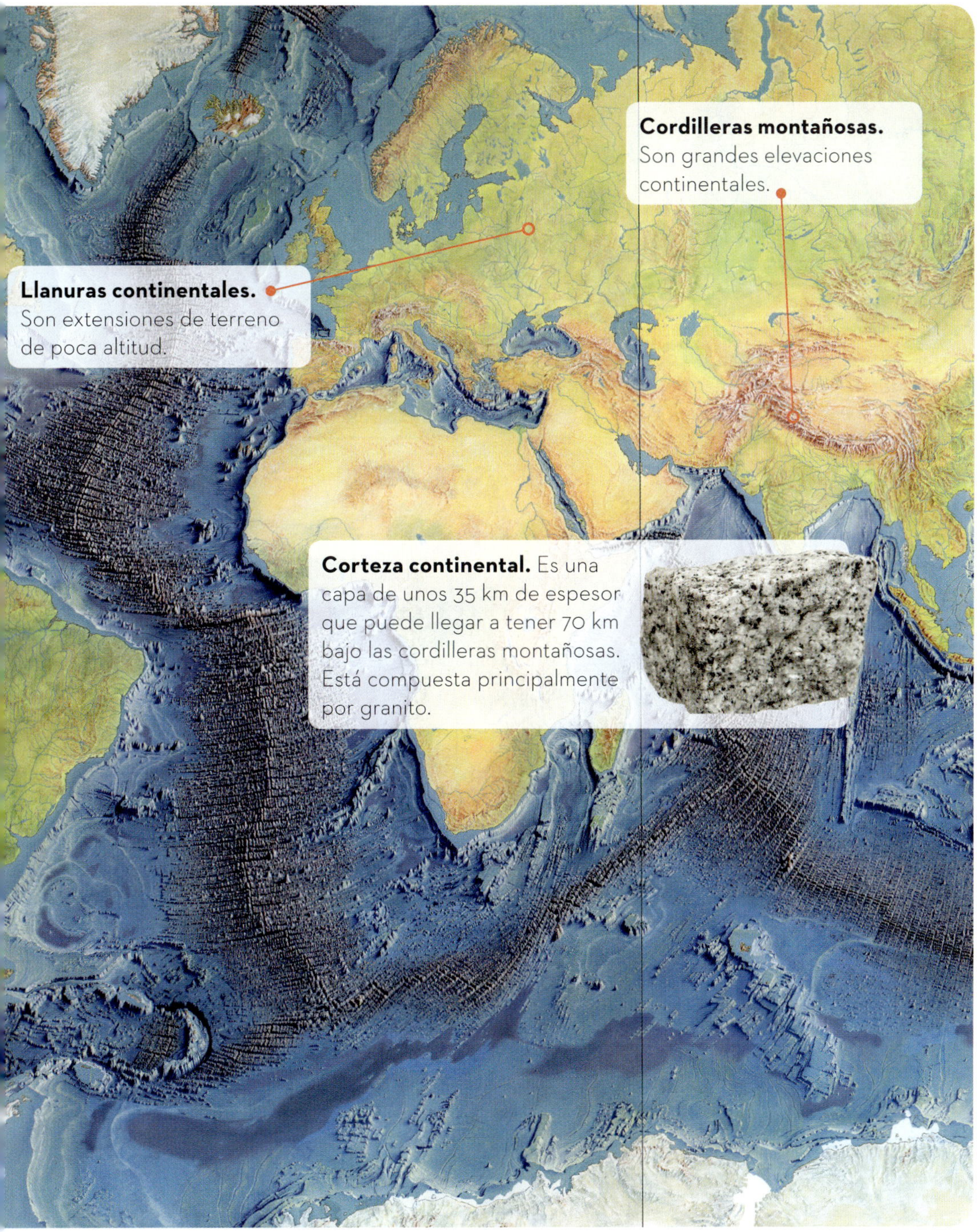

Actividades

4. Define con tus palabras los siguientes conceptos: basalto, granito, corteza oceánica y corteza continental.
   a) Relaciona entre sí los conceptos anteriores.
   b) Cita todas las diferencias que se dan entre los dos tipos de corteza.

Los minerales

Ciencia 2.0

Puedes descargarte una aplicación de identificación de minerales en el móvil.

bit.ly/app_identifica_minerales

En esta página podrás aprender a reconocer unos 70 minerales diferentes.

bit.ly/Museo_virtual_minerales

La corteza terrestre está formada por **rocas** y **minerales** muy diversos. Algunos de ellos se forman en el interior de la corteza y otros se forman en su superficie. ¿Pero cómo saber qué es un mineral y qué es una roca?

¿Roca o mineral?

Diferenciar un mineral de una roca no es sencillo.

Un **mineral** es una sustancia **homogénea,** sólida, inorgánica, de origen natural y que posee una composición definida. Los minerales tienen una estructura interna ordenada llamada *estructura cristalina*.

Una **roca** es una sustancia normalmente **heterogénea,** sólida y natural, compuesta por minerales. Las rocas pueden estar formadas por un solo tipo de mineral o por varios minerales diferentes.

Sabías que...

El grafito (que se utiliza para las minas de los lápices) y el diamante tienen la misma composición química y se diferencian solo en su estructura cristalina interna.

Según estas definiciones, para saber si algo es un mineral, hay que responder a una serie de preguntas:

- ¿Es sólido? Es decir, si tiene una forma y un volumen concretos o pueden cambiar.
- ¿Es inorgánico? Es decir, si no está vivo ni es o ha sido parte de un ser vivo.
- ¿Tienen una composición química definida? Esto es un poco más difícil de saber, aunque, si se observa bien el mineral, se puede apreciar, por ejemplo, el mismo color y brillo. Los minerales suelen tener un aspecto uniforme.

Las rocas, al estar formadas por minerales, también son sólidas e inorgánicas, pero no tienen una forma concreta porque los minerales que las componen pueden ser de tipos y tamaños diferentes. Su aspecto no es uniforme.

Actividades

5. ¿Qué diferencias hay entre una roca y un mineral? Realiza un esquema con las características de cada uno y en dos columnas anota sus semejanzas y sus diferencias.

6. Busca y anota en tu cuaderno el significado de *homogéneo* y *heterogéneo*. ¿Por qué decimos que los minerales son homogéneos y puros en su composición? ¿Por qué decimos que las rocas son heterogéneas?

7. En grupo, pensad en una sustancia que sea natural pero no sólida; sólida pero no natural; natural, sólida y orgánica; natural, sólida e inorgánica. Cada componente del equipo piensa la respuesta para uno de los cuatro apartados y la expone y razona al resto del equipo. El equipo ha de validar todas las respuestas y decidir la respuesta final. ¿Cuál de ellas es un mineral?

Propiedades de los minerales

En la naturaleza se han identificado más de 4000 tipos diferentes de minerales. Algunos de ellos son muy llamativos, porque tienen colores o brillos especiales, pero la mayoría no son fáciles de reconocer. Para identificarlos hay que conocer sus propiedades:

- **Forma.** La **forma externa** del mineral no aporta información, ya que los minerales se rompen y desgastan. Lo importante es su forma cristalina.

Forma piramidal (cuarzo)

Forma cúbica (pirita)

Forma amorfa (malaquita)

- **Color.** Es una de las propiedades más fáciles de identificar, aunque en ocasiones el color de un mineral puede variar a consecuencia de impurezas.

Color azul (azurita)

Color amarillo (azufre)

Color rojo (rubí)

- **Brillo.** Es el aspecto del mineral al reflejar la luz. Puede ser **metálico** o no metálico **(resinoso, vítreo, graso, sedoso, mate, adamantino...).**

Brillo metálico (oro)

Brillo sedoso (yeso)

Brillo adamantino (diamante)

- **Dureza.** Es la resistencia que tiene un mineral a ser rayado. Para determinar la dureza de cada mineral, utilizamos la escala de Mohs. Esta escala muestra diez minerales ordenados en función de su dureza. Los minerales más blandos (talco y yeso) pueden rayarse con una uña; los siguientes, con una moneda, con acero o con cristal, y el mineral más duro, solo con otro diamante.

- **Exfoliación.** Es una propiedad por la cual algunos minerales, al golpearlos, se fracturan por las caras de los cristales dando formas características (cubos, láminas, romboedros, etc.).

La mica se fragmenta en láminas.

La sal se fragmenta en cubos.

Talco 1

Yeso 2

Calcita 3

Fluorita 4

Apatito 5

Ortosa 6

Cuarzo 7

Topacio 8

Corindón 9

Diamante 10

¿Cómo identificar minerales?

Para identificar minerales se emplean **claves dicotómicas.** Estas herramientas ofrecen dos opciones para discriminar paso a paso las propiedades del mineral que se ha de identificar. A continuación se muestra una tabla que puede servir de modelo:

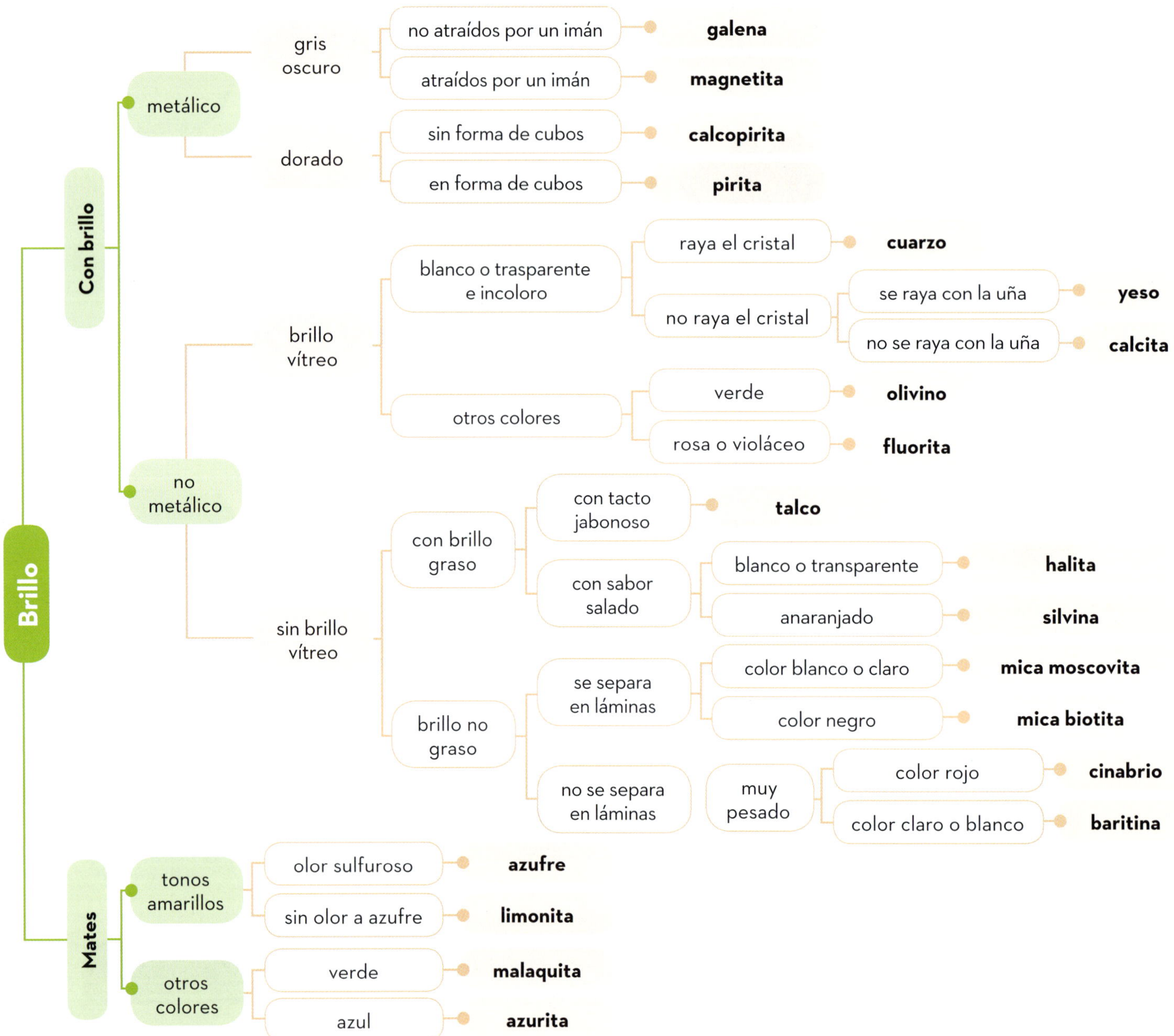

Experimenta

Vamos a experimentar con las claves dicotómicas.

Materiales: Algunos minerales proporcionados por el profesor, un vidrio, una moneda de cobre, un cuchillo y una lupa.

Procedimiento: Tomamos nuestro primer mineral... y ia trabajar! Lo primero es fijarse en el brillo y el color de las muestras. Paso a paso iremos descartando una de las dos opciones hasta identificar el material.

a) ¿Cuántos minerales has conseguido identificar?

b) ¿Cuáles de ellos los habías visto antes en tu parque, en la playa o de excursión por el campo? Ahora que sabes identificarlos, búscalos en tu entorno.

¿Para qué sirven los minerales?

Los minerales se suelen extraer de la corteza terrestre excavando túneles y galerías. Durante la extracción se generan muchos residuos que en ocasiones pueden ser tóxicos y peligrosos para el entorno. Aun así, ya desde la Antigüedad el ser humano utiliza los minerales para muchas aplicaciones.

Minerales nativos como el oro y la plata se utilizan en joyería y para la fabricación de monedas.

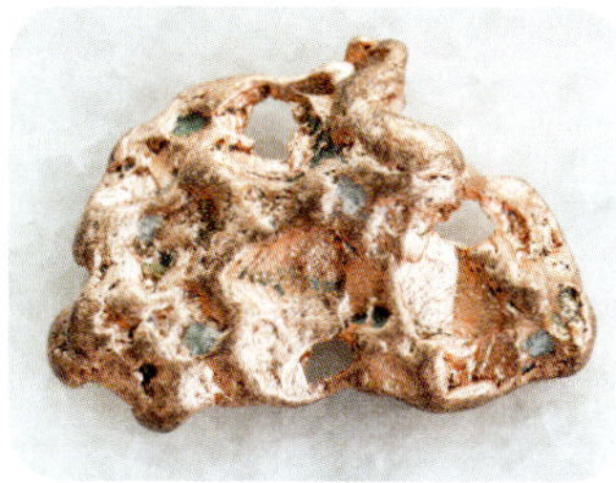

El cobre, otro mineral nativo, se emplea para producir cables eléctricos, monedas, etc.

El grafito se emplea, por ejemplo, para fabricar minas de lápices.

Los diamantes, por su dureza, se emplean para cortar materiales con gran precisión.

El azufre, como mineral nativo, se emplea en la agricultura para eliminar hongos.

La halita es la sal de mesa que usamos para cocinar.

El cuarzo se emplea para la fabricación de instrumentos electrónicos y ópticos.

La pirita se emplea para extraer el hierro que contiene.

El yeso se emplea en la construcción y como fertilizante en agricultura.

La calcita se emplea para para obtener cal y materiales cerámicos, y también en la industria óptica.

La magnetita se emplea por sus propiedades magnéticas y para extraer hierro.

La galena se emplea para extraer el plomo que contiene.

Actividades

8. Busca en tu clase tres objetos que contengan algún mineral. ¿De qué mineral se trata?

9. Si tuvieras que fabricar una bicicleta, ¿qué minerales necesitarías? Pensad la respuesta individualmente, por parejas y finalmente en grupo.

Las rocas

De qué hablamos...

La palabra *petrogenético* está compuesta por el prefijo *petro-* y la raíz *-genético*.

Busca su significado.

Las rocas son mezclas de uno o varios minerales sin ninguna forma o composición definida, de modo que no hay dos rocas iguales.

Algunas rocas están formadas por fragmentos de un solo mineral, por lo que son **rocas homogéneas,** y su aspecto es más o menos uniforme:

Son rocas **homogéneas** el **mármol** (izquierda) y la **calcita** (derecha).

Sin embargo, la mayoría de las rocas están formadas por minerales diferentes y se consideran **rocas heterogéneas** porque su aspecto no es uniforme:

Son rocas **heterogéneas** el **granito** (izquierda) y el **conglomerado** (derecha).

Recuerda

Los magmas son rocas fundidas que proceden del manto terrestre y se solidifican al llegar a la superficie.

Minerales que forman rocas

La mayoría de los minerales que forman rocas se forman en el manto terrestre y se llaman minerales petrogenéticos. Los más abundantes son el **cuarzo,** las **micas,** los **feldespatos,** las **plagioclasas,** los **anfíboles,** los **piroxenos** y el **olivino.** Combinando de diferentes maneras estos minerales, en la geosfera se forman decenas de rocas distintas.

Por ejemplo, el **granito** es una roca formada por la combinación de cristales pequeños de cuarzo, feldespato y mica.

La **cuarcita** es una roca formada por muchos cristales de cuarzo.

Los **basaltos** son rocas formadas por pequeños cristales de plagioclasas, piroxenos y olivino.

¿Dónde se forman las rocas?

Para clasificar rocas, lo primero es saber cuál es su origen, ya que el lugar y la manera en que se forma una roca determinan sus características.

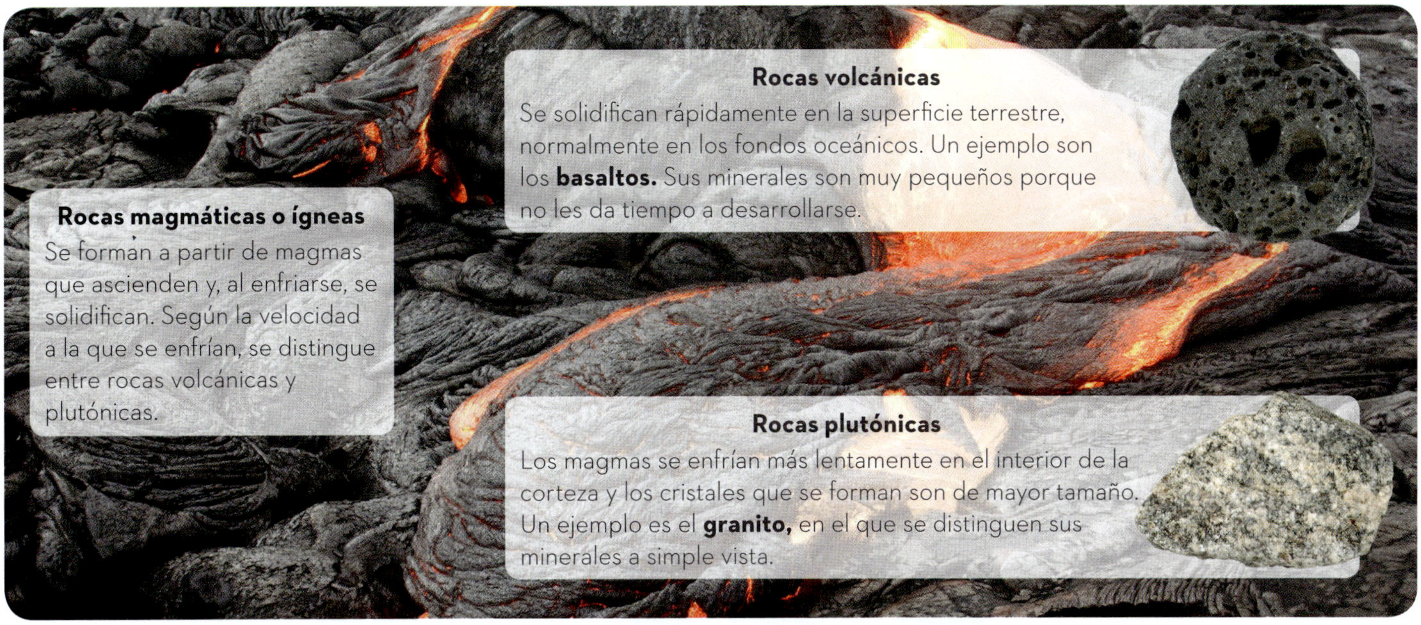

Rocas magmáticas o ígneas

Se forman a partir de magmas que ascienden y, al enfriarse, se solidifican. Según la velocidad a la que se enfrían, se distingue entre rocas volcánicas y plutónicas.

Rocas volcánicas

Se solidifican rápidamente en la superficie terrestre, normalmente en los fondos oceánicos. Un ejemplo son los **basaltos.** Sus minerales son muy pequeños porque no les da tiempo a desarrollarse.

Rocas plutónicas

Los magmas se enfrían más lentamente en el interior de la corteza y los cristales que se forman son de mayor tamaño. Un ejemplo es el **granito,** en el que se distinguen sus minerales a simple vista.

Rocas sedimentarias

Se forman en la superficie terrestre por acumulación de minerales, de fragmentos de otras rocas (sedimentos) o de restos de seres vivos. Según la composición y el tamaño del grano, se habla de **areniscas, lutitas** o **conglomerados.**

Rocas metamórficas

Se forman cuando otras rocas (magmáticas, sedimentarias o metamórficas), al enterrarse, sufren altas presiones y temperaturas sin llegar a fundirse. Las **pizarras,** los **esquistos** y el **gneis** son rocas de este grupo.

Actividades

10. Haz un esquema de los tipos de rocas según su origen.

a) ¿Qué tipo de rocas podríamos encontrar en los fondos oceánicos? ¿Por qué?

b) Observa tu entorno y describe las rocas más abundantes. En grupo, intentad deducir a qué grupo pertenecen.

11. Busca información sobre los tipos de rocas sedimentarias y prepara un breve informe con la siguiente información:

a) Los distintos tipos de rocas sedimentarias y una fotografía de cada una de ellas.

b) Un dibujo sencillo de cada roca en el que se aprecie el tamaño característico del grano de cada una de ellas.

¿Cómo identificar rocas?

Para identificar las rocas, se estudian, entre otras características, la textura y la foliación.

- La **textura de una roca** es la relación entre la forma y el tamaño de los minerales que la constituyen. Pueden darse varias situaciones:

Los cristales son de tamaños y formas similares, apreciables a simple vista. Esta textura se llama *fanerítica*.

Hay cristales grandes rodeados de una masa de cristales que no se ven a simple vista. Esta textura se llama *porfídica*.

Existen cristales grandes de más de 1 cm junto a otros más pequeños. Esta textura se llama *pegmatítica*.

Todos los cristales son de tamaño similar y microscópico, y no se pueden distinguir a simple vista. Esta textura se llama *afanítica*.

- En ocasiones, los cristales de las rocas se ordenan en capas. Las rocas que muestran esta característica se llaman **foliadas** y se puede percibir que lo son porque se rompen en láminas. La pizarra y el esquisto son rocas foliadas.

Actividades

12. Utiliza esta clave dicotómica para identificar las rocas que te proporcione tu profesora o profesor.

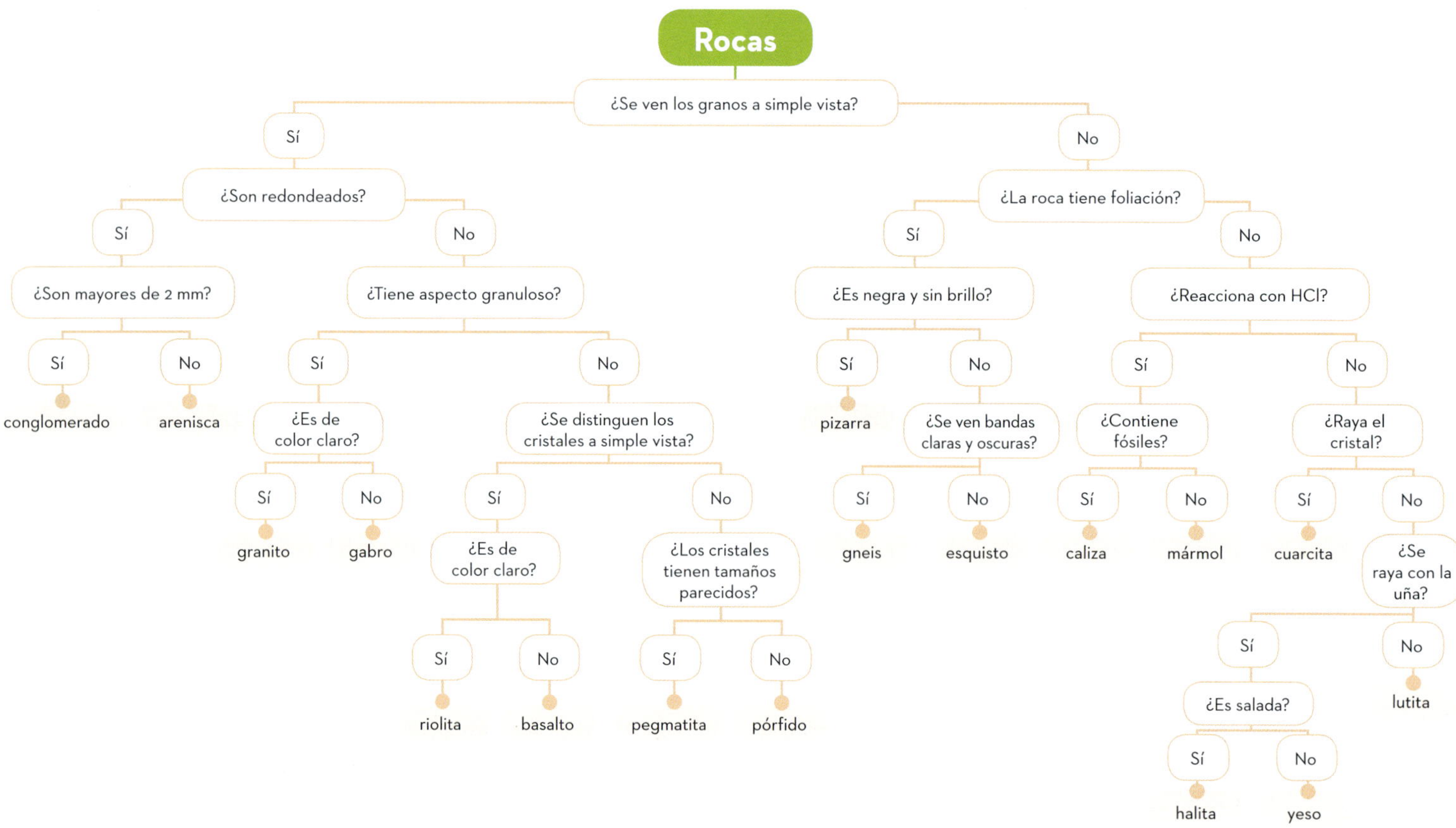

¿Para qué sirven las rocas?

Las rocas son una importante fuente de materias primas para multitud de aplicaciones; por ejemplo, en la construcción, en la industria o en joyería.

Construcción

Para construir edificios, por ejemplo, son necesarias arcillas para fabricar ladrillos, calizas para elaborar cementos, pizarras para los tejados, o granitos y mármoles para las fachadas. Todas estas rocas se extraen de **canteras.**

Granito

Caliza

Mármol

Energéticas

El **carbón** y el **petróleo** son rocas muy especiales porque se forman a partir de restos de organismos. El petróleo no es una roca sólida, se emplea para producir energía en centrales eléctricas, como combustible para vehículos o como materia prima para fabricar plásticos.

Fuentes de minerales: menas

Además de estos usos directos, de muchas rocas se extraen algunos de los minerales que contienen, a los que llamamos **menas**; al resto de los minerales que les acompañan y que se desechan se les denomina **ganga.**

Por ejemplo, de una roca llamada **bauxita** se extrae un metal, el **aluminio,** mientras que el resto de elementos que la forman son desechados.

De qué hablamos...

Observa las imágenes:

a)

b)

c)

Averigua cúal de ellas es una **cantera,** cuál una **mina a cielo abierto** y cuál una **mina subterránea.**

Actividades

13. Observa las imágenes y anota las rocas que han sido necesarias para construir estos objetos.

a) Determina si son rocas metamórficas, sedimentarias o magmáticas.

Fachada de arenisca

Tejado de pizarra

Encimera de granito

Carbón mineral

Las rocas y los minerales como recurso natural

Qué piensas sobre...

Cuatro toneladas de roca bauxita contienen una tonelada de aluminio (mena) y tres toneladas de otros minerales que son desechados (ganga).

¿Qué te parece esa cantidad de desechos?

¿Crees que es una buena idea reciclar aluminio? ¿Por qué?

Las rocas y los minerales son imprescindibles para la fabricación de numerosos objetos de nuestra vida cotidiana, pero estos recursos naturales no son inagotables.

Los **recursos naturales** son todos aquellos que podemos obtener de la naturaleza de manera directa.

Algunos recursos naturales, como la madera, se pueden renovar, o puede aumentarse su cantidad. A estos los llamamos **recursos naturales renovables.**

Otros recursos que ofrece la naturaleza, como el carbón, el petróleo y el uranio, no pueden reponerse, por lo que se consideran **recursos no renovables.**

Problemas ambientales de la extracción minera

- **Agotamiento de los recursos minerales** por el consumo excesivo de productos, como por ejemplo latas y botellas de plástico.
- **Contaminación del aire** por partículas sólidas, polvo y gases que se desprenden en minas y canteras.
- **Impactos sobre el suelo, la flora y la fauna.**

Los gobiernos, las empresas, y también la ciudadanía, debemos tomar medidas para evitar el agotamiento de estos recursos naturales. Entre tales medidas, están el **reciclaje** y la **disminución del consumo.**

Actividades

14. Son recursos naturales el agua, los bosques, las rocas y los minerales. ¿Puedes nombrar algunos más? ¿Son recursos renovables o no renovables?

15. ¿Con qué recurso natural se fabrica el plástico? Investiga y elabora un listado de objetos fabricados con plástico.

¿Cuántos has conseguido identificar? ¿Crees que este es un recurso renovable? Propón un listado de medidas para evitar el agotamiento de dicho recurso.

16. Busca en tu clase y en el patio tres rocas y tres minerales diferentes. Anota para qué se han empleado.

Mapa conceptual

Rellena en tu cuaderno el mapa conceptual y crea un mapa mental sobre la geosfera.

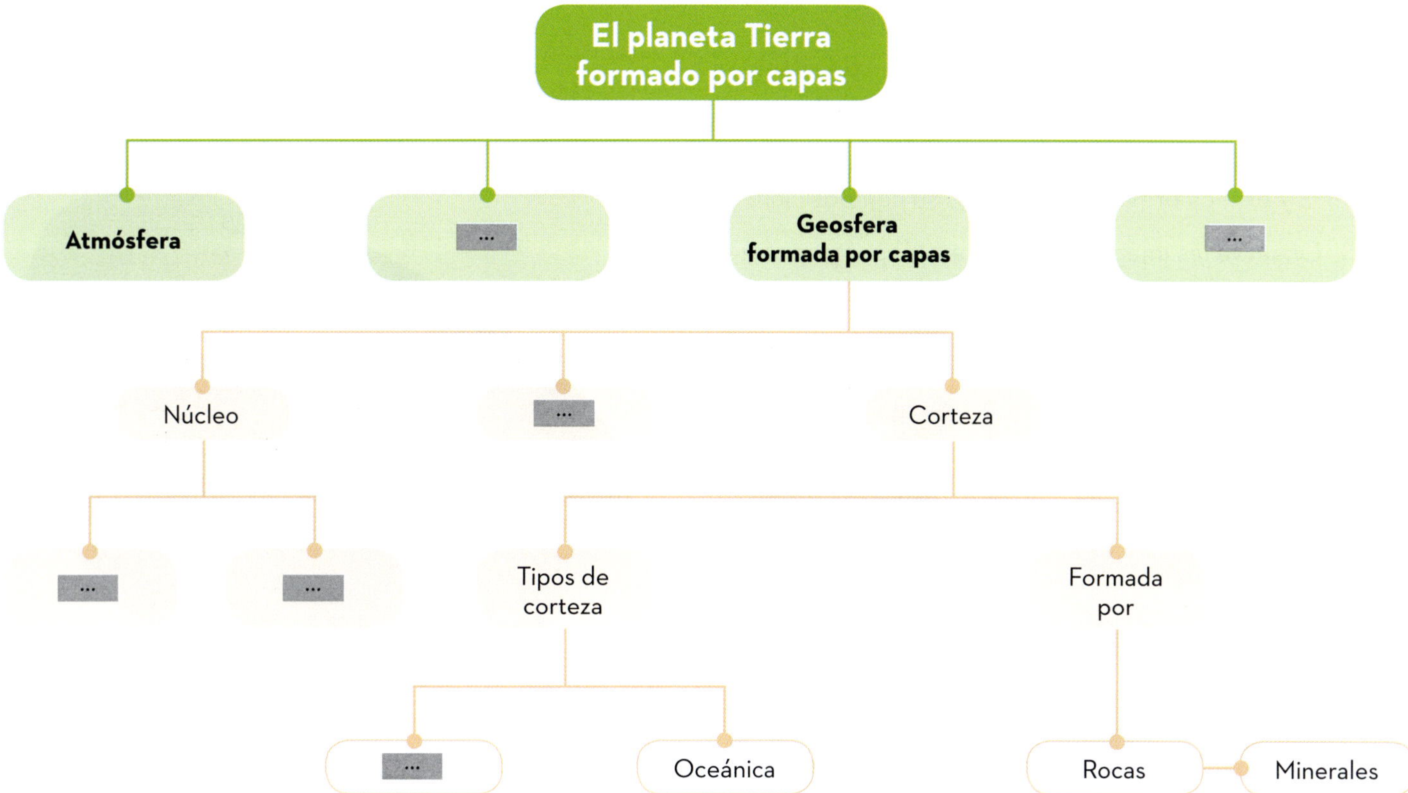

Investigamos

Utilizando la técnica cooperativa del rompecabezas descubriremos la importancia del reciclaje de aluminio. Dividimos los temas entre los diferentes miembros del grupo cooperativo, que se convierten en personas expertas. Las personas expertas de cada tema salen de su grupo y se reúnen para preparar el tema. Una vez hecho esto, vuelven a su grupo cooperativo para explicárselo a sus compañeros y compañeras de grupo. A continuación, contestan las preguntas de la actividad.

Enlace web: **bit.ly/Reciclaje_del_aluminio**

Temas que han de preparar las personas expertas:

Experto 1. Proceso de fabricación.

Experto 2. Usos del aluminio.

Experto 3. Problemas ambientales de la producción de aluminio.

Experto 4. Reciclaje de aluminio.

Preguntas que ha de contestar el grupo cooperativo:

¿De qué rocas se extrae el aluminio? ¿Dónde se encuentran ese tipo de rocas?

¿Qué necesitamos y qué obtenemos en cada fase de producción de aluminio?

¿Para qué se usa el aluminio?

¿Qué impactos ambientales tiene la extracción de aluminio? ¿Qué ventajas tiene su reciclado?

Actividades finales

Formación del planeta Tierra

1. ¿Cuál es la edad del planeta?

2. Describe con tus palabras la evolución del planeta desde su formación hasta la aparición de la vida.

3. Nombra las cuatro esferas que forman el planeta Tierra y explica brevemente cuál es su composición.

4. Observa las imágenes e indica cuál pertenece a materiales de la geosfera.

Indica a qué capa de la geosfera corresponden. ¿A qué capas pertenecen las otras imágenes?

La geosfera. ¿Qué hay bajo nuestros pies?

5. Copia en tu cuaderno y relaciona cada término con su concepto:

Núcleo interno - manto - núcleo externo

a) Esfera líquida compuesta por hierro y níquel.

b) Esfera compuesta en un 8 % de bridgmanita.

c) Esfera sólida compuesta por hierro y níquel.

d) Esfera compuesta por rocas peridotitas.

6. ¿Qué nombre reciben las rocas fundidas procedentes del manto terrestre?

7. Copia en tu cuaderno el siguiente esquema de las capas de la Tierra y complétalo.

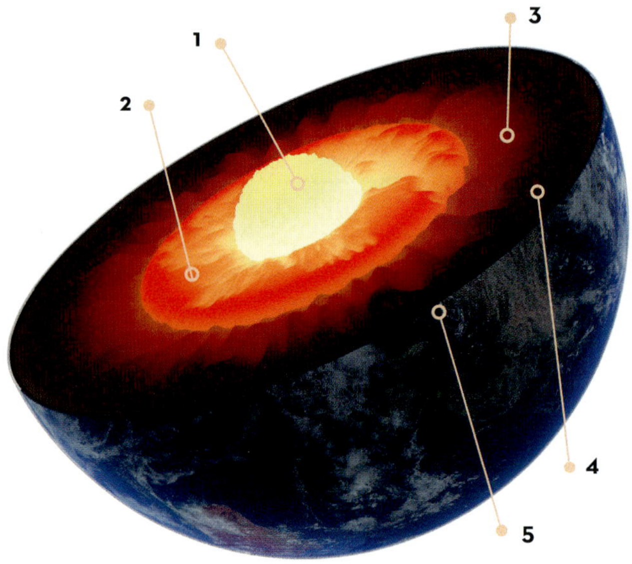

8. Di si son verdaderas o falsas las siguientes afirmaciones. En caso de que sean falsas, razona la respuesta.

a) Los basaltos son rocas muy densas que forman la corteza continental.

b) Las rocas graníticas, metamórficas y sedimentarias son típicas del manto terrestre.

c) La corteza continental está divida en placas llamadas placas tectónicas.

d) La corteza continental y la corteza oceánica tienen la misma composición.

e) Las dorsales son relieves típicos de la corteza oceánica.

f) Las cordilleras y llanuras son relieves típicos de la corteza oceánica.

9. Realiza un esquema en tu cuaderno indicando los tipos de corteza y sus características principales.

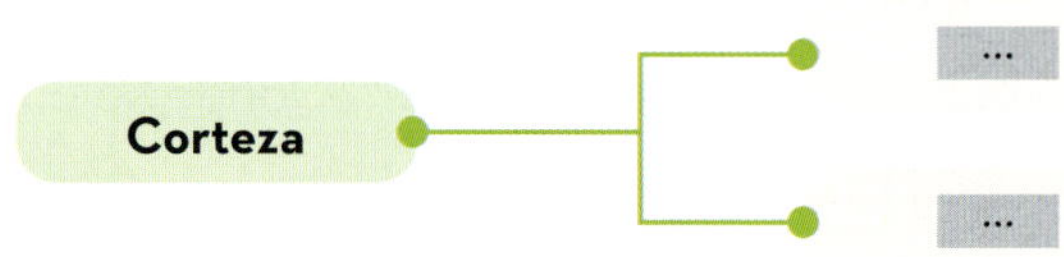

¿En qué parte del planeta podemos encontrar rocas graníticas? ¿Por qué? Explícalo con tus palabras.

Los minerales

10. Observa las imágenes y contesta:

Señala cuáles son minerales y cuáles rocas. ¿Hay alguna imagen que no corresponda a un mineral o roca? Razona por qué.

Las rocas

11. Completa el esquema en tu cuaderno incluyendo los tipos de rocas que existen, un dibujo, su descripción y algunos ejemplos de cada una.

Tipos de rocas		Descripción	Dibujo	Ejemplos
1. Magmáticas	Plutónica	...	...	...
	...	...	...	Basalto
2.		Formadas por fragmentos de roca	...	...
3. Metamórficas		...	...	...

12. ¿A qué términos corresponden las siguientes definiciones?

a) Es una sustancia homogénea, sólida, inorgánica, de origen natural y con una composición definida. Tienen una estructura interna ordenada llamada estructura cristalina.

b) Esfera compuesta en un 8 % de bridgmanita.

c) Es una sustancia heterogénea, sólida y natural compuesta por minerales. Las rocas pueden estar formadas por un solo tipo de mineral o por varios minerales diferentes.

d) Se forman en la superficie terrestre por acumulación de minerales o de fragmentos de otras rocas (sedimentos).

e) Se forman cuando otras rocas, al enterrarse, sufren altas presiones y temperaturas sin llegar a fundirse.

f) Solidifican rápidamente en la superficie terrestre, normalmente en los fondos oceánicos.

¿Qué tipo de rocas faltan en estas definiciones? Escribe el nombre y su definición.

Las rocas y los minerales como recursos naturales

13. ¿Cuáles de estas acciones te parecen buenas para evitar el agotamiento de los recursos minerales? Razona las respuestas.

Escribe dos ideas que tengas claras y que son fundamentales.

Realiza dos preguntas sobre aspectos que no te han quedado claros.

Escribe dos aspectos sobre los que te gustaría profundizar.

Fuente: Ministerio de Educación

El Gran Cañón está situado en un desierto de los Estados Unidos. Es un cañón muy largo y profundo que contiene muchos estratos de rocas. En algún momento del pasado, los movimientos de la corteza terrestre levantaron estos estratos. Hoy en día el Gran Cañón tiene 1,6 km de profundidad en algunas zonas. El río Colorado fluye por el fondo del cañón.

Mira la siguiente foto del Gran Cañón, tomada desde su orilla sur. En las paredes del cañón se pueden ver los diferentes estratos de rocas.

Pregunta 1

En el estrato de caliza A del Gran Cañón se encuentran muchos fósiles de animales marinos, como almejas, peces y corales. ¿Qué sucedió hace millones de años para que aparezcan estos fósiles en este estrato?

a) Antiguamente los habitantes transportaban alimentos marinos desde el océano a esta área.

b) En otro tiempo, los océanos eran más violentos, y olas gigantes arrastraban criaturas marinas hacia el interior.

c) En esa época, la zona estaba cubierta por un océano que más tarde se retiró.

d) Algunos animales marinos vivieron una vez sobre la tierra antes de emigrar al mar.

Pregunta 2

La temperatura en el Gran Cañón varía de menos de 0 °C a más de 40 °C. Aunque la zona es desértica, las grietas de las rocas a veces contienen agua. ¿De qué manera estos cambios de temperatura y la presencia de agua en las grietas de las rocas contribuyen a acelerar el desmenuzamiento de las rocas?

a) El agua congelada disuelve las rocas calientes.

b) El agua cementa a las rocas entre sí.

c) El hielo pule la superficie de las rocas.

d) El agua congelada se dilata en las grietas de las rocas.

Hicieron ciencia

Los dibujos de Mary Tharp

En plena Segunda Guerra Mundial se necesitaban mapas de los fondos marinos para buscar, entre otras cosas, barcos y aviones hundidos.

Mary Tharp, una matemática y geóloga que trabajaba en una compañía, se trasladó a Nueva York, donde comenzó a trabajar en el Laboratorio Geológico Lamont como delineante.

Junto al geólogo Charles Heezen, Tharp comenzó a ubicar aviones militares hundidos durante la Segunda Guerra Mundial. Poco después, empezaron a trabajar para topografiar el suelo oceánico.

Pero Tharp hizo mucho más que dibujos. Como era mujer, no le permitían ir en los buques de investigación y tomar sus propios datos, de modo que tuvo que trabajar con datos parciales. Para entendernos, le dieron las piezas de un enorme puzle.

En 1957 publicaron una parte del mapa y revolucionaron a la comunidad científica con sus descubrimientos.

Ella siguió montando piezas durante 20 años más, hasta que, por fin, en 1977 publicó *El mapa mundial de los fondos oceánicos*. Su compañero Heezen murió ese mismo año.

1. ¿Qué relieves crees que descubrió Mary Tharp en los fondos oceánicos?
2. ¿Te atreves a montar el puzle? Imprime el mapa de los fondos oceánicos en un Din A3 y córtalo en tiras de 1 cm. E intenta recomponerlo... Esto se parecería bastante a lo que hizo Tharp.

El desafío

Te proponemos un concurso de identificación de minerales. Para ello vamos a necesitar ejemplares de minerales (tantos como participantes haya en la clase), unas claves dicotómicas y de minerales (un juego por cada grupo), una cartulina A4, un folio para cada participante, rotuladores y lápices de colores.

Formaremos equipos de tres o cuatro personas. Cada grupo recibe un juego de claves dicotómicas, cuatro cartulinas A4, un folio y cuatro ejemplares de minerales al azar.

Cada participante toma su primer ejemplar, con las claves lo identifica y anota el resultado en el folio. Repite la operación con los otros tres ejemplares de la mesa.

Se comprueban y discuten resultados por parejas y finalmente se anota la decisión grupal.

Cada participante elige uno de sus ejemplares y realiza en su cartulina una ficha del ejemplar como la de la muestra.

Nombre del ejemplar: cuarzo

Foto o dibujo:

Color y brillo: mineral incoloro y transparente

Dureza: 7

Con todas las cartulinas podremos elaborar un mural grupal para el aula. Podemos repetir el proceso, pero esta vez con rocas.

3 La atmósfera y sus impactos ambientales

Sumario

1 Formación de la atmósfera

2 Estructura y composición

3 Funciones de la atmósfera

4 Impactos ambientales en la atmósfera

5 Soluciones

La vida de nuestro planeta está en peligro debido a la acumulación de gases, como el dióxido de carbono (CO_2), que emiten coches e industrias. La ciencia busca métodos para capturar este gas y retirarlo de la atmósfera para preservar la vida en la Tierra. Uno de estos métodos es crear bosques artificiales que capturen dióxido de carbono.

bit.ly/sumideros_carbono

«Puede que un bosque sintético nunca llegue a ser tan bello como uno de verdad, pero podría permitirnos preservar no solo el Amazonas, sino a todas las personas que queremos y valoramos, además de las generaciones futuras y la civilización moderna.»

Dra. Jennifer Wilcox. Ingeniera química

Descubre

¿De qué color es el cielo?

Si hiciésemos esta pregunta, la mayor parte de la gente respondería que azul. Sin embargo, no siempre es así. El color del cielo cambia, y esta circunstancia proporciona mucha información.

Observa las imágenes y anota toda la información que puedas deducir de cada una. ¿Cuántos colores diferentes se observan en las imágenes? ¿Cuáles? ¿Podrías indicar en qué momento del día se ha tomado cada foto?

De los dos cielos anaranjados, ¿sabrías deducir cuál es el amanecer y cuál el anochecer? ¿Crees que el color de los dos cielos grises se debe a la misma causa? Razona las respuestas.

En los siguientes enlaces podrás descubrir algunas cosas sobre los colores del cielo.

bit.ly/Color_cielo1

bit.ly/Color_cielo2

¿Qué sé sobre la atmósfera del planeta Tierra?

¿Cuándo se formó? ¿Siempre ha sido igual?

Reconozco los gases que componen el aire que respiro.

Conozco la importancia que tiene la atmósfera para los seres vivos.

Sé lo que es la contaminación atmosférica.

Reconozco las causas de la contaminación atmosférica y por qué es preocupante.

Formación de la atmósfera

Sabías que...

La atmósfera tiene unos 500 km de espesor. Puede parecer muy grande, cuando en realidad, comparada con el tamaño del planeta, es una capa muy fina.

La atmósfera es una fina **capa de gases** que rodea el planeta Tierra. Está formada por una mezcla de gases denominada **aire.** Es transparente y no se percibe a no ser que haya viento o contaminación.

La atmósfera del planeta se empezó a formar hace 4600 millones de años en las primeras etapas de la formación del planeta.

A lo largo de los miles de millones de años de evolución del planeta, la atmósfera ha modificado su composición de manera natural debido principalmente a dos procesos: la elevada actividad volcánica durante las primeras etapas de la formación del planeta y la aparición de los organismos fotosintéticos.

Actividades

1. ¿A qué planeta se parecería la Tierra si no hubiese surgido la vida? ¿Qué gases contendría su atmósfera?
2. ¿Cuáles fueron los primeros organismos en producir oxígeno y liberarlo a la atmósfera?

Antes de la aparición de vida, la atmósfera de la Tierra era muy similar a las de Marte y Venus, compuestas principalmente por **dióxido de carbono** y **nitrógeno.**

La aparición de vida en el planeta Tierra, y en concreto de los seres vivos capaces de realizar la fotosíntesis, cambió radicalmente esta composición primitiva de la atmósfera al liberar grandes cantidades de oxígeno.

Los planetas exteriores Júpiter, Saturno, Urano y Neptuno tienen enormes atmósferas, compuestas principalmente por **hidrógeno** y **helio,** muy diferentes a las de los planetas interiores (Venus, la Tierra y Marte).

En los océanos surgieron los primeros organismos vivos, bacterias muy simples que ocuparon los mares durante millones de años. Posteriormente, surgieron las cianobacterias, capaces de realizar la fotosíntesis para producir energía, tomando dióxido de carbono del atmósfera y liberando oxígeno. Estos seres primitivos cambiaron radicalmente la composición de la atmósfera primitiva de nuestro planeta.

En unos cuantos miles de millones de años, la vida en el planeta comenzó a diversificarse; el oxígeno se acumuló en la atmósfera, gran parte del CO_2 pasó a los océanos y rocas, y se formó la capa de ozono.

La actividad humana a través de la combustión de combustibles fósiles y a la deforestación están provocando de nuevo el aumento de CO_2 en la atmósfera. Este cambio en la composición de la atmósfera puede resultar muy peligroso para la supervivencia de la vida en el planeta.

Estructura y composición

Ciencia 2.0

El gas ozono O_3 se genera en la estratosfera.

La radiación UV rompe las moléculas de oxígeno (O_2) y forma moléculas de ozono (O_3).

En el siguiente enlace puedes ver una simulación de estas reacciones:

bit.ly/Reacciones_ozono

Según el vídeo, ¿en qué lugar se forma una mayor cantidad de ozono, en la Antártida o en el Amazonas? Razona la respuesta.

De qué hablamos…

Recuerda que la densidad es la cantidad de materia que hay por unidad de volumen.

La atmósfera terrestre, al igual que la geosfera, está formada por capas compuestas por diferentes gases entre los que existen gases ligeros y gases más densos o pesados. Estos gases se ordenan por densidades, formando capas.

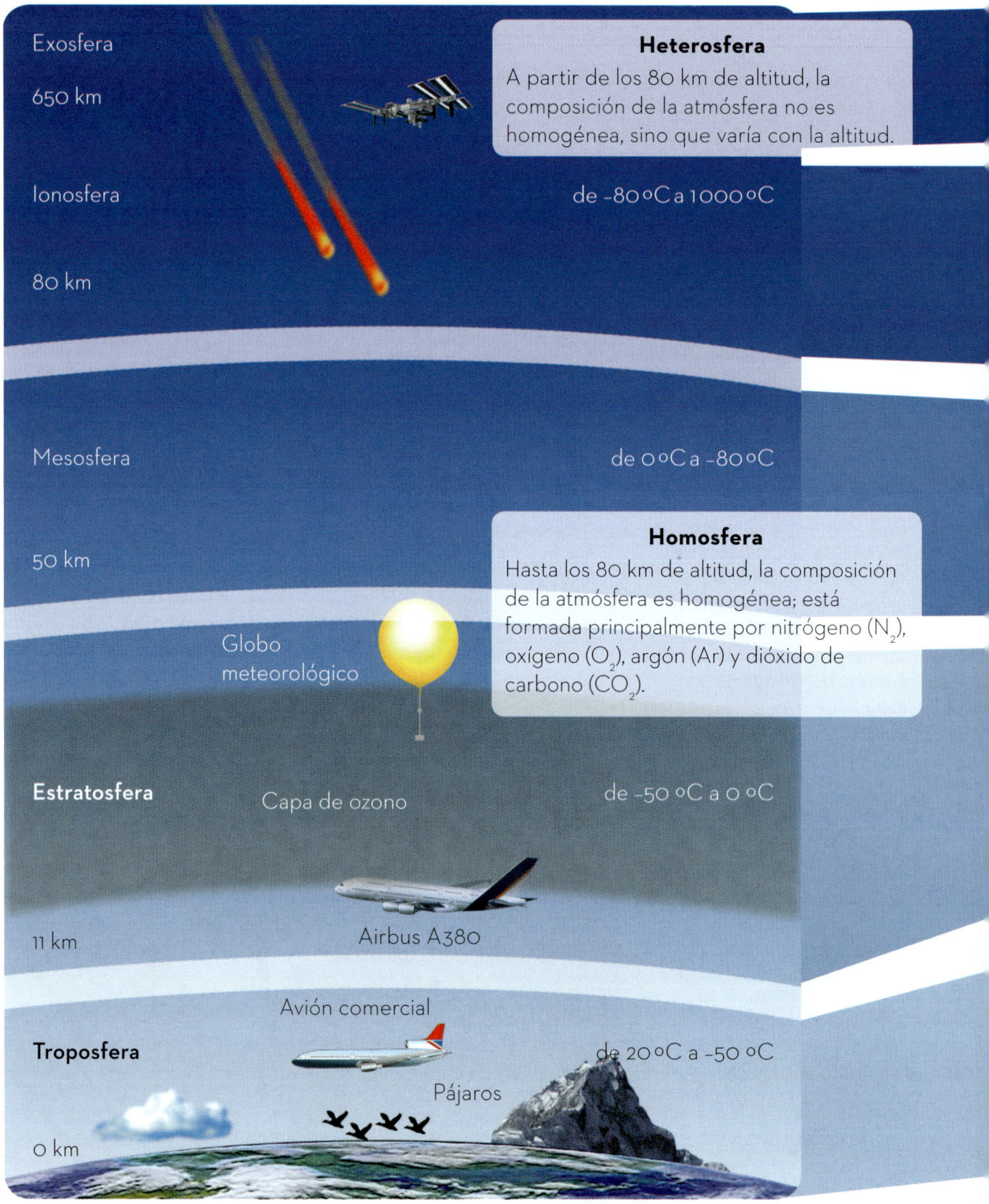

Actividades

3. Realiza un esquema en tu cuaderno con las capas de la atmósfera e indica sus características principales: espesor de cada capa, gases que contiene y función que desempeña. Indica qué capa es la más densa y cuál es la menos densa, y razona la respuesta.

Debido a la gravedad, los gases más pesados, como el nitrógeno y el oxígeno, se sitúan cerca de la superficie terrestre y a medida que se asciende hacia las capas altas se encuentran gases más ligeros, como el hidrógeno y el helio.

5. Exosfera

Es la capa más externa de la atmósfera, donde apenas hay concentración de gases.

4. Ionosfera o termosfera

Es la capa más gruesa, con unos 600 km de espesor. En ella, los gases, fundamentalmente hidrógeno y helio, se encuentran muy dispersos (poca densidad). Los rayos del Sol chocan con las pequeñas partículas de gas y producen las auroras.

3. Mesosfera

Es una capa de unos 30 km de espesor compuesta por una mezcla de gases ligeros, como el hidrógeno y el helio. Ya no hay oxígeno, ozono, ni vapor de agua. En esta zona la mayoría de los meteoritos que llegan se desintegran, dando lugar a destellos denominados estrellas fugaces.

2. Estratosfera

Está formada por una mezcla de gases de unos 40 km de espesor. En esta región de la atmósfera se localiza la capa de ozono, una zona con gran concentración de gas ozono (O_3) que absorbe las radiaciones ultravioletas procedentes del Sol, evitando así que lleguen a la superficie terrestre y dañen a los seres vivos.

1. Troposfera

Es la capa en contacto con la superficie del planeta y la más fina, con apenas 10 km de espesor, pero contiene el 80 % de todos los gases de la atmósfera. Está formada por una mezcla de gases pesados, en los que predominan el nitrógeno, el oxígeno y el vapor de agua. En ella tienen lugar fenómenos meteorológicos como lluvias, tormentas y vientos. Toda la vida del planeta depende de ella.

Actividades

4. Define con tus palabras qué es el ozono. ¿En qué capa de la atmósfera se encuentra? ¿Has oído hablar del agujero de la capa de ozono? ¿A qué crees que se refiere esta expresión?

5. Teniendo en cuenta que la capa de ozono retiene la radiación ultravioleta del Sol, ¿crees que la temperatura de la capa de ozono será mayor o menor que la estratosfera que la rodea?

Ciencia 2.0

En el siguiente enlace puedes ver una animación en la que se muestran las diferentes capas de la atmósfera y sus principales características:

bit.ly/Capas_atmósfera

Características y composición del aire

El aire que respiran la mayoría de los seres vivos es una mezcla de gases única que solo existe en la troposfera del planeta Tierra.

El aire terrestre se compone de:

- **Nitrógeno (N_2):** 78 %
- **Oxígeno (O_2):** 21 %
- **Argón (Ar):** 0,9 %
- Pequeñas cantidades de otros gases que en conjunto solo representan un 0,1 % del total: **dióxido de carbono (CO_2), vapor de agua (H_2O)** y **metano (CH_4):**
- **Polvo en suspensión** y **sustancias contaminantes.**

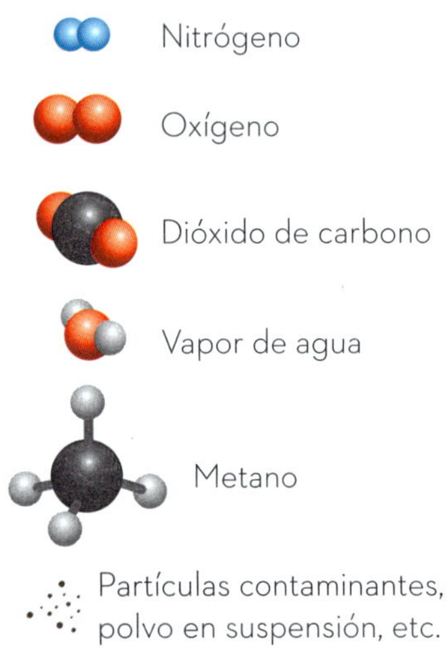

La mayor parte de los gases que componen la atmósfera, como el nitrógeno y el dióxido de carbono (CO_2), estaban contenidos en la geosfera y fueron liberados en las primeras etapas de la formación del planeta a través de erupciones volcánicas. Sin embargo, otros gases, como el oxígeno (O_2) y el ozono (O_3), derivan de la acción de los seres vivos, a los que a su vez protegen y mantienen con vida.

A pesar de que el aire, y fundamentalmente el oxígeno, mantiene la vida en el planeta, existen ciertos microorganismos que no requieren oxígeno para vivir. A este tipo de organismos se les llama **anaeróbicos.** Son organismos muy simples, como algunas bacterias que viven en ambientes sin oxígeno.

El resto de organismos más complejos no podrían sobrevivir en una atmósfera sin oxígeno.

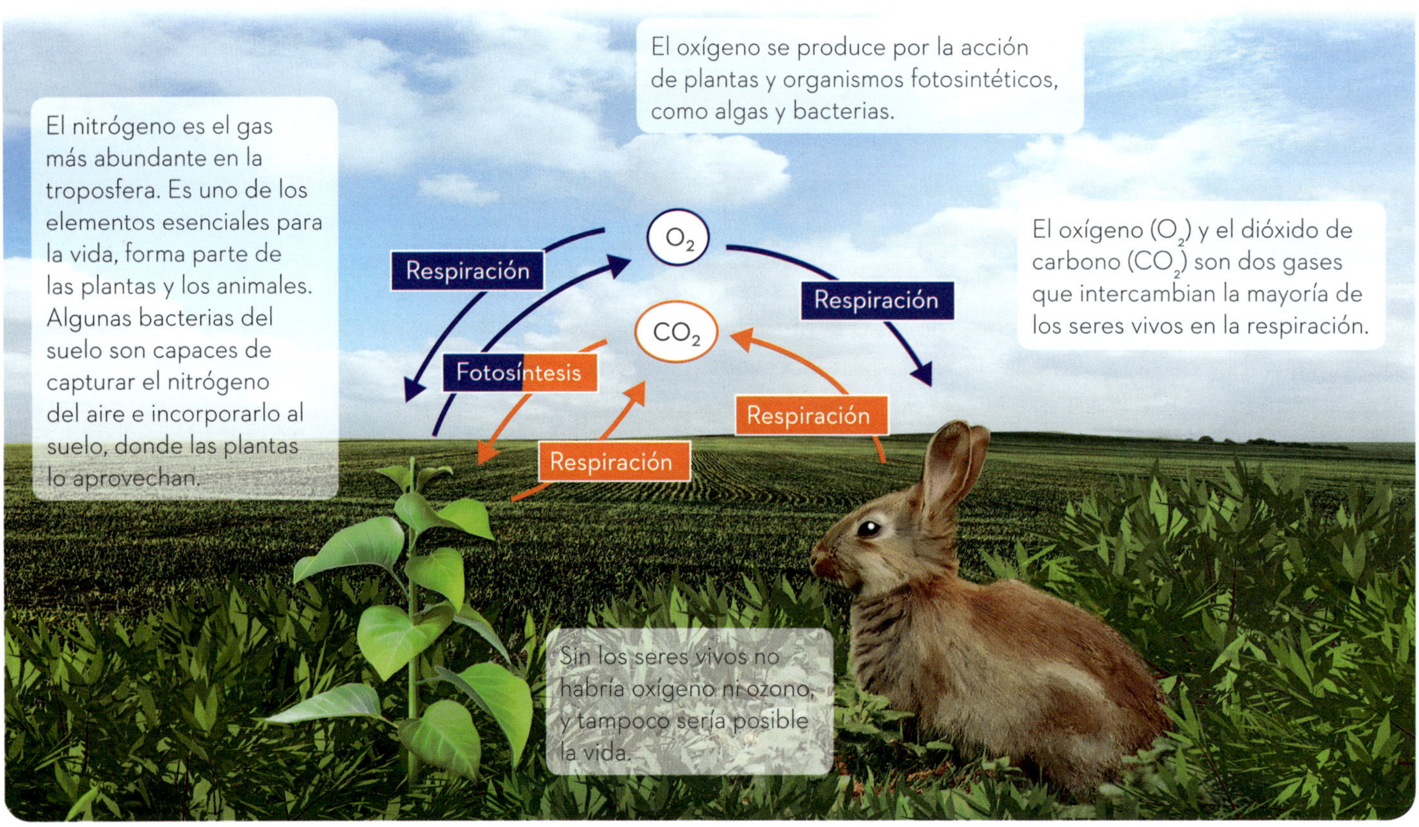

El viento

El aire en la atmósfera no permanece quieto, sino que está en permanente movimiento. Este aire en movimiento se llama viento y se produce tanto en la superficie de la Tierra como en las capas altas de la troposfera.

El aire se mueve por varias razones:

- Debido a los **movimientos de rotación y traslación del planeta.** El aire que contiene la atmósfera es arrastrado por el propio movimiento del planeta.
- **Por diferencias de temperatura.** El aire que se calienta en la superficie asciende, circula por las capas altas de la troposfera, se enfría y desciende. Estas dos corrientes generan vientos en la superficie y en las capas altas.
- **Por diferencias de presión.** El aire tiende a desplazarse desde las zonas de mayor presión a las zonas de menos presión.

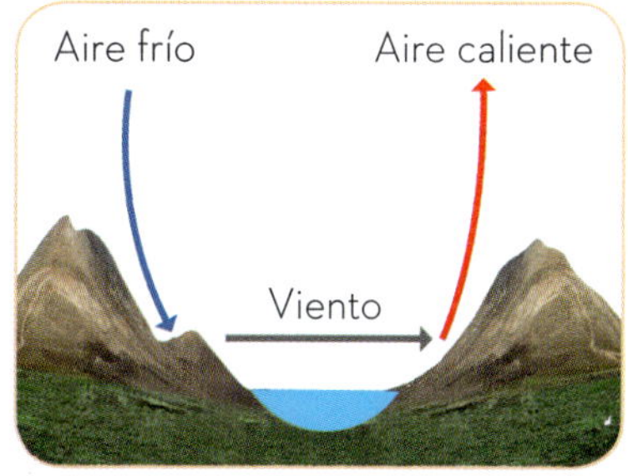

Presión atmosférica

Los gases que componen el aire tienen una masa y, por tanto, pesan.

Se denomina **presión atmosférica** al peso que ejerce la columna de aire sobre un punto de la corteza terrestre.

Las unidades más empleadas para medir la presión atmosférica son las atmósferas (atm) y los pascales (Pa). La presión atmosférica disminuye con la altitud.

Actividades

6. Observa la imagen de la página anterior e indica cuáles son los gases que se intercambian en la atmósfera. Realiza un esquema sencillo indicando estas relaciones de intercambio de gases.
7. Define con tus palabras qué es la presión atmosférica.

Sabías que...

Un metro cúbico de aire pesa aproximadamente un kilo.

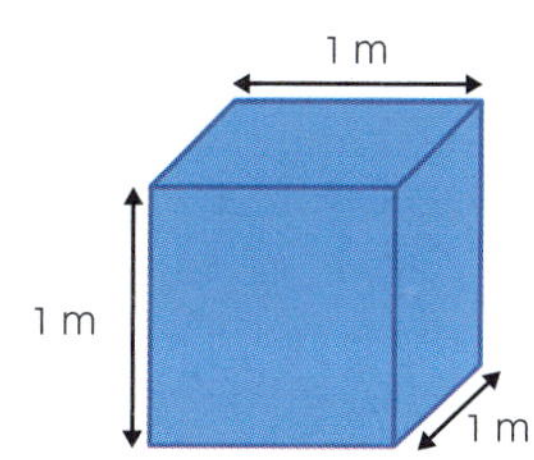

La presión atmosférica se mide con un aparato llamado *barómetro*.

En el siguiente enlace puedes ver cómo construir un barómetro casero:

bit.ly/Barómetro_casero

Funciones de la atmósfera

Vocabulario

La **radiación** es la emisión de energía o de partículas por ciertos astros, como el Sol, y se propaga a través del espacio en forma de ondas.

Además de intercambiar constantemente gases con los organismos vivos, la atmósfera ejerce dos funciones fundamentales para el mantenimiento de la vida en el planeta Tierra, que son la protección contra la radiación solar y la regulación de la temperatura del planeta.

Protección de la radiación solar

La luz del Sol que llega a la Tierra está compuesta por varios tipos de radiaciones. Partes de esa radiación son la **luz visible,** la **radiación ultravioleta** y la **radiación infrarroja.**

La atmósfera actúa como filtro de las radiaciones solares, dejando pasar algunas radiaciones y reteniendo otras.

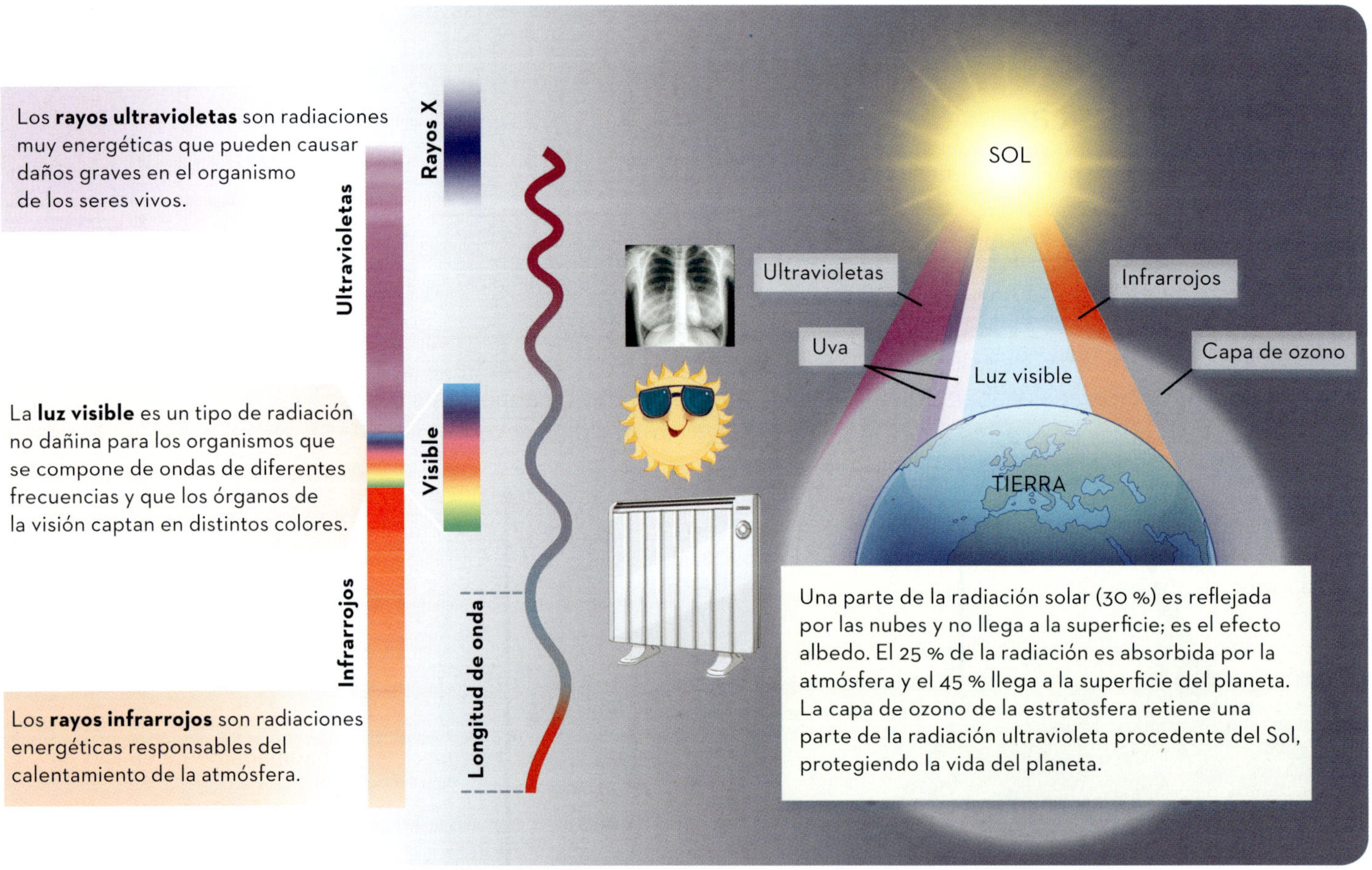

Actividades

8. Aunque la capa de ozono nos protege de las radiaciones ultravioletas más dañinas, las hay que son capaces de atravesarla.

a) Observa la figura y di de qué radiaciones se trata. ¿Sabrías decir cómo podríamos protegernos de ellas?

b) Realiza una búsqueda en Internet y elabora en grupo un breve informe con algunas medidas de protección contra las radiaciones ultravioletas y los daños que ocasionan en los seres vivos. ¿Crees que estas medidas son necesarias en invierno? Justifica la respuesta.

Regulación de la temperatura

La **radiación infrarroja** calienta la superficie y permite que la temperatura del planeta sea apropiada para la vida.

Pero esta radiación no llega de igual forma a todas las zonas del planeta. Los rayos solares llegan de manera directa a la zona ecuatorial, calentándola más que a los polos.

Gracias a la circulación de los vientos y de las corrientes oceánicas, el calor del planeta se distribuye desde el ecuador hacia los polos.

Sin esta circulación de aire los climas en el planeta serían mucho más extremos.

Ciencia 2.0

En el siguiente enlace puedes ver algunos experimentos sencillos para entender el movimiento del aire en la atmósfera.

bit.ly/convección

¿Qué es una corriente de convección?

Células de convección

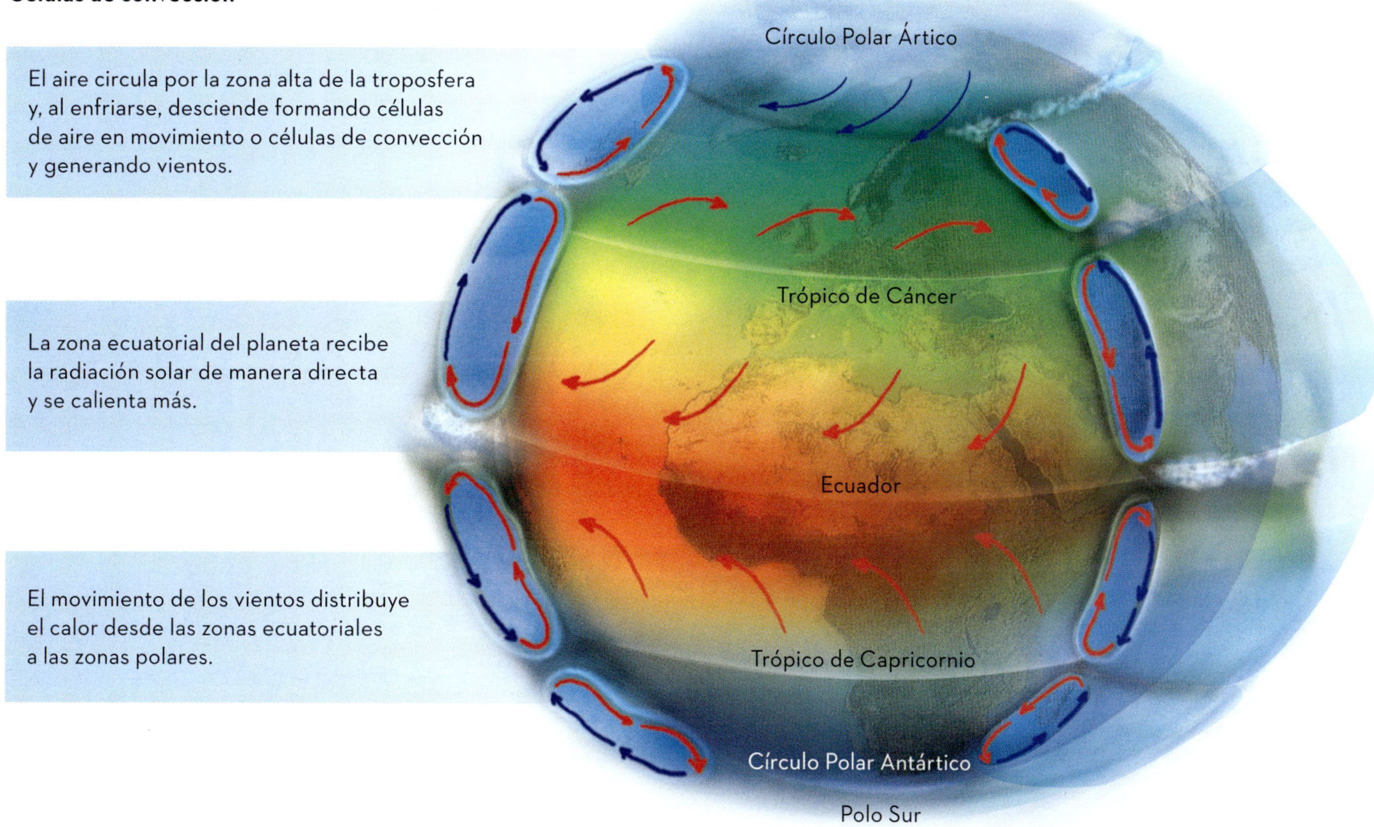

Te proponemos un reto

Los cambios que se producen en la atmósfera, como lluvias, rayos, tornados o vientos, se llaman fenómenos atmosféricos. Visiona el siguiente vídeo en clase y responde a las preguntas.

bit.ly/tiempo_clima

a) Define qué son el *tiempo atmosférico* y el *clima*.

b) Explica con tus palabras cuál es la diferencia entre ambos términos.

Impactos ambientales en la atmósfera

De qué hablamos...

Los clorofluorocarbonos (CFC) son unos compuestos formados por átomos de carbono (C), flúor (F) y cloro (Cl), que se emplean como refrigerantes o para fabricar espráis y espumas. Actualmente la legislación prohíbe su uso en la mayoría de los casos.

La atmósfera tiene unas condiciones de composición y temperatura determinadas en equilibrio con los seres vivos.

Cuando esta composición o temperatura es modificada por la acción del ser humano, se considera un **impacto ambiental.**

Contaminación

La **contaminación atmosférica** es el cambio en la composición de la atmósfera debido a sustancias diferentes a las propias de esta (sustancias en suspensión como polen, metales pesados, óxidos de azufre, óxidos de nitrógeno) o gases que forman parte de la atmósfera, pero están en mayor concentración de lo habitual, como el metano y el dióxido de carbono.

Estos contaminantes se producen, principalmente, en grandes ciudades, pero se dispersan rápidamente por todo el planeta gracias a los vientos.

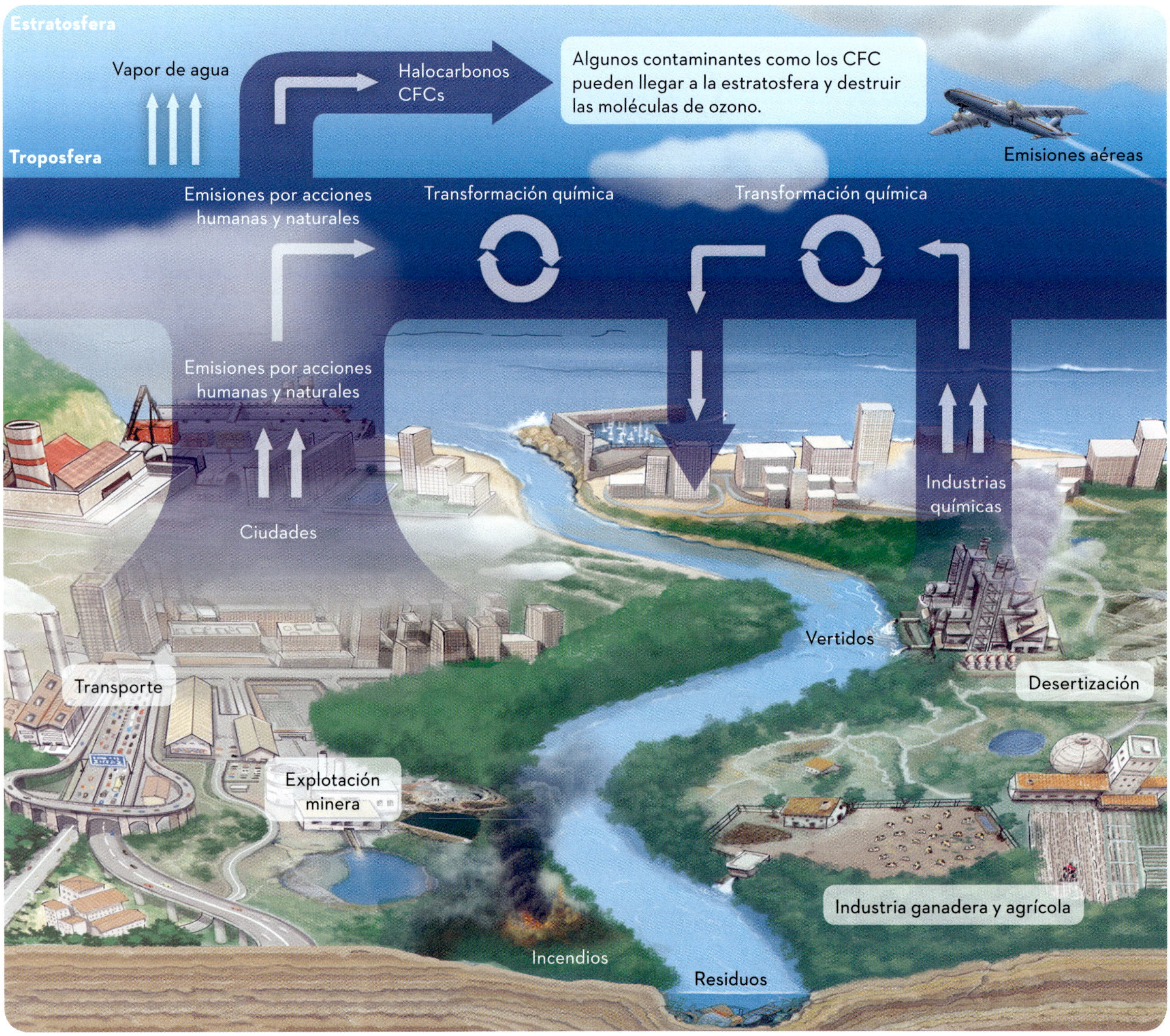

El **origen** de las sustancias contaminantes es diverso:

- Industrias y vehículos, que utilizan el petróleo y el carbón para mover sus máquinas. La quema de estos combustibles genera metales pesados y gases tóxicos, como óxidos de azufre y dióxido de carbono y de nitrógeno.
- Las calefacciones de los hogares, que queman combustibles para producir calor liberan cantidades importantes de óxidos de carbono, nitrógeno y azufre.
- Granjas de ganado muy grandes, que liberan a la atmósfera cantidades importantes de metano y óxidos de nitrógeno.
- La descomposición de materia orgánica en vertederos, que libera grandes cantidades de metano a la atmósfera.

Ciencia 2.0

¿Quieres ver un gas invisible...?

bit.ly/Gas-invisible

¿De qué gas se trata?

Entre los **efectos** de estas sustancias en la atmósfera están los siguientes:

Lluvia ácida. Los óxidos de nitrógeno y de azufre reaccionan con otros gases atmosféricos, generando sustancias ácidas que son arrastradas por las lluvias hacia el suelo y provocando graves daños sobre los bosques y en los seres vivos que habitan en ellos.

Destrucción de la capa de ozono. Sustancias como los CFC reaccionan con las moléculas de ozono estratosférico y las destruyen.

Problemas respiratorios. Los gases contaminantes pueden resultar tóxicos para los organismos, ocasionar graves daños en el aparato respiratorio y provocar o agravar asma o alergias.

Envenenamiento de plantas y animales. Los metales pesados se acumulan en el suelo y en el agua y son incorporados a las cadenas alimentarias, lo que puede provocar la muerte de organismos.

Analiza y reflexiona

Observa la gráfica y contesta.

a) ¿Cuál de las acciones representadas emite más toneladas de CO_2 a la atmósfera? ¿Cuántas toneladas emite?

b) ¿Cuál libera menos toneladas? ¿Qué cantidad?

c) Observa la columna de los hogares. ¿De qué manera crees que contribuyen los hogares a la emisión de contaminantes a la atmósfera? ¿Qué medidas podrías adoptar para disminuir las emisiones de tu hogar?

Ciencia 2.0

En el siguiente vídeo, puedes aprender más sobre el efecto invernadero.

bit.ly/efecto_invernadero

Efecto invernadero y calentamiento global

De todos los gases que contiene la atmósfera, un porcentaje muy pequeño, el 0,1 %, está formado por una mezcla de gases como el metano, el dióxido de carbono y óxidos de nitrógeno, que cumplen una importante función: son los **gases de efecto invernadero.**

Gracias a estos gases, parte de la radiación del sol reflejada por la superficie terrestre es reabsorbida por la atmósfera y se eleva la temperatura global del planeta.

Experimenta

Para simular el efecto invernadero y el calentamiento global, os proponemos un sencillo experimento.

Materiales: una caja de plástico grande y transparente, dos plantas pequeñas y dos termómetros.

Procedimiento: se coloca una planta bajo el sol dentro de la caja y la otra fuera de la caja, con un termómetro pinchado en cada maceta.

Anotad la temperatura inicial de los termómetros y repetid la observación cada cinco minutos. Después de unos 30 minutos, anotad la descripción del estado de ambas plantas.

¿Qué temperatura se ha alcanzado dentro de la caja? ¿Qué le ha ocurrido a cada planta? ¿Qué representa la caja en nuestro experimento?

Sin los gases de efecto invernadero toda la radiación solar escaparía sin llegar a calentar la superficie del planeta y la temperatura media de la Tierra sería de unos -18 ºC.

Cuando las actividades humanas liberan toneladas de gases de efecto invernadero, como el dióxido de carbono, este efecto aumenta, debido a la acumulación de radiación infrarroja, y el planeta sufre un **calentamiento global.**

Analiza y reflexiona

En la siguiente gráfica se muestra el aumento de la cantidad de dióxido de carbono (en color azul) en la atmósfera y el aumento de la temperatura del planeta (rojo) durante mil años.

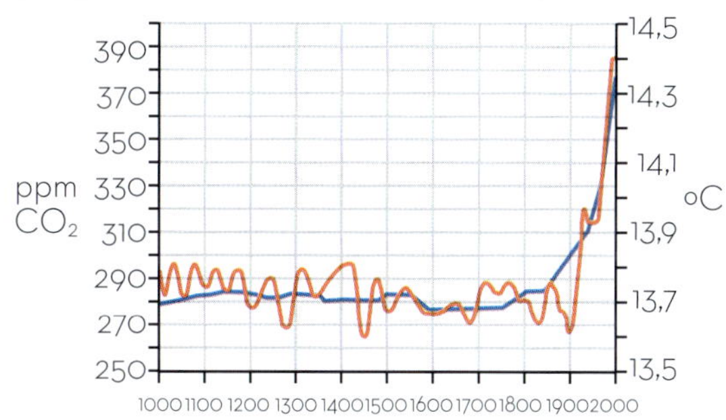

a) ¿Qué temperatura media había en el año 1500? ¿Cuál era la temperatura en el año 2000? ¿Cuántos grados ha aumentado la temperatura en 500 años?

b) ¿Cuál era la concentración de CO_2 en el año 1500? ¿Y en el 2000?

c) ¿Cómo crees que son ahora esos valores? Dibújalo en la gráfica y razona la respuesta.

Soluciones

Qué piensas sobre...

En el siguiente vídeo puedes ver un ejemplo sorprendente, sencillo y natural para reducir el exceso de CO_2 de la atmósfera.

bit.ly/Carbono_suelo

¿Crees que tú podrías contribuir a esta solución? ¿Cómo lo harías?

Para evitar los efectos de la contaminación atmosférica y del calentamiento global del planeta, deben adoptarse medidas urgentes. Muchas de estas medidas son competencia de los Gobiernos y de las grandes empresas, que deben adoptar medidas correctoras y preventivas.

Medidas preventivas

Evitan o reducen la liberación de sustancias contaminantes. Entre otros ejemplos, están los siguientes:

- Utilizar energías limpias (energía solar, eólica, mareomotriz, etc.).
- Apoyar y fomentar el transporte público y los vehículos eléctricos.
- Plantar áreas forestales.
- Destinar recursos para la investigación de nuevos sistemas de energía y transporte.

Medidas correctoras

Actúan contra la contaminación existente. Estos son algunos ejemplos:

- Reducir el uso de combustibles fósiles que generan gases invernadero en la circulación de vehículos y calefacciones domésticas.
- Controlar y reducir las emisiones en las industrias con la instalación de filtros que retengan los contaminantes.
- Sancionar a las empresas que incumplan las leyes de emisiones.
- Retirar de la atmósfera el exceso de gases invernadero, como el CO_2.

Coopera y aprende

Muchas de las medidas correctoras y preventivas de los efectos negativos de la contaminación atmosférica y el calentamiento global no están al alcance de los ciudadanos, pero otras sí. Os proponemos crear, en grupos, un cartel con al menos cinco acciones que estén al alcance de todos en nuestra vida cotidiana para reducir la contaminación atmosférica.

a) Por grupos, realizad una lluvia de ideas con vuestras propuestas.

b) Seleccionad las mejores cinco ideas e ilustradlas con dibujos o fotografías.

c) Dibujad o cread un cartel digital con alguna de estas aplicaciones:

bit.ly/Trucos_diseño_carteles

bit.ly/Carteles_escolares

Para completar vuestros carteles, podéis buscar alguna noticia sobre contaminación atmosférica que se haya producido en algún lugar cercano, e indicar las causas y las medidas reales que se tomaron. Consulta en los periódicos locales y añade alguna foto.

Mapa conceptual

Completa en tu cuaderno el mapa conceptual y elabora un mapa mental sobre la atmósfera.

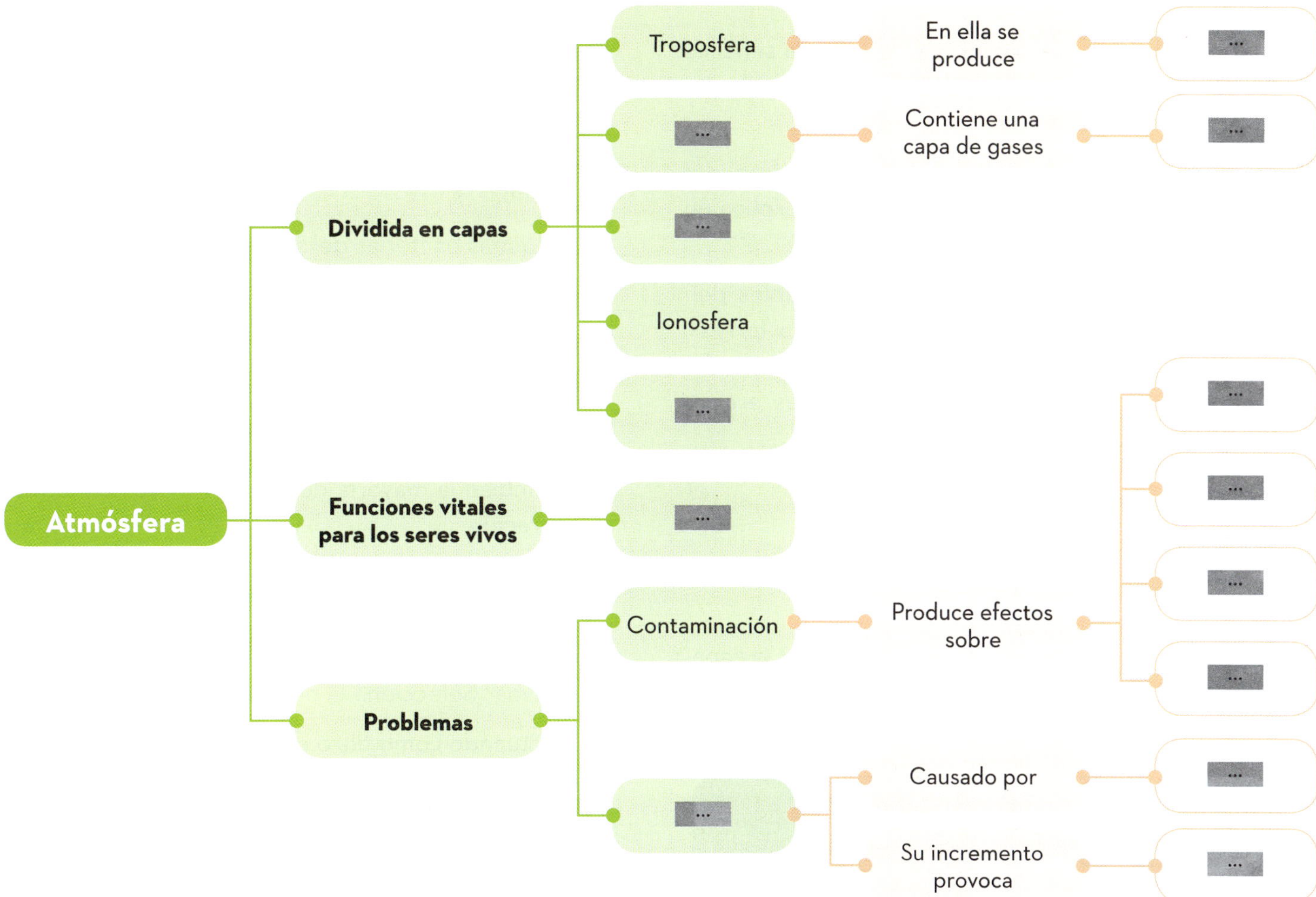

Investigamos

¿Qué son los sumideros de carbono?

Para luchar contra el cambio climático, la comunidad científica está trabajando en diversos proyectos orientados a capturar el exceso de CO_2 que hay en la atmósfera y devolverlo a la corteza terrestre o a los océanos. Vamos a investigar sobre los sumideros de carbono.

Visionad este vídeo: **bit.ly/Sumideros_carbono**, y, de manera individual, pensad las respuestas; luego, consultad con vuestra pareja y decidid en grupo las respuestas finales a las siguientes cuestiones:

¿Qué es un sumidero de carbono?

¿Qué clases de sumideros existen?

Realizad un debate en grupo para dar respuesta a esta pregunta: ¿creéis que los sumideros de carbono son una buena solución al cambio climático? Exponed los pros y contras de aplicar esta solución.

Para saber más, vamos a investigar en Internet qué tipo de proyectos se están desarrollando. Cada grupo ha de buscar un método de sumidero artificial de carbono y preparar una presentación sencilla para exponerla en clase.

Mochila digital:

bit.ly/Captura_CO2 **bit.ly/Árboles_sintéticos** **bit.ly/Proyecto_suizo**

bit.ly/Termostato_global **bit.ly/Árboles_CO2**

Actividades finales

Formación de la atmósfera

1. Describe con tus palabras y de manera sencilla los cambios que ha sufrido la atmósfera desde su formación hasta la actualidad.

2. ¿Cuál es la composición de la atmósfera de Marte? ¿Y la de la atmósfera de Júpiter? Explica el porqué de estas diferencias.

3. ¿Qué organismos fueron los responsables del cambio en la composición de la atmósfera terrestre? ¿Qué gas emitieron a la atmósfera? Hasta la aparición de dichos organismos, ¿qué gas era el más abundante?

Estructura y composición

4. Realiza un esquema nombrando las capas de la atmósfera, su altitud y su composición.

¿Cuál es la capa de mayor espesor? ¿Cuál es la capa con mayor densidad?

5. Observa las imágenes:

a)

b)

c)

d)

e)

f)

¿Sabrías indicar en qué capa de la atmósfera podríamos encontrar cada uno de estos elementos? Razona la respuesta.

6. Di si son verdaderas o falsas las siguientes afirmaciones. En las que consideres falsas, razona la respuesta.

a) El aire es una mezcla de diferentes gases.

b) El gas más abundante en la troposfera es el oxígeno.

c) Algunas bacterias del suelo son capaces de capturar el ozono del aire e incorporarlo al suelo, donde las plantas lo aprovechan.

d) La presión atmosférica a nivel del mar es mayor que en lo alto de las montañas.

e) El oxígeno y el metano son dos gases que intercambian la mayoría de los seres vivos en la respiración.

Funciones de la atmósfera

7. ¿De qué manera protege la atmósfera a los seres vivos? Selecciona la opción correcta.

a) Actuando como filtro de las radiaciones solares.

b) Impidiendo que lleguen las radiaciones solares.

8. Completa la siguiente imagen y resuelve las cuestiones.

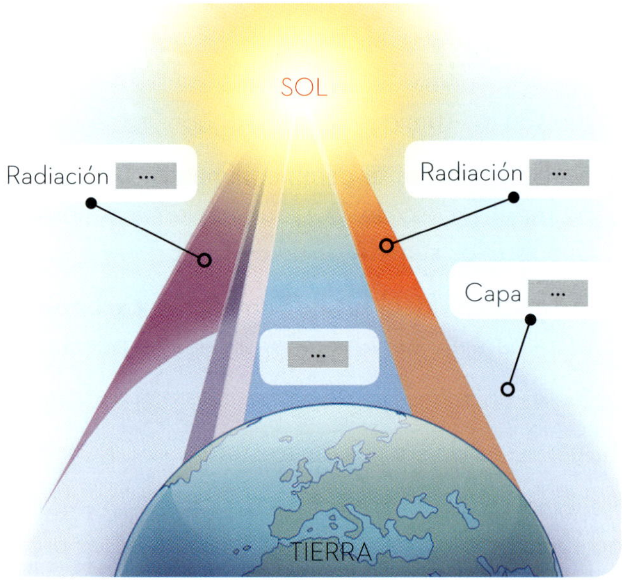

a) ¿Cuál es la radiación más nociva para los seres vivos? ¿Llega a la superficie del planeta? ¿Por qué? Razona la respuesta.

b) ¿Cuál es la radiación responsable del calentamiento del planeta?

9. Nombra tres acciones que podemos realizar cotidianamente para protegernos de la radiación ultravioleta.

10. ¿En qué zona del planeta se cumple esta afirmación?: *Recibe la radiación solar de manera directa y se calienta más. El aire caliente asciende y arrastra el vapor de agua, que se enfría y forma nubes y precipitaciones.*

a) Zona ecuatorial

b) Zona polar

c) Zona templada

11. Explica con tus palabras cómo se distribuye el calor en el planeta. ¿Qué ocurriría con la temperatura del planeta si no existiesen vientos ni corrientes oceánicas? Razona la respuesta.

12. ¿A qué se llama contaminación atmosférica? Nombra tres contaminantes atmosféricos e indica su origen en cada caso.

13. Define los siguientes términos y pon un ejemplo de cada uno:

a) Contaminantes primarios

b) Contaminantes secundarios

14. ¿Qué es la lluvia ácida? ¿A qué o a quiénes afecta? ¿Cuál es su origen? Razona las respuestas.

15. Nombra tres consecuencias de la contaminación atmosférica para la vida e indica cuál es su origen.

16. Completa las siguientes afirmaciones:

a) Los contaminantes atmosféricos primarios reaccionan con los gases atmosféricos formando otros compuestos, llamados ... .

b) Los CFC son sustancias contaminantes que pueden llegar a la estratosfera y ... .

c) Algunas sustancias contaminantes, como los ..., pueden provocar el envenenamiento de plantas y animales.

Impactos ambientales en la atmósfera

17. Explica en qué consiste el efecto invernadero. ¿Qué sustancias provocan dicho efecto? ¿Es perjudicial para el planeta? Razona las respuestas.

18. De los siguientes gases: metano, oxígeno, dióxido de carbono, nitrógeno y helio, ¿cuáles son gases de efecto invernadero?

19. Nombra cuatro consecuencias del calentamiento global del planeta. ¿Cuáles de ellas pueden afectar al ser humano? Razona la respuesta.

Soluciones

20. ¿Qué diferencia existe entre medidas preventivas y medidas correctoras contra la contaminación atmosférica? Pon algún ejemplo de cada tipo.

21. ¿Cuáles de estas acciones te parecen buenas para evitar la contaminación atmosférica? Razona las respuestas.

Escribe dos ideas que tengas claras y que creas fundamentales.

Realiza dos preguntas sobre aspectos que no te han quedado claros.

Escribe dos aspectos sobre los que te gustaría profundizar.

Fuente: Ministerio de Educación

Lee los siguientes textos y contesta a las preguntas que aparecen a continuación.

El efecto invernadero: ¿realidad o ficción?

Los seres vivos necesitan energía solar para sobrevivir. La energía que mantiene la vida sobre la Tierra procede del Sol, que al estar muy caliente irradia energía al espacio. Una pequeña proporción de esta llega a la Tierra. La atmósfera de la Tierra actúa como una capa protectora de la superficie de nuestro planeta, evitando las variaciones de temperatura que existirían en un mundo sin aire. La mayor parte de la energía irradiada por el Sol pasa a través de la atmósfera de la Tierra, que absorbe una parte de ella, mientras que otra es reflejada por su superficie; parte de la energía reflejada es absorbida por la atmósfera. Como resultado de todo ello, la temperatura media por encima de la superficie de la Tierra es más alta de lo que lo sería si no existiera atmósfera. La atmósfera funciona como un invernadero, de ahí el término *efecto invernadero*. Se dice que dicho efecto se ha acentuado durante el siglo XX. Es un hecho que la temperatura media de la atmósfera ha aumentado. En los periódicos y las revistas se afirma con frecuencia que la principal causa del aumento de la temperatura en el siglo XX es la emisión de dióxido de carbono. Un estudiante llamado Andrés se interesa por la posible relación entre la temperatura media de la atmósfera de la Tierra y la emisión de dióxido de carbono en la Tierra. En una biblioteca se encuentran los dos gráficos siguientes:

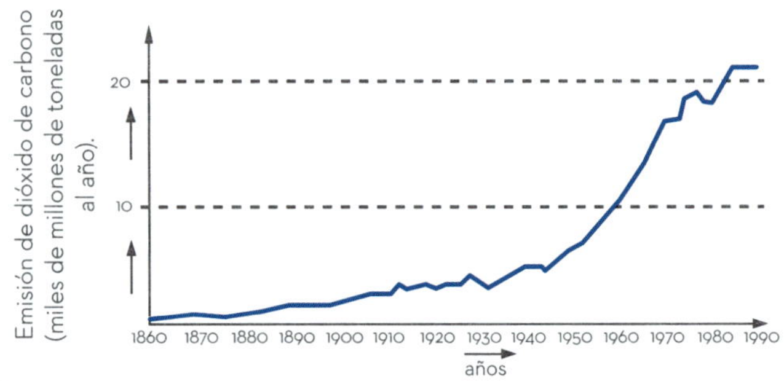

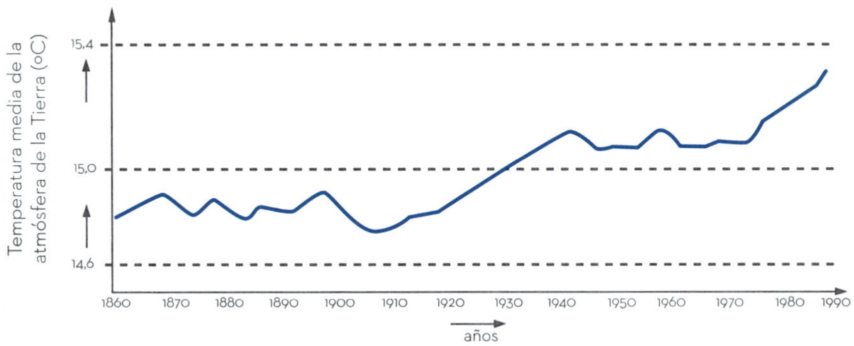

A partir de estos dos gráficos, Andrés concluye que es cierto que el aumento de la temperatura media de la atmósfera de la Tierra se debe al aumento de la emisión de dióxido de carbono.

Pregunta 1

¿Qué se observa en los gráficos que apoye la conclusión de Andrés?

Pregunta 2

Otra estudiante, Juana, no está de acuerdo con la conclusión de Andrés. Compara los dos gráficos y dice que algunas partes no apoyan dicha conclusión.

Selecciona como ejemplo una zona de los gráficos que no confirme la conclusión de Andrés. Explica la respuesta.

Pregunta 3

Andrés insiste en su conclusión de que el incremento de la temperatura media de la atmósfera de la Tierra se debe al aumento de la emisión de dióxido de carbono. Pero Juana piensa que su conclusión es prematura. Ella dice: «Antes de aceptar esta conclusión, debes asegurarte de que los otros factores que podrían influir en el efecto invernadero se mantienen constantes». Nombra uno de los factores en los que Juana está pensando.

Hicieron ciencia

La Antártida es un referente científico, el continente donde se desarrollan gran parte de los estudios sobre los efectos del cambio climático. Una expedición de 80 mujeres ha pasado un mes en la Antártida para investigar sobre el cambio climático en un proyecto llamado Homeward Bound.

© Homeward Bound

«Lo que pretende es crear una red mundial de mil científicas que trabajen globalmente y lideren políticas y proyectos que ofrezcan soluciones más efectivas para enfrentar el cambio climático, transformar la sociedad y disminuir el efecto de nuestras actividades sobre el planeta. Para conseguirlo, cada año selecciona alrededor de cien mujeres de todo el mundo, vinculadas a la ciencia y a la tecnología, que reciben una formación, durante un año, que culmina con su participación en una expedición por la Antártida.»

Alicia Pérez

Según Naciones Unidas, las mujeres, los niños y los ancianos son los grupos más vulnerables al cambio climático.

Puedes consultar un vídeo de la expedición: **bit.ly/Expedición_Homeward_Bound**

Actividades

a) ¿Por qué crees que es en la Antártida donde se desarrollan gran parte de los estudios sobre el cambio climático? ¿Crees que se podrían desarrollar en el ecuador? Razona las respuestas.

b) ¿Por qué crees que las mujeres, los niños y los ancianos son los más vulnerables al cambio climático?

c) ¿Qué efectos sobre la salud puede tener el cambio climático? ¿Y sobre el medio ambiente?

El desafío

Te proponemos crear un juego de preguntas sobre el tema de la atmósfera.

Para elaborar el juego necesitaremos unas 40 tarjetas de papel o cartulina, que luego podremos forrar o plastificar, papel continuo, rotuladores de colores y un dado.

- Formaremos grupos de cuatro o cinco personas. Cada grupo debe escribir cuatro tarjetas con cinco preguntas cada una sobre la atmósfera. Se numeran las preguntas y se les asigna un color atendiendo al grado de dificultad.
- Las cuestiones deben ser definiciones o preguntas sencillas que se respondan con una palabra o una frase corta.
- Por la parte de detrás se escribirán las respuestas con los colores asignados.
- Una vez completadas las tarjetas será necesario elaborar un tablero grande sobre papel continuo, tal y como se muestra en la imagen.
- Una vez terminado, podremos empezar a jugar. El objetivo es que cada equipo se desplace por el tablero respondiendo a la pregunta del color de la casilla en la que caiga, hasta completar todos los colores, para lo que deberá hacerlo correctamente al menos en una pregunta de cada color.

4 La hidrosfera y sus impactos ambientales

Sumario

La vida comienza en el agua, para vivir se necesita agua.

«Los seres humanos son las únicas criaturas con la habilidad de sumergirse profundamente en el mar, volar alto en el cielo, enviar mensajes instantáneos en todo el mundo, reflexionar sobre el pasado, evaluar el presente e imaginar el futuro.

Los mejores científicos y exploradores tienen los atributos de la infancia. Tienen curiosidad. Se hacen preguntas: ¿quién?, ¿qué?, ¿dónde?, ¿por qué?, ¿cuándo? y ¿cómo?»

Sylvia Earle. Bióloga marina.
Premio Princesa de Asturias 2018.

Descubre

Nuestro planeta visto desde el espacio es una esfera azul. El agua de los océanos cubre el 70% de su superficie. Los océanos han sido fuente de inspiración para el arte, la literatura y el cine.

Observa las imágenes:

¿Conoces otras obras inspiradas en el océano? Elabora un listado e indica a qué categoría artística corresponden.

Además de inspiración, los océanos encierran muchos misterios y plantean muchas preguntas para la ciencia. Actualmente, los océanos siguen siendo el territorio más desconocido del planeta.

Hacerse preguntas y buscar respuestas ha sido siempre el motor de la ciencia, del conocimiento y de la evolución de las sociedades, y en ocasiones esta búsqueda tiene premio.

En 2018, la bióloga marina Sylvia Earle fue galardonada con el Premio Princesa de Asturias por sus investigaciones sobre la vida en los océanos.

bit.ly/Sylvia_Earle

En 2014, el Programa de las Naciones Unidas para el Medio Ambiente distinguió al joven Boyan Slat con el Premio Campeones del Planeta por un proyecto de limpieza de los océanos que comenzó con tan solo 17 años.

¿Por qué el agua es importante para la vida en la Tierra?

¿En qué estados físicos se puede encontrar el agua?

Sé que el agua es un recurso limitado.

Conozco los usos del agua.

Conozco las actividades humanas que provocan la contaminación del agua.

Características de la hidrosfera

Ciencia 2.0

Vídeo sobre el origen del agua en el planeta:

bit.ly/Origen_agua_Tierra

Vista desde el espacio, la Tierra es un planeta azul cuya superficie está cubierta en un 70 %, aproximadamente, por agua.

> La **hidrosfera** es la capa formada por el conjunto de todas las aguas que hay en el planeta Tierra.

Sin la presencia de agua, en la Tierra sería imposible la vida tal y como la conocemos.

Origen del agua en el planeta Tierra

El agua que forma la hidrosfera procede del interior del planeta. En las primeras etapas de formación de la Tierra, el agua estaba atrapada en la geosfera y fue liberada en forma de vapor de agua a través de las erupciones volcánicas.

El vapor de agua se condensó en la atmósfera formando nubes y dando lugar a larguísimos periodos de lluvias, que durante millones de años fueron enfriando el planeta. Cuando la Tierra se enfrió lo suficiente, el agua comenzó a formar océanos, mares, lagos y ríos, cubriendo la superficie del planeta.

HIDROSFERA PRIMITIVA

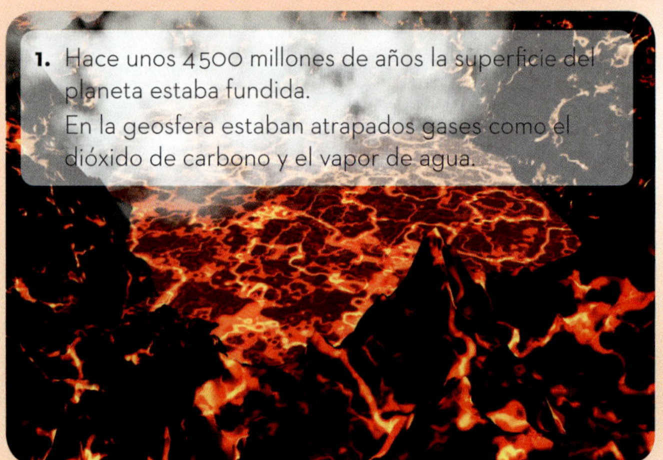

1. Hace unos 4 500 millones de años la superficie del planeta estaba fundida.
En la geosfera estaban atrapados gases como el dióxido de carbono y el vapor de agua.

2. Los gases atrapados se fueron liberando con las erupciones volcánicas y formaron la atmósfera primitiva.

3. Entre los gases liberados se encontraban enormes cantidades de vapor de agua, que comenzaron a condensarse en forma de nubes.

4. Se iniciaron periodos de millones de años de fuertes lluvias torrenciales que al entrar en contacto con la superficie caliente del planeta se volvían a evaporar, lo que hacía que la superficie se enfriara poco a poco.

5. Cuando la superficie del planeta estuvo suficientemente fría, la lluvia comenzó a circular y a almacenarse sobre la superficie, formando los primeros ríos, mares y océanos.

Las formas del agua

En la actualidad la Tierra contiene agua en los tres estados: sólido, líquido y gaseoso.

Sólida, en forma de hielo en los casquetes polares o en zonas de alta montaña.

Líquida, formando océanos, mares, lagos, ríos y aguas subterráneas.

Gaseosa, en forma de vapor de agua contenido en la atmósfera.

Además, el **agua líquida** puede contener sales disueltas. En función de la cantidad de sal que contenga el agua, puede ser:

Salada. Agua con alta concentración de sales minerales (35 gramos por litro). Se puede encontrar en los océanos y mares.

Dulce. Agua con muy baja concentración de sales (0,099 gramos por litro). Se encuentra en ríos, lagos y en acuíferos subterráneos.

Salobre. Agua con mayor concentración de sales que el agua dulce y menor que la salada. Es el resultado de la mezcla de agua de mar con agua dulce, como ocurre en la desembocadura de los ríos.

Analiza y reflexiona

En un laboratorio se ha analizado el agua de tres lugares diferentes.

Los resultados que indican la cantidad de sales que contienen se han expresado en la siguiente gráfica:

a) Indica los gramos de sal contenidos en las muestras A, B y C.

b) ¿A qué tipo de agua corresponde cada muestra?

c) Investiga cuál es el nombre de la sal más abundante disuelta en los océanos y de dónde procede.

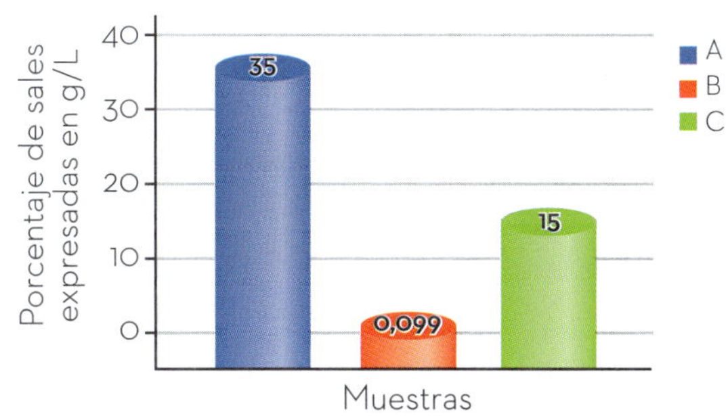

Distribución del agua en el planeta

El agua se distribuye en nuestro planeta entre la atmósfera, los océanos y ríos, las zonas polares e incluso bajo tierra.

- Aproximadamente el **97 %** del agua se encuentra en forma líquida y salada en los océanos y mares del planeta, cubriendo hasta el 70 % de su superficie.

- El **3 %** restante es agua dulce distribuida del siguiente modo:
  - Casquetes glaciares: 79 %
  - Aguas subterráneas: 20 %
  - Agua superficial: **1 %**
    - **Lagos y embalses: 50 %**
    - **Atmósfera: 10 %**
    - **Humedad del suelo: 39 %**

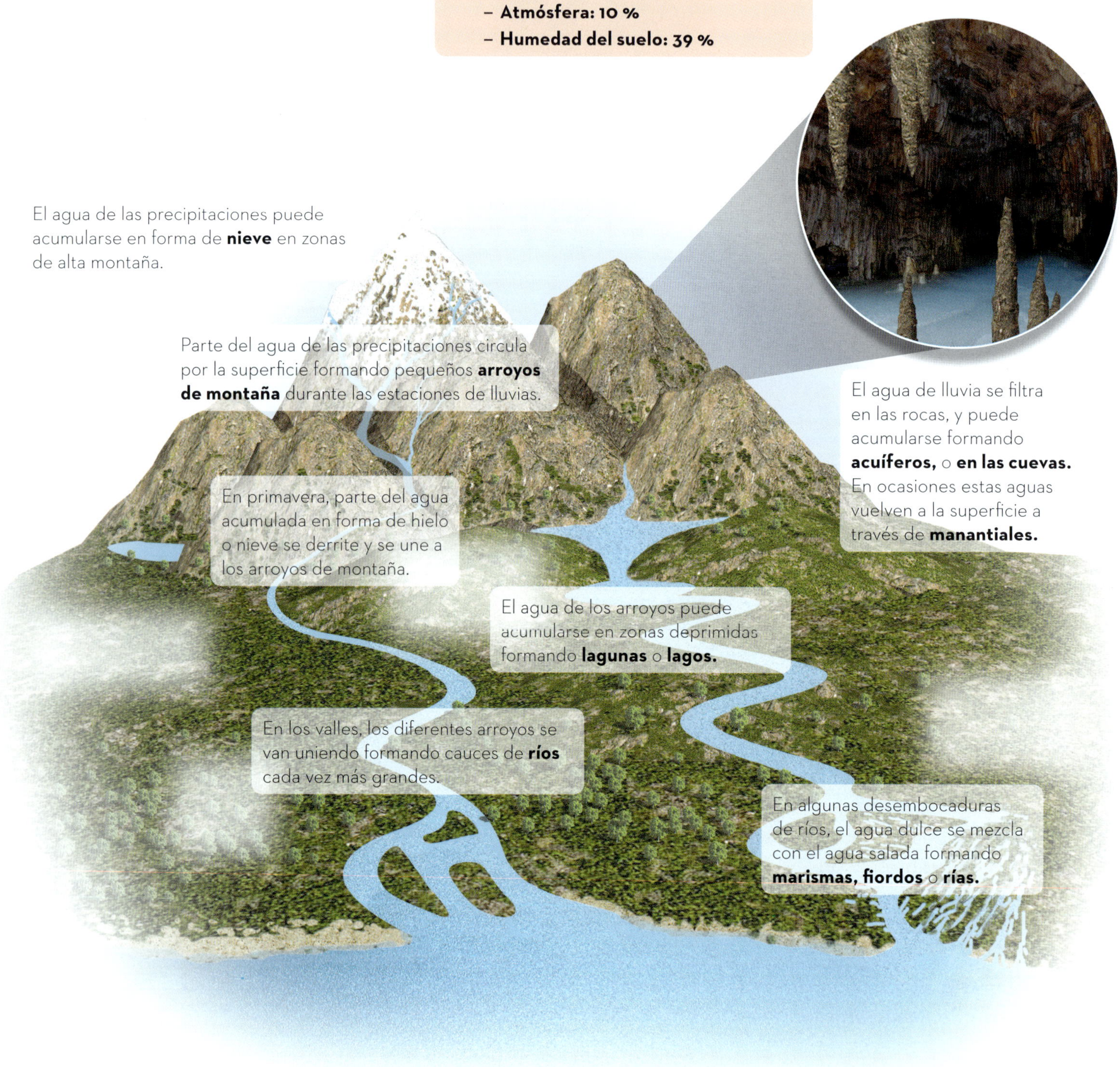

Salinidad del agua

La mayor parte del agua del planeta es salada. Principalmente, el agua contiene cloruro sódico o sal común.

Estas sales provienen de la erosión de rocas continentales, de cenizas de erupciones volcánicas y fluidos hidrotermales, y de la disolución de caparazones y conchas de organismos acuáticos.

La cantidad de sal que contiene el agua se llama *salinidad*. Las aguas de mares y océanos contienen de media unos 35 gramos de cloruro sódico por cada litro de agua, aunque en las aguas cálidas es mayor, unos 40 gramos, y en los océanos fríos, menor, sobre los 10 gramos.

Las aguas dulces superficiales también contienen sales disueltas, pero en muy poca cantidad; pueden tener una salinidad de 0,5 gramos por litro de agua.

Sabías que...

Parte de la sal que se consume proviene de la evaporación del agua del mar en salinas.

Analiza y reflexiona

Para representar visualmente datos y facilitar su interpretación, se suelen emplear gráficas. Existen muchos tipos de gráficas. Aquí os proponemos aprender a realizar gráficas de columnas.

Como puedes observar, los datos se pueden expresar en unidades, en este caso kilómetros cúbicos de agua, o en porcentajes.

El porcentaje o tanto por ciento (%) es una de las aplicaciones más usadas en ciencia y es una forma de comparar cantidades; es una unidad de referencia que relaciona una magnitud (una cifra o cantidad) con el todo que le corresponde (el todo es siempre el cien).

Origen del agua	Volumen en km^3	% que representa
Océanos	1 321 000 000	97,24
Hielo	29 200 000	2,14
Agua subterránea	8 340 000	0,61
Lagos de agua dulce	125 000	0,009
Mares interiores	104 000	0,008
Humedad del suelo	66 700	0,005
Atmósfera	12 900	0,001
Ríos	1 250	0,0001
Total	1 360 000 000	100

Con los datos de distribución de agua en el planeta vamos a elaborar unas gráficas.

a) Dibuja en tu cuaderno los dos ejes perpendiculares.

b) El eje vertical lo dividiremos en cien partes.

c) En el eje horizontal anotaremos los orígenes del agua: océanos, glaciares, subterránea, etc.

d) Una vez realizada la gráfica en tu cuaderno, puedes usar esta aplicación para hacerla digitalmente: **www.generadordegraficos.com/**

El ciclo del agua

Ciencia 2.0

Puedes obtener más información sobre el ciclo del agua en el siguiente enlace: **bit.ly/Water_cycle**

El volumen total de agua en el planeta es de unos 1400 millones de kilómetros cúbicos, la misma cantidad que existía al formarse la hidrosfera; lo que ha cambiado a lo largo del tiempo ha sido su distribución.

Estos 1400 millones de kilómetros cúbicos de agua cambian constantemente de estado y de lugar en el planeta; están moviéndose permanentemente y configuran el ciclo de agua.

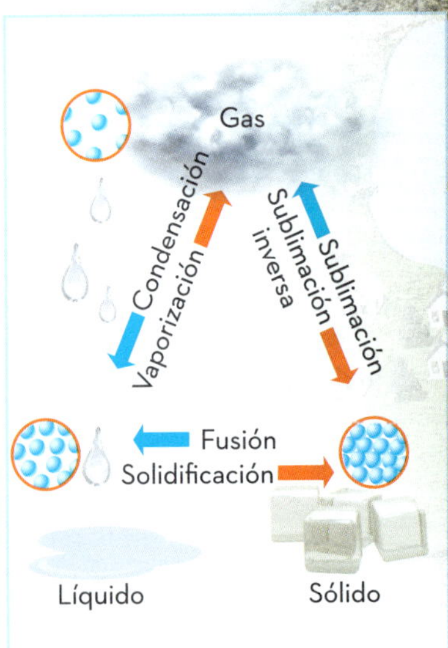

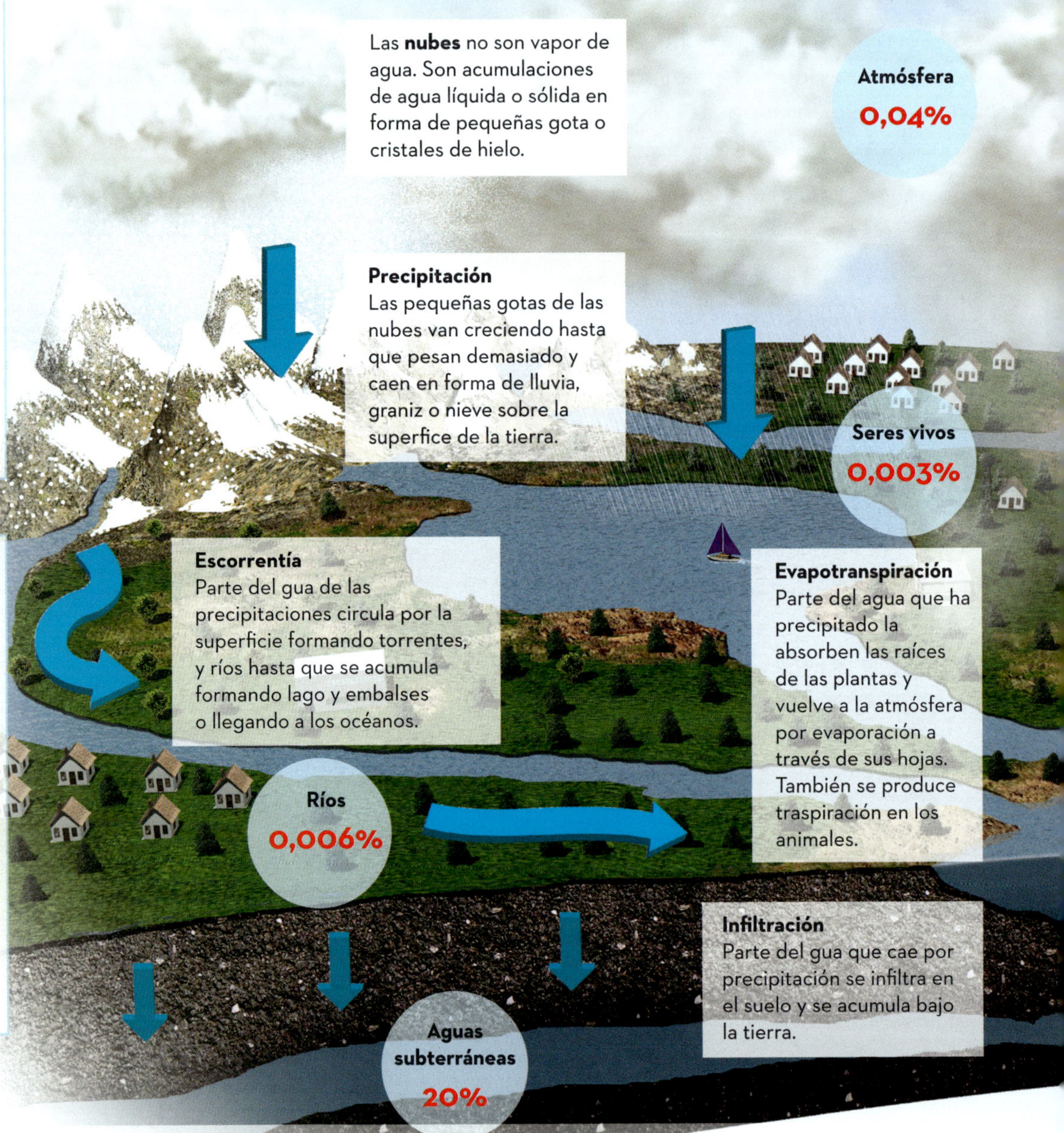

Coopera y aprende

Vamos a averiguar cuáles son los motores del ciclo del agua.

a) Pensad en grupo qué energía de la naturaleza es capaz de convertir el agua líquida de océanos, mares y lagos en vapor de agua. Exponed las conclusiones al grupo y debatid hasta encontrar la respuesta correcta.

b) ¿Qué energía de la naturaleza es la responsable de que el agua líquida o los cristales de hielo que forman las nubes caigan sobre la superficie del planeta? Pensad en grupo y exponed vuestras ideas al resto de la clase por turnos.

c) Ahora responde individualmente. ¿Cuáles son los dos motores que permiten el movimiento del ciclo del agua?

Te proponemos un reto

¿Sabías que una gota en el ciclo del agua pasa unos diez días en la atmósfera, trece días en los ríos y unos 36 000 años en el océano? Dibuja y describe por pasos los lugares y los cambios de estado que sufriría una gota a lo largo de un ciclo completo, comenzando en el océano y terminando de nuevo en él. Puedes describir el viaje como un cuento, un mural, un cómic o una presentación.

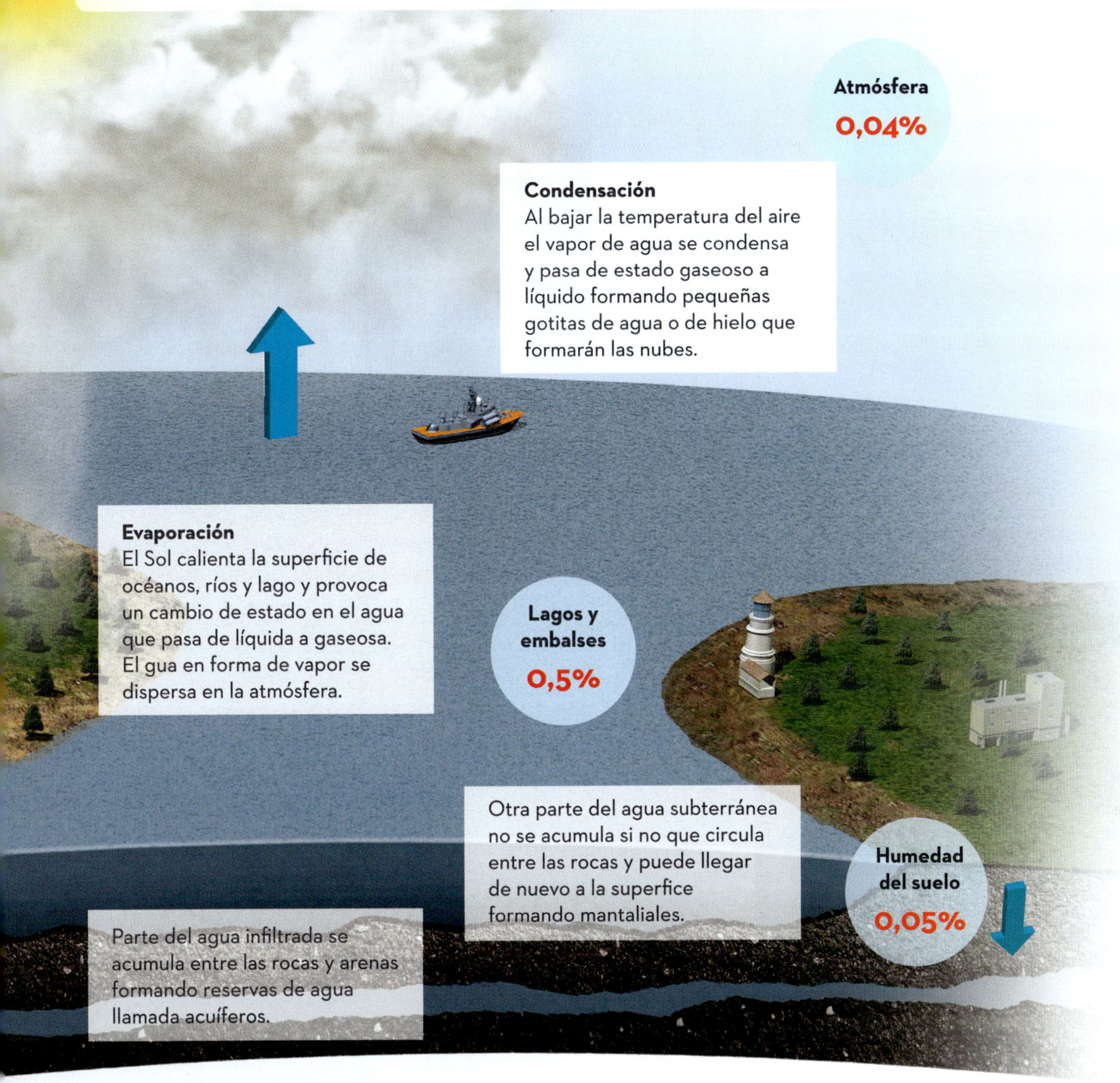

Actividades

1. Observa con atención la imagen anterior y contesta:

   ¿En qué lugar de la corteza continental se acumula la mayor cantidad de agua dulce? ¿Cómo se llaman esas reservas de agua? ¿Cómo se puede extraer el agua de esas reservas?

2. Lee el siguiente artículo e indica las acciones realizadas para disponer de agua y cambiar el paisaje. Entablad un diálogo en clase sobre la importancia de preservar los métodos de cultivo tradicionales.

   bit.ly/Métodos_cultivos_tradicionales

Ciencia 2.0

Introducción a la importancia del agua y sus propiedades:

bit.ly/Propiedades_agua

Sabías que...

La molécula de agua está compuesta por un átomo de oxígeno y dos de hidrógeno y su fórmula química es H_2O.

Propiedades excepcionales del agua

El agua es una sustancia excepcional y única en la naturaleza. Posee unas propiedades que han permitido la aparición y la evolución de vida en el planeta. No existe ningún ser vivo que pueda sobrevivir sin ella. De hecho, una gran parte de cada ser vivo es agua.

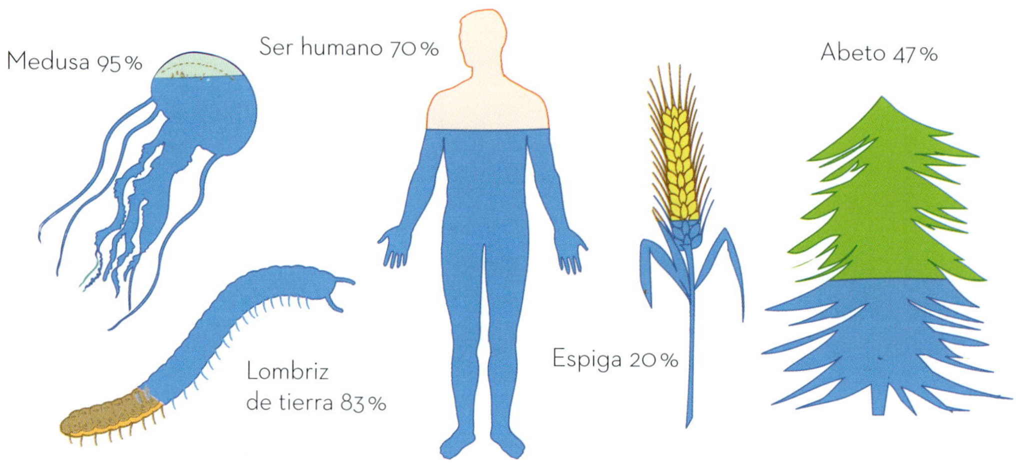

Las principales propiedades del agua relacionadas con el mantenimiento de la vida son las siguientes:

Propiedad disolvente

El agua es el disolvente universal, el fluido que más sustancias disuelve. En estado líquido, suele tener numerosas sustancias disueltas, como gases y sales. Solo aparece pura en estado gaseoso.

Su capacidad como disolvente es esencial para los seres vivos porque:

- Es el medio en el que ocurren la mayoría de reacciones químicas en el interior de los seres vivos.
- Permite el transporte de nutrientes y la eliminación de desechos.

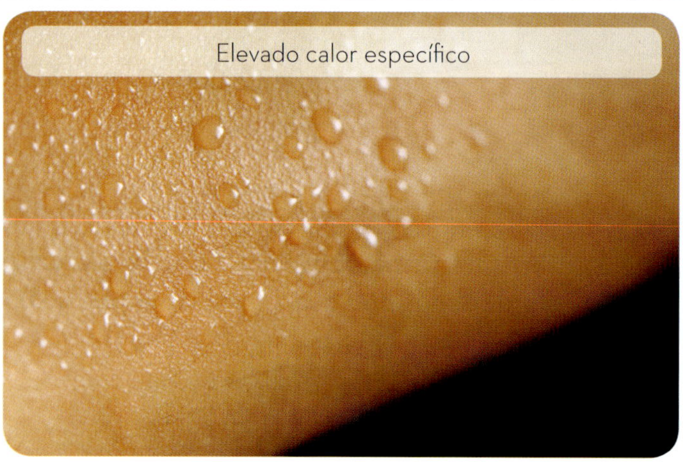

Elevado calor específico

El agua necesita mucha energía para elevar su temperatura. Por esta razón, tiene la propiedad de mantener el frío y el calor y es un buen aislante térmico.

Los seres vivos aprovechan esta propiedad para:

- Mantener su temperatura corporal más o menos constante.
- Reducir las variaciones de temperatura ambientales en las zonas costeras, de modo que estas son más suaves que en el interior de los continentes.

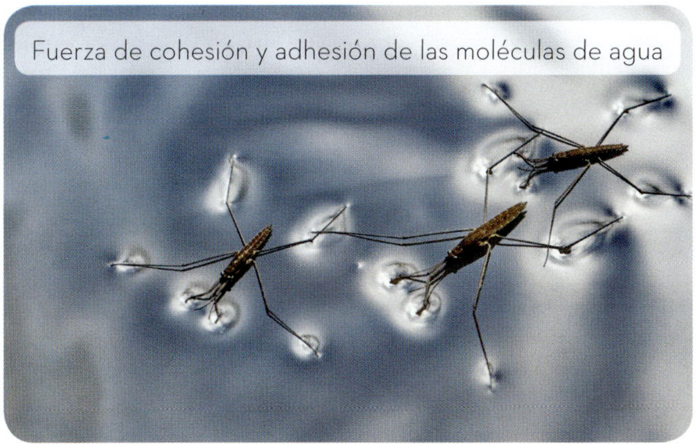

Fuerza de cohesión y adhesión de las moléculas de agua

Las moléculas de agua tienen dos polos, negativo y positivo, que les permiten unirse fuertemente unas a otras y también a otras sustancias. Esto también hace que mantengan su volumen. Esta propiedad permite a los seres vivos:

- Mantener la forma y el volumen de sus células.
- En animales pequeños, desplazarse sobre el agua sin hundirse.
- El ascenso de la savia bruta desde las raíces hasta las hojas en las plantas.

Conducción eléctrica

El agua pura no puede conducir la electricidad, pero, cuando tiene sustancias disueltas, es buena conductora. Esto permite a los seres vivos, por ejemplo, trasmitir las señales nerviosas a través de los nervios y también contraer los músculos.

Gracias a la conductividad eléctrica del agua se producen intercambios de iones, y por tanto de sustancias, entre las células de los organismos.

Densidad anómala del agua

El agua, al congelarse, aumenta de volumen y se hace menos densa, de modo que flota sobre el agua líquida. Esto permite a animales sobrevivir bajo la superficie helada, ya que esta capa de hielo aísla el agua del frío exterior y protege la vida.

Ciencia 2.0

Observa esta divertida animación sobre las propiedades del agua:

bit.ly/Water_boy

¿Cuántas propiedades has conseguido identificar?

Experimenta

Te proponemos realizar experimentos sencillos sobre las propiedades del agua.

a) Por grupos, elegid una propiedad e intentad diseñar un experimento sencillo con los materiales indicados.

b) Asociad vuestro experimento con alguna característica que poseen los seres vivos gracias al agua.

c) Grabad el experimento en casa y mostradlo en la clase.

Equipos	Propiedad	Material	Ser vivo
A	Densidad	Vaso, agua y un cubito de hielo	...
B	Calor específico	Vaso, agua y un microondas	...
C	Tensión superficial	Vaso, agua y un tapón de plástico	...
D	Disolvente	Vaso, agua, azúcar y colorante	...

Usos y gestión del agua

El agua es vital para todos los seres vivos del planeta. La mayor parte de los seres vivos con los que compartimos el planeta emplean el agua como medio para vivir, desplazarse, transportar sustancias, eliminar desechos de sus organismos, etc.

Los seres humanos no solo empleamos el agua para el consumo, sino para muchas otras actividades cotidianas más:

Uso agrícola
Se emplea para el riego de cultivos, que en ocasiones requieren grandes cantidades de agua.

Uso ganadero
En las granjas de ganado, se emplea para hidratar a los animales y para la limpieza de las instalaciones.

Uso industrial
En la industria, el agua se emplea como materia prima en muchos productos; también como agente limpiador, para obtener energía y como refrigerante.

Uso de ocio y deportivo
En piscinas, parques acuáticos o deportes como el golf se requieren grandes cantidades de agua.

Uso minero
Para la extracción de algunos minerales también es necesario emplear grandes cantidades de agua.

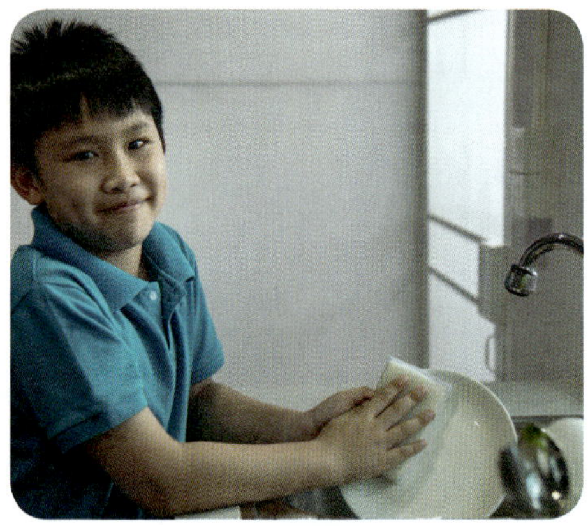

Uso doméstico
Se emplea para el aseo personal, la limpieza, la alimentación y el riego de jardines.

Actividades

3. En el siguiente enlace puedes calcular la cantidad de agua aproximada que utilizas en tu casa:

   bit.ly/Encuesta-agua

   ¿Qué medidas podrías adoptar para reducir el consumo?

   Para cada uso del agua, pensad en grupo una medida para ahorrarla. Poned en común vuestras propuestas.

Gestión

Aunque la cantidad de agua en el planeta Tierra es grande, el ser humano solo puede disponer de una pequeña parte: el agua dulce, en ríos, lagos, embalses y en algunos acuíferos.

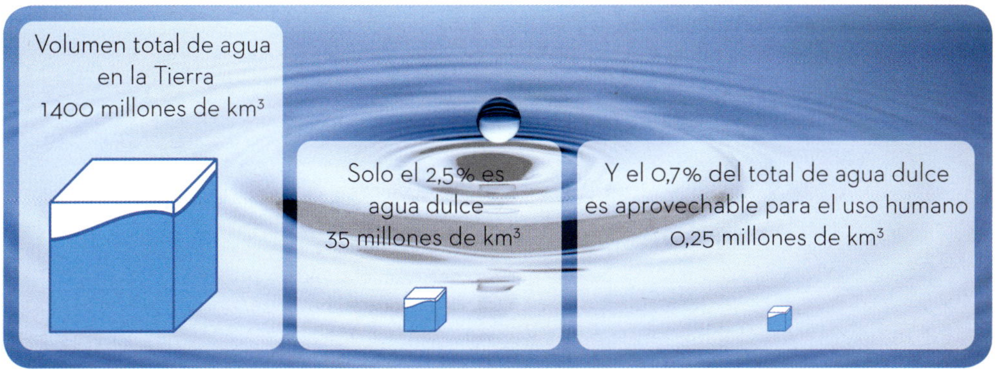

El ciclo del agua distribuye el agua de unos lugares a otros del planeta, de manera que todos los seres vivos pueden aprovechar sus propiedades.

Sin embargo, en ocasiones, el ser humano altera el ciclo provocando problemas de **escasez** de agua dulce y de **contaminación** en las aguas.

Las causas de la escasez

Debido al **aumento de la población mundial** y a un **uso excesivo e inadecuado del agua** disponible, se están provocando alteraciones en el ciclo del agua, lo que supone un grave problema para muchos seres vivos en el mundo, incluidas aquellas personas que no tienen acceso suficiente al agua para sobrevivir.

Los países situados en zonas desérticas son los más afectados por esta escasez de agua dulce. En otros, como España, la escasez está acusada por un consumo excesivo de las reservas.

Qué piensas sobre...

En los siguientes vídeos puedes ver el consumo diario de agua en los hogares y cuánta agua se consume a lo largo de la vida.

bit.ly/Consumo_diario_agua

bit.ly/Consumo_agua_vida

El problema de la escasez:

bit.ly/Agua_planeta

¿Qué podemos hacer para reducir nuestro consumo?

Coopera y aprende

Os proponemos una campaña de reducción del consumo de agua en tu centro educativo. Para ello, formad grupos de cuatro personas y realizad las siguientes acciones:

1. Localizad todos los lugares del centro donde se emplee el agua: aseos, inodoros y lavabos; laboratorio; riego de jardines o árboles, etc.
2. Evaluad si el uso del agua como recurso es adecuado en cada uno de ellos.
3. Proponed alguna medida que sea posible aplicar para reducir el consumo en cada uso.
4. Informad al profesorado y pedid autorización para implantarlas.
5. Elaborad carteles de información y colocadlos en los lugares donde se han tomado medidas, informando de la cantidad de agua que se ahorra con esa medida.

   Más información: **bit.ly/Ahorro_agua_colegios**

Analiza y reflexiona

¿Cuáles son las dos razones principales para la escasez de agua en el mundo? ¿A qué zonas del planeta crees que afectan más cada una de ellas y cuál es la causa en cada caso? ¿Cuáles crees que son los países que más agua consumen? Toma un mapamundi, localiza estos países y razona las respuestas.

La contaminación del agua

Además de una cierta cantidad de agua, los seres vivos necesitan que esta tenga unas condiciones aptas para el consumo; es decir, que el agua disponible esté limpia y sea potable.

Contaminación en aguas dulces

El agua procedente de las lluvias llega a la superficie del planeta y comienza a circular por ella, por tanto, atraviesa diferentes lugares donde puede recibir sustancias contaminantes.

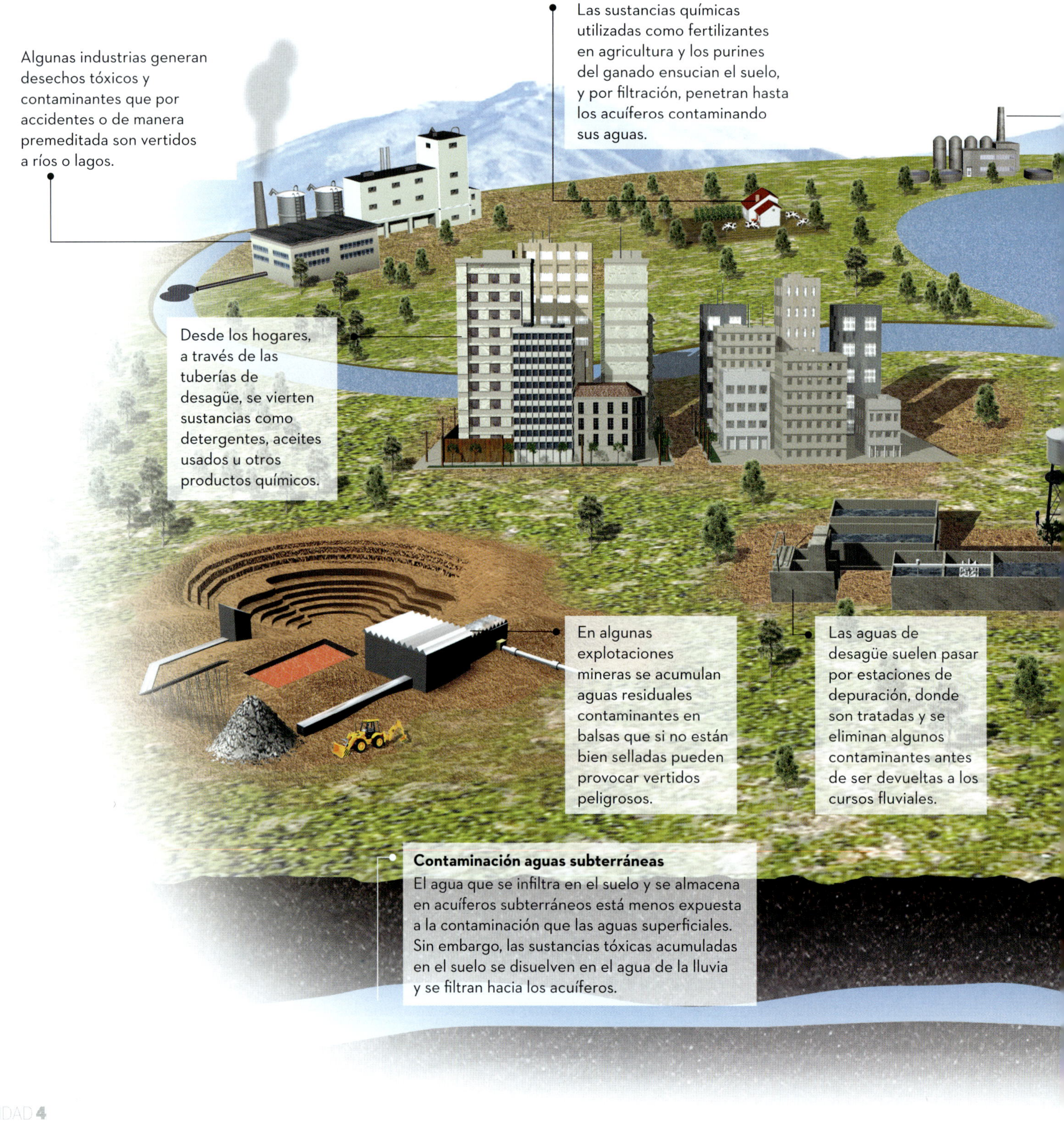

Los contaminantes pueden ser químicos, físicos (pequeñas partículas y radiaciones) o biológicos (virus, bacterias...). La contaminación de las aguas alcanza tanto a las aguas dulces continentales como a las aguas oceánicas o las subterráneas.

Contaminación de los océanos

Tras la circulación por los continentes, las aguas dulces desembocan en mares y océanos cargadas de sustancias disueltas muchas de las cuales son contaminantes de diversos tipos. En los océanos y mares, el gua también puede sufrir vertidos contaminantes.

Qué piensas sobre...

Los productos de limpieza con este símbolo contienen contaminantes peligrosos para el medio ambiente. Existen productos con ecoetiquetas que son mucho más respetuosos. ¿Lo tenéis en cuenta en vuestros hogares en el momento de la compra?

Soluciones

Para evitar y reducir los contaminantes de las aguas del planeta son necesarias medidas de alcance global, estatal y en el ámbito de la industria, pero también medidas cotidianas para la ciudadanía.

Entre las medidas que pueden adoptar los ciudadanos, tenemos las siguientes:

- Reducir el empleo de productos químicos de limpieza y cosmética que son vertidos desde los hogares.
- Elegir productos con etiqueta ecológica que garanticen que no son tóxicos para el medio ambiente.
- Emplear los contenedores de separación de residuos y los puntos limpios para el desecho de pinturas, disolventes, aceites usados, pilas, bombillas y otros productos altamente contaminantes.
- No verter en el inodoro toallitas, plásticos, bastoncillos, etc.

Las aguas que salen de los hogares deben pasar por estaciones de depuración de aguas residuales (EDAR) para tratar de eliminar todas las sustancias contaminantes antes de que se incorporen de nuevo al ciclo del agua.

Coopera y aprende

1. Realizad una búsqueda entre los productos de limpieza que tengan etiquetas de toxicidad para el medio ambiente. En una tabla, anotad el nombre del producto y haced una foto de su etiqueta.
2. Por grupos, elaborad una tabla común con todos los productos que hayáis encontrado.
3. Realizad una búsqueda en los supermercados de productos alternativos que podríais emplear para cada uso y que no sean contaminantes. Pueden ser productos naturales o productos con ecoetiqueta.
4. Busca en Internet qué es una ecoetiqueta. ¿Cuántos tipos de ecoetiquetas existen? Puedes encontrar información en estos enlaces:

bit.ly/Ecoetiqueta1

bit.ly/Ecoetiqueta2

Mapa conceptual

Completa en tu cuaderno el siguiente mapa conceptual y realiza un mapa mental de todo lo que sabes sobre el agua.

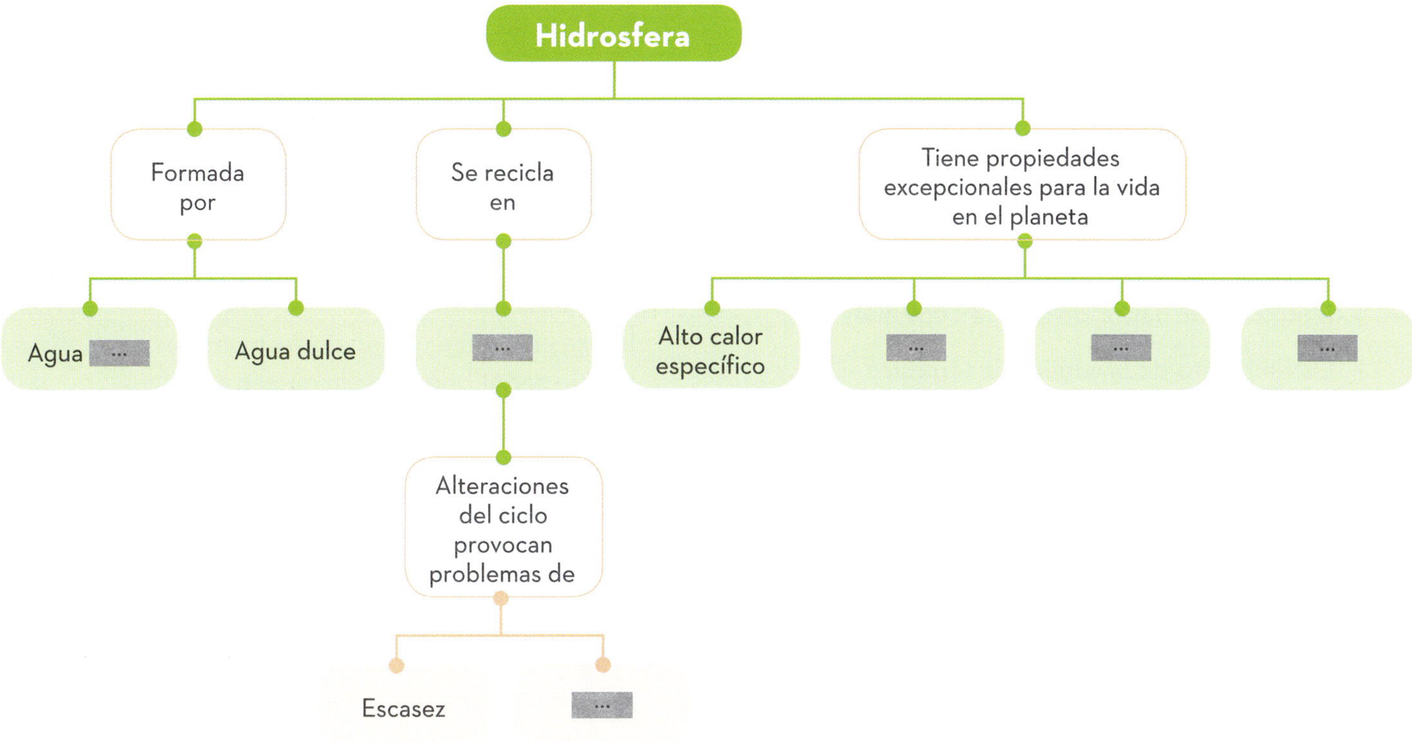

Investigamos

Actualmente utilizamos plásticos en muchísimas acciones cotidianas, hasta tal punto que su producción y posterior desecho se ha convertido en un grave problema ambiental. *Microplástico* ha sido elegida la palabra del año 2018 por la Fundación del Español Urgente.

Escuchad atentamente el siguiente archivo de audio y responded en grupo a las siguientes cuestiones:

bit.ly/Audio_microplásticos

Cada componente del grupo debe responder solo a una de las preguntas.

1. ¿Qué son los microplásticos?
2. ¿Qué tamaño tienen?
3. ¿Cuál es su origen?
4. ¿Qué consecuencias tienen para el medio ambiente?

Una vez respondidas, todos los componentes se reagruparán formando cuatro grupos:

1. Los que hayan respondido a la pregunta 1.
2. Los que hayan respondido a la pregunta 2.
3. Los que hayan respondido a la pregunta 3.
4. Los que hayan respondido a la pregunta 4.

En cada grupo, se debatirán y consensuarán las respuestas. A continuación, cada estudiante volverá a su grupo de origen para poner en común las respuestas consensuadas.

Actividades finales

Características de la hidrosfera

1. ¿De dónde proviene el agua en el planeta Tierra? ¿En cuál de los tres estados fue liberada el agua?

2. Ordena en tu cuaderno las siguientes etapas de formación de la hidrosfera.
   - Formación de los océanos.
   - Expulsión de vapor de agua en volcanes.
   - Enfriamiento de la superficie terrestre.
   - Periodos de lluvias intensas.
   - Condensación de vapor de agua en la atmósfera formando nubes.

3. Explica con tus palabras qué cambios de estado se produjeron en el agua hasta la formación de los océanos primitivos.

4. Indica y pon ejemplos de las formas en las que podemos encontrar el agua en nuestro planeta actualmente. ¿En qué estado está la mayor parte del agua en la Tierra?

5. Completa en tu cuaderno la siguiente tabla de distribución del agua en el planeta:

	Porcentaje de agua		
Agua salada en océanos y mares	...	...	...
Agua dulce	3 %	Glaciares	79 %
		Subterráneas	...
		Superficiales	...

6. Realiza una tabla o un esquema similar al del ejercicio anterior con los porcentajes de distribución de las aguas dulces superficiales.

7. Indica si las siguientes frases son verdaderas o falsas:
   - La hidrosfera está formada por el agua de océanos y ríos.
   - Cuando se formó la hidrosfera, toda el agua estaba en estado gaseoso.
   - El agua dulce es la más abundante en la hidrosfera.

8. Define el término *salinidad*. ¿Cuál es la salinidad media del agua oceánica? ¿De dónde proviene la sal de los mares y océanos?

9. En un laboratorio, se ha analizado la salinidad de tres muestras de agua, con estos resultados:

   Agua A: 40 g de cloruro sódico por litro de agua.

   Agua B: 0,3 g de cloruro sódico por litro de agua.

   Agua C: 60 g de cloruro sódico por litro de agua.

   Indica el posible origen de las muestras A y B. ¿Cuál puede ser el origen de la muestra C?

El ciclo del agua

10. Completa la imagen con los cambios de estado del agua:

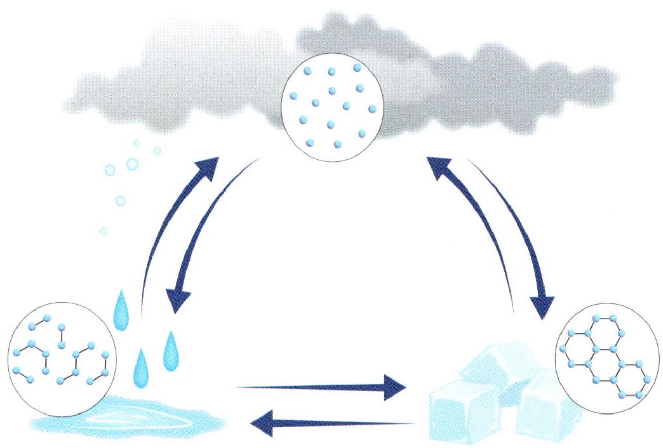

11. Define las siguientes fases del ciclo del agua e indica el lugar del planeta donde se producen:
    - Precipitación
    - Condensación
    - Evaporación
    - Infiltración
    - Escorrentía

12. Ordena las fases del ejercicio anterior e indica el estado del agua en cada fase y los cambios de estado que se producen de una fase a otra.

13. Nombra dos actividades humanas que puedan alterar el ciclo del agua y propón posibles medidas correctoras para evitarlo.

Propiedades excepcionales del agua

14. ¿Qué proporción de agua tiene el ser humano en el cuerpo? ¿Y una medusa?

15. Nombra y describe tres propiedades del agua que la hacen imprescindible para la vida en nuestro planeta. Nombra en cada caso un ser vivo que utilice dicha propiedad.

16. Une en tu cuaderno cada concepto con su definición:

a) Tensión superficial

b) Calor específico

c) Densidad

d) Conducción eléctrica

1. Permite a los seres vivos, por ejemplo, contraer los músculos.
2. Permite que muchos animales sobrevivan bajo las aguas heladas.
3. Permite a algunos animales desplazarse sobre el agua sin hundirse.
4. Permite a algunos animales mantener su temperatura corporal más o menos constante.

Usos y gestión del agua

17. Cita y describe los usos del agua.

18. Observa las siguientes imágenes e indica qué usos inadecuados del agua se muestran.

Clasifica las imágenes entre problema asociado a la escasez o a la contaminación.

Propón una alternativa para cada uno.

19. ¿Cuáles son las causas de la escasez de agua potable en el planeta?

20. Nombra tres soluciones cotidianas para ahorrar agua en los hogares. Investiga cuánta cantidad de agua se podría ahorrar con esas medidas.

La contaminación del agua

21. ¿Cuál es la diferencia entre agua dulce y agua potable? ¿Por qué es importante no contaminar el agua potable?

22. Razona si las siguientes afirmaciones son verdaderas o falsas. Escribe las falsas de forma correcta.

- El agua que sale del grifo de nuestros hogares proviene directamente del río.
- El agua que sale por los desagües de nuestras casas va directamente al mar.
- Las aguas subterráneas no se pueden contaminar porque están protegidas bajo tierra.

23. ¿Qué efectos puede tener la contaminación del agua de los océanos por plásticos? Describe alguna consecuencia.

24. Para disponer de agua en los hogares es necesaria una serie de pasos que permiten recoger el agua de embalses o acuíferos y distribuirla. Ordena los siguientes pasos en tu cuaderno.

a) Distribución

b) Alcantarillado

c) Potabilización

d) Depuración

e) Almacenamiento

f) Consumo y vertido

g) Captación

h) Vertido final

Escribe dos ideas que tengas claras y que creas fundamentales.
Realiza dos preguntas sobre aspectos que no te han quedado claros.
Escribe dos aspectos sobre los que te gustaría profundizar.

Fuente: Ministerio de Educación

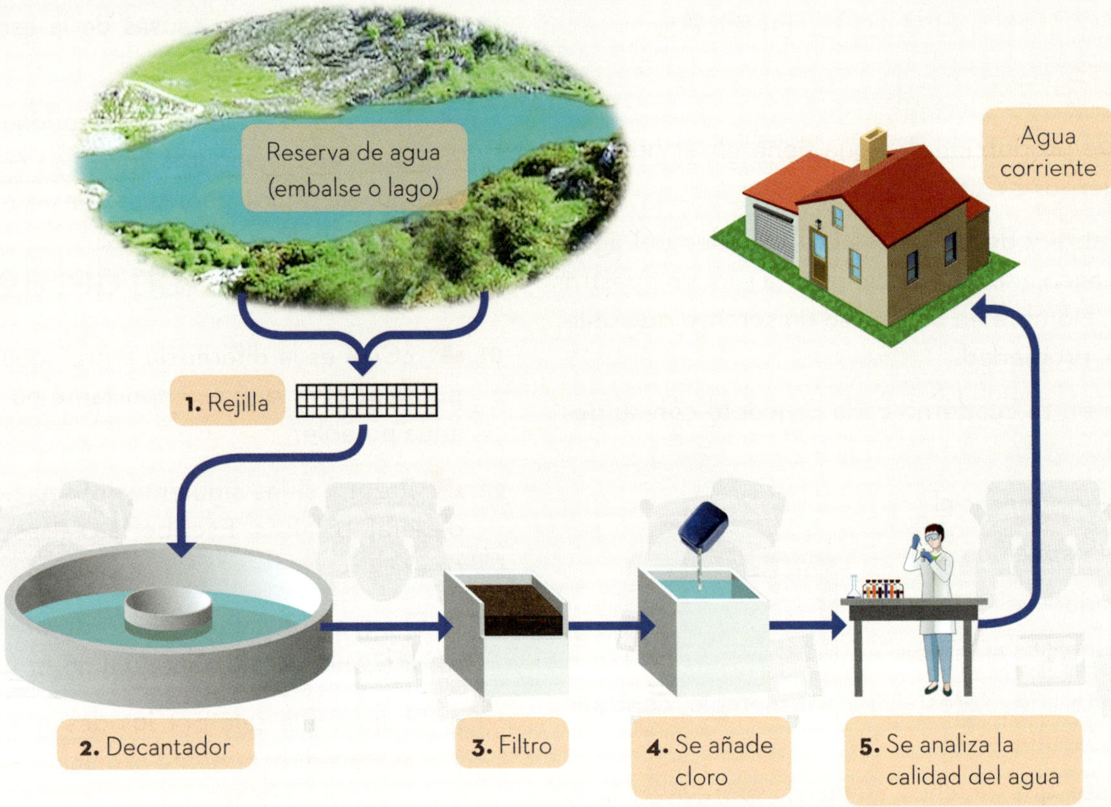

La figura anterior muestra cómo se potabiliza el agua que se suministra a las viviendas de las ciudades.

Pregunta 1

Es importante tener una reserva de agua potable de buena calidad. El agua que se encuentra bajo tierra se llama agua subterránea.

Da una explicación de por qué hay menos bacterias y partículas contaminantes en las aguas subterráneas que en las aguas de la superficie, como las de lagos y ríos.

Pregunta 2

La potabilización del agua suele hacerse en varias etapas, que requieren técnicas diferentes. El proceso de potabilización mostrado en la figura comprende cuatro etapas (numeradas del 1 al 4). En la segunda etapa, el agua se recoge en un decantador. ¿De qué forma contribuye esta etapa a que el agua esté más limpia?

A. El agua se hace menos ácida; B. Las bacterias del agua mueren; C. Se añade oxígeno al agua; D. La grava y la arena se depositan en el fondo; E. Las sustancias tóxicas se descomponen.

Pregunta 3

En la cuarta etapa de potabilización, se añade cloro al agua.

¿Por qué?

Pregunta 4

Supón que los científicos que analizan el agua de la potabilizadora detectan la presencia de bacterias peligrosas en el agua después de haber concluido el tratamiento de potabilización.

¿Qué deben hacer los consumidores con el agua, en sus casas, antes de beberla?

Cineteca

El río del cielo

Título: *El río del cielo*

Título original: *River in the Sky*

País: Austria

Año: 2015

Duración: 50 min

Guion: Paul Reddish

Productora: Terra Mater Factual Studios

Enlace: **bit.ly/El_río_del_cielo**

Sinopsis

Comenzando en el océano Atlántico, en este documental nos muestran el viaje del agua a través del planeta. Muestra la existencia de verdaderos ríos de agua que viajan por la atmósfera atravesando continentes y generando una explosión de vida a su paso.

Actividades

1. ¿En qué estado viaja el agua por la atmósfera? Haz un listado de los lugares por los que circula y los cambios de estado que experimenta.
2. ¿A qué ecosistemas y animales afecta a su paso?
3. Debate en clase sobre las consecuencias que la escasez y la contaminación provocarían en el recorrido mostrado en el documental.

El desafío

Visiona el siguiente vídeo: **bit.ly/Islas_plástico**.

Siguiendo el ejemplo de Boyan Slat, el joven que con 24 años ha fundado una empresa para limpiar el océano de plásticos, te proponemos el reto de crear tu propio proyecto para mejorar tu entorno.

Se trata de pensar y diseñar un proyecto o un invento que permita solucionar algún problema relacionado con el agua en tu entorno.

- Formad grupos de cuatro o cinco personas y elegid el problema que deberéis solucionar: de contaminación de las aguas fluviales o las aguas subterráneas, escasez de agua, etc.
- Cada proyecto debe constar como mínimo de los apartados que se muestran en la ficha adjunta.
- Los proyectos serán expuestos en el aula y podrán ser votados... Quizás el mejor proyecto reciba un premio.

Problema:

Origen o causa de problema:

Consecuencias o efectos del problema sobre el medio:

Solución planteada:

Descripción del proyecto o del invento:

Proyecto: muerte en el lago

El trabajo de la ciencia se parece mucho al trabajo de los detectives. Hay que observar la escena, emitir una hipótesis y buscar pistas o datos que puedan demostrar que la hipótesis es cierta.

Os proponemos investigar un caso real:

El misterioso caso de los patos muertos

En un lago de un parque cercano se ha producido la muerte repentina de los 23 patos que vivían allí. Aún no se sabe la causa de estas muertes ni si tienen relación con la contaminación de sus aguas. Por ello, seis universidades de prestigio de la ciudad se han comprometido a investigar para resolver el caso.

Cada grupo cooperativo representará una universidad.

¡Elegid un nombre!

Observación

Comenzad vuestra investigación... El primer paso será acudir al lago, observar el entorno y hablar con las personas que descubrieron los cadáveres. Entrevistando a las personas que trabajan en Parques y Jardines se obtiene la siguiente información:

- Los síntomas que presentan estos animales son espasmos, diarrea y parálisis muscular, y fallecen por problemas respiratorios.
- No ha muerto ningún otro animal del lago; ni peces, ni ranas, ni ninguna otra ave.
- Hay constancia de que no se han utilizado fertilizantes o pesticidas que puedan haber contaminado el agua.
- La última vez que se limpió el fondo del lago fue hace 15 años.

¿Qué otras preguntas harías? Redactad al menos dos preguntas más.

¿Qué pueden hacer ahora los investigadores?

Fase de documentación

- Buscad información sobre enfermedades de aves acuáticas que presenten los síntomas observados.
- Buscad enfermedades en animales asociadas a la escasa limpieza del fondo de lagos artificiales.
- Comprobad si la enfermedad ha podido ser causada por la utilización de productos químicos por parte del servicio de Parques y Jardines.

¿Qué otra información buscaría tu universidad? Plantead al menos una búsqueda de información más.

Nuestras hipótesis

Una vez realizadas estas averiguaciones, cada universidad sugerirá una posible causa de la muerte de los patos y elaborará su hipótesis.

Tras los primeros análisis, las causas que se barajan son las siguientes:

- Los patos mueren por productos químicos presentes en el agua.
- Los patos mueren porque el agua está muy caliente para ellos.
- Los patos mueren porque el lago tiene el fondo sucio.

¿Se te ocurre otra posible causa? ¿Cuál? ¿Basándote en qué datos?

En este paso, las universidades deben ir descartando hipótesis hasta dar con la correcta. Para ello han de elegir una de las causas planteadas anteriormente o sugerir una nueva.

Buscamos datos para comprobar la hipótesis

Dos investigadoras toman nuevas muestras del agua y, tras analizarlas, observan los siguientes resultados:

Contenido de la muestra: agua del lago. Temperatura del lago: 23 °C	
Fósforo	4 mg/L
Nitrógeno	52 mg/L
Grasas y aceites	5 mg/L
Lejía	1 mg/L
Clostridium botulinum	Sí

Para poder comprobar la hipótesis, necesitamos datos. Evaluaremos los resultados del análisis del agua

del lago para ver si confirman nuestra hipótesis o la descartan.

¿Los datos apoyan o descartan la hipótesis del grupo? ¿Por qué?

Exponemos nuestras conclusiones

Cada universidad debe preparar un informe con sus conclusiones y presentarlo al resto de universidades mediante una exposición oral, durante la cual podrán apoyarse en una presentación digital o un mural que describa los pasos de la investigación:

1. Presentación de hipótesis.
2. Comprobación de la hipótesis (datos obtenidos de las investigaciones).
3. Conclusiones.
4. Medidas correctoras para evitar más incidentes.

bit.ly/Efectos_bacterias_agua **bit.ly/Muerte_patos**

5 La biosfera

Sumario

La Tierra, un insignificante punto que destaca en medio de la inmensidad del universo, es el único lugar del cosmos que parece cumplir las condiciones que permiten la vida. Aquí, sin embargo, encontramos una diversidad de organismos tan asombrosa que ni siquiera en la actualidad podemos hacer una estimación exacta de cuántas especies distintas hay.

Lo más maravilloso de todo esto es que la vida, tal y como la conocemos hoy en día, solo es posible gracias a esta biodiversidad; es decir, el oxígeno que respiramos, el agua que bebemos y los alimentos que comemos no serían posibles sin la interacción de las distintas formas de vida que encontramos en nuestro planeta.

Descubre

¿Cómo son las formas de vida?

Quizás nunca te hayas parado a pensar cómo de complejos somos los seres vivos y qué es lo que nos diferencia de la materia inerte. Fíjate en las siguientes imágenes e intenta distinguir la materia inerte de la viva.

Una vez identificados los seres vivos, trata de agruparlos según sus características, incluyendo en un mismo grupo aquellos que presenten propiedades similares. Por último, pon a esos grupos un nombre que identifique de alguna manera a los individuos que lo componen.

¿Qué sé sobre la biosfera?

¿Qué quiero saber sobre la biosfera?

Sé diferenciar un ser vivo de materia inerte.

Conozco las características que comparten todos los seres vivos.

Reconozco las peculiaridades de los distintos tipos de células.

Sé cómo se clasifican los seres vivos.

Características de la biosfera

Hasta el momento, el único lugar del universo donde se ha encontrado vida es la Tierra, ya que presenta unas características exclusivas que permiten el desarrollo de distintos seres vivos. Gracias a estas condiciones, los seres vivos han colonizado prácticamente toda la superficie del planeta, interactuando con todo lo que hay a su alrededor.

La **biosfera** es el sistema formado por los seres vivos que existen en la Tierra y las relaciones que se establecen entre ellos y el medio que les rodea.

- La **atmósfera** es la capa gaseosa que recubre la Tierra protegiéndola de las radiaciones nocivas y propiciando una temperatura adecuada para la vida.
- La superficie de la **geosfera** proporciona el soporte sólido y los elementos necesarios para la vida.
- El conjunto de las diferentes formas de agua que se encuentran en la Tierra es conocido como **hidrosfera.**

Entre estas tres capas se establece una estrecha relación, lo que permite que la vida se extienda por los tres tipos de medios: el acuático, el terrestre y el aéreo:

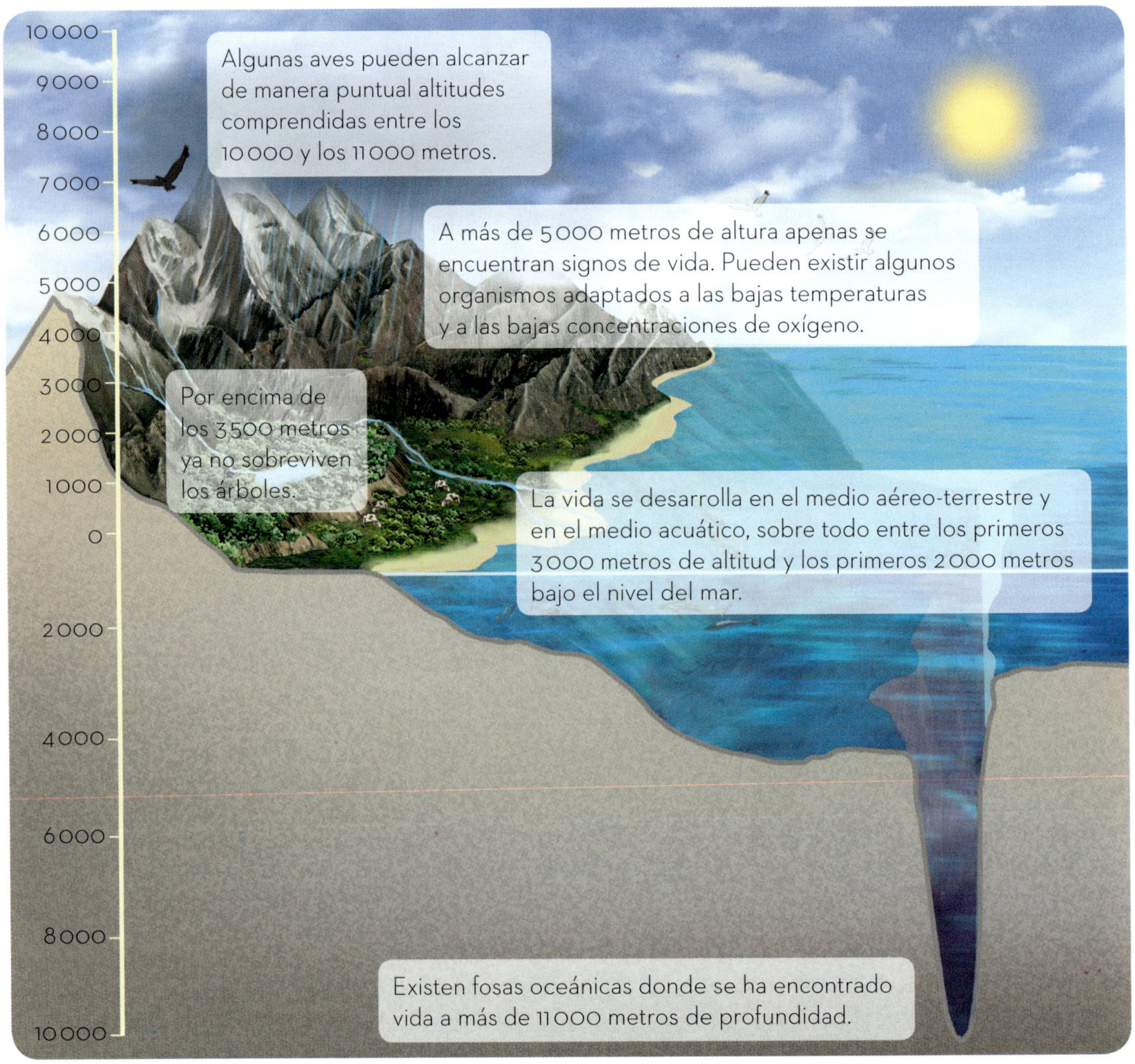

Origen de la vida en la Tierra

Hace aproximadamente 4 000 millones de años, las condiciones de nuestro planeta permitieron que las primeras formas de vida empezaran a convivir. Existen diversas teorías para explicar cómo se originó la vida en la Tierra.

Qué piensas sobre...

La posibilidad de que exista vida en otros planetas o, quizás, en otras galaxias.

El caldo primitivo

Esta hipótesis afirma que la vida comenzó en el agua, cuando las radiaciones solares proporcionaron la energía suficiente para que las moléculas orgánicas se organizaran entre sí dando lugar a los primeros seres vivos.

Con el paso del tiempo, la vida evolucionó y se extendió por toda la superficie terrestre hasta colonizar zonas que van desde las fosas oceánicas hasta los diez kilómetros sobre el nivel del mar.

La panspermia

La panspermia afirma que la vida es de origen extraterrestre y llegó a la Tierra por la caída de un meteorito o de un cometa. No obstante, aunque es difícil creer que un ser vivo soportara las extremas condiciones de un viaje espacial, los expertos aseguran que las bacterias podrían haber hecho frente a estas circunstancias, ya que, gracias a su estructura, presentan una gran resistencia.

Analiza y reflexiona

Teniendo en cuenta las condiciones actuales de la Tierra, ¿crees que sería posible que se repitiera la hipótesis del caldo primitivo? ¿Podría generarse vida en alguno de los charcos que se forma tras una tormenta? Razona tu respuesta.

La célula como base de la vida

Ciencia 2.0

Descubre las características de los distintos elementos de la tabla periódica en este enlace:

bit.ly/Tabla_periódica

La vida es mucho más compleja de lo que podemos imaginar y, sin embargo, seres vivos y materia inerte presentan algunas similitudes. No obstante, los seres vivos pueden distinguirse de la materia inerte gracias a tres características exclusivas: su composición química, la presencia de células y la realización de las tres funciones vitales.

La química de los seres vivos

Los elementos químicos que forman parte de los seres vivos también constituyen la materia inerte, aunque no en las mismas proporciones:

- La materia inerte está constituida en su mayor parte por elementos como el oxígeno (O), el silicio (Si), el aluminio (Al) o el hierro (Fe).
- En los seres vivos predominan el **carbono (C),** el **hidrógeno (H),** el **oxígeno (O)** y el **nitrógeno (N),** aunque también otros elementos que, en menor cantidad, como el **fósforo (P),** el **azufre (S)** o el **sodio (Na),** el **hierro (Fe)** o el **cobre (Cu),** son imprescindibles para la vida. Estos elementos presentes en la materia viva se denominan **bioelementos.**

Los bioelementos se combinan para dar lugar a las **biomoléculas.** Estas pueden ser inorgánicas, que se encuentran tanto en los seres vivos como en la materia inerte, y orgánicas, exclusivas de los seres vivos.

El **agua** es una biomolécula inorgánica con propiedades únicas que la convierten en esencial para los seres vivos.

Las **sales minerales** son biomoléculas inorgánicas que forman parte de la estructura de muchos seres vivos.

Los **glúcidos,** también conocidos como hidratos de carbono, son biomoléculas que tienen tanto función energética como estructural.

Los **lípidos,** también conocidos como grasas o aceites, son biomoléculas que funcionan como reservorio energético.

Las **proteínas** son biomoléculas que cumplen funciones muy variadas en los seres vivos. Son, por ejemplo, el componente estructural de las uñas o el pelo.

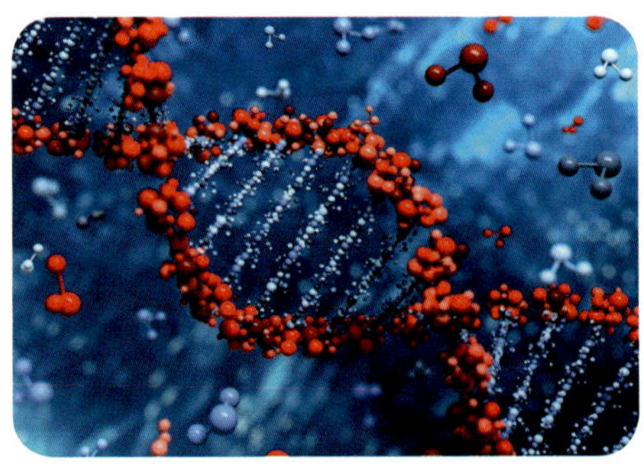

Los **ácidos nucleicos** son las biomoléculas que contienen la información genética de los seres vivos.

Las células

Las células son estructuras microscópicas que forman parte de todos los organismos. Fueron descritas por primera vez en 1665 por **Robert Hooke,** quien fue capaz de observarlas a través de un microscopio elaborado por él mismo.

Las **células** son las unidades mínimas capaces de realizar las funciones vitales; además, constituyen la unidad funcional, estructural, reproductora y genética de todos los seres vivos.

Su descubrimiento y posterior estudio dio pie a que, casi dos siglos después, varios científicos desarrollaran la **teoría celular,** cuyos principales postulados son los siguientes:

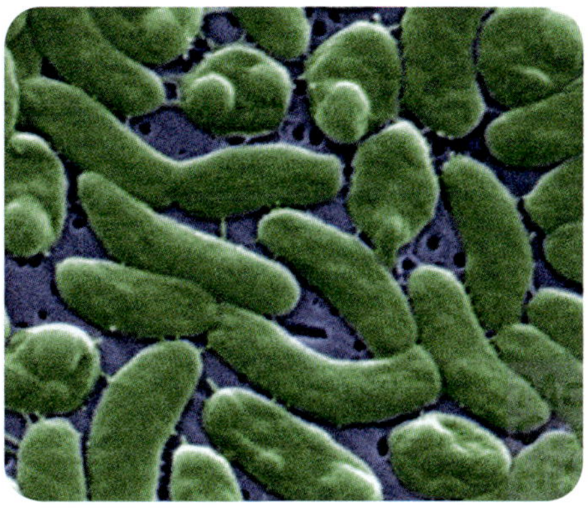

Todos los seres vivos están formados por una o más células.

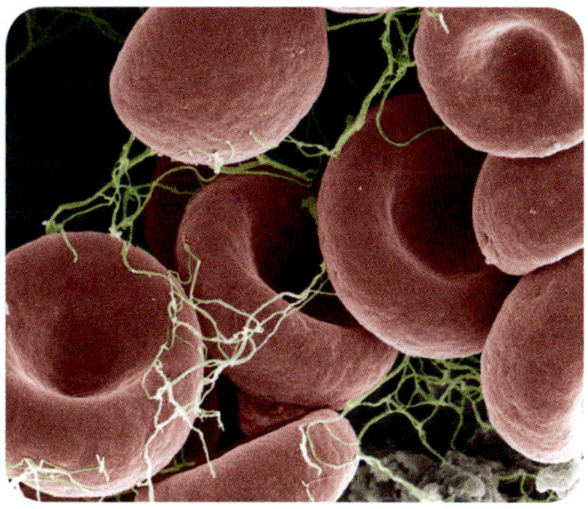

La célula es la parte más pequeña de un ser vivo con capacidad de nutrirse, relacionarse y reproducirse.

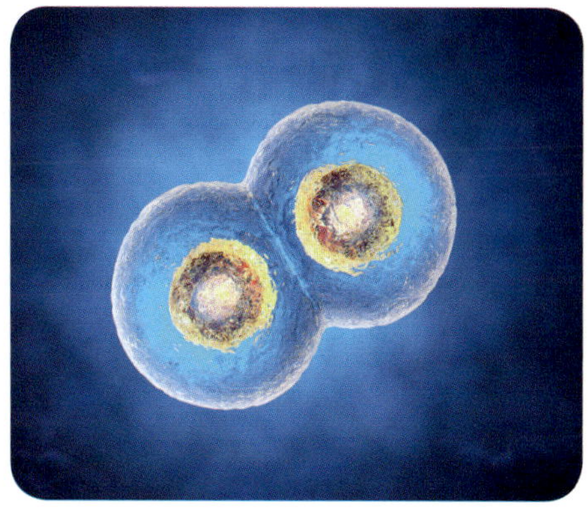

Toda célula procede de otra célula.

Coopera y aprende

Por parejas, leed el siguiente fragmento, que escribió un naturista belga del siglo XVII. Discutid sobre si creéis que lo que dice sea posible, argumentad vuestras ideas intentando relacionarlas con alguno de los postulados de la teoría celular y escribid vuestras conclusiones de manera individual en vuestros cuadernos. Después, haced una puesta en común entre toda la clase.

«Criaturas como los piojos, las garrapatas, las pulgas y los gusanos son nuestros miserables huéspedes y vecinos, pero nacen de nuestras entrañas y excrementos. Porque si colocamos ropa interior llena de sudor con trigo en un recipiente de boca ancha, al cabo de 21 días el olor cambia, y el fermento, que surge de la ropa interior y penetra a través de las cáscaras de trigo, cambia el trigo en ratones. Pero lo que es más notable aún es que se forman ratones de ambos sexos y que estos se pueden cruzar con ratones que hayan nacido de manera normal..., pero lo que es verdaderamente increíble es que los ratones que han surgido del trigo y la ropa íntima sudada no son pequeñitos, ni deformes, ni defectuosos, sino que son adultos perfectos...»

Jan Baptiste van Helmont

Aunque existen muchos tipos celulares que presentan estructuras diferentes, todas las células se caracterizan por poseer tres elementos comunes:

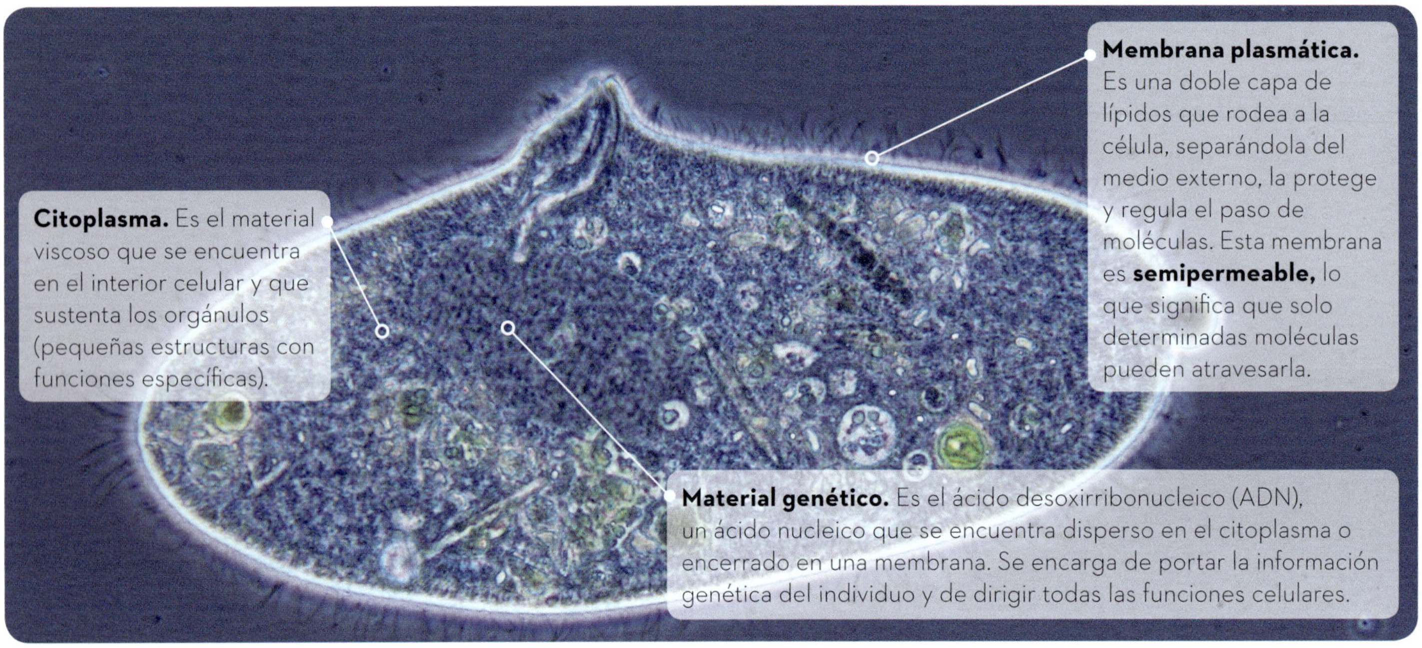

Desde que se formara esa primera célula primitiva, compuesta exclusivamente por los tres elementos básicos, hasta nuestros días, la evolución ha dado lugar a distintos tipos celulares: las células **procariotas** y las células **eucariotas.**

Células procariotas

Son las células más sencillas que se conocen y se caracterizan por no presentar un núcleo definido, de manera que el material genético está disperso en una región concreta del citoplasma denominada nucleoide.

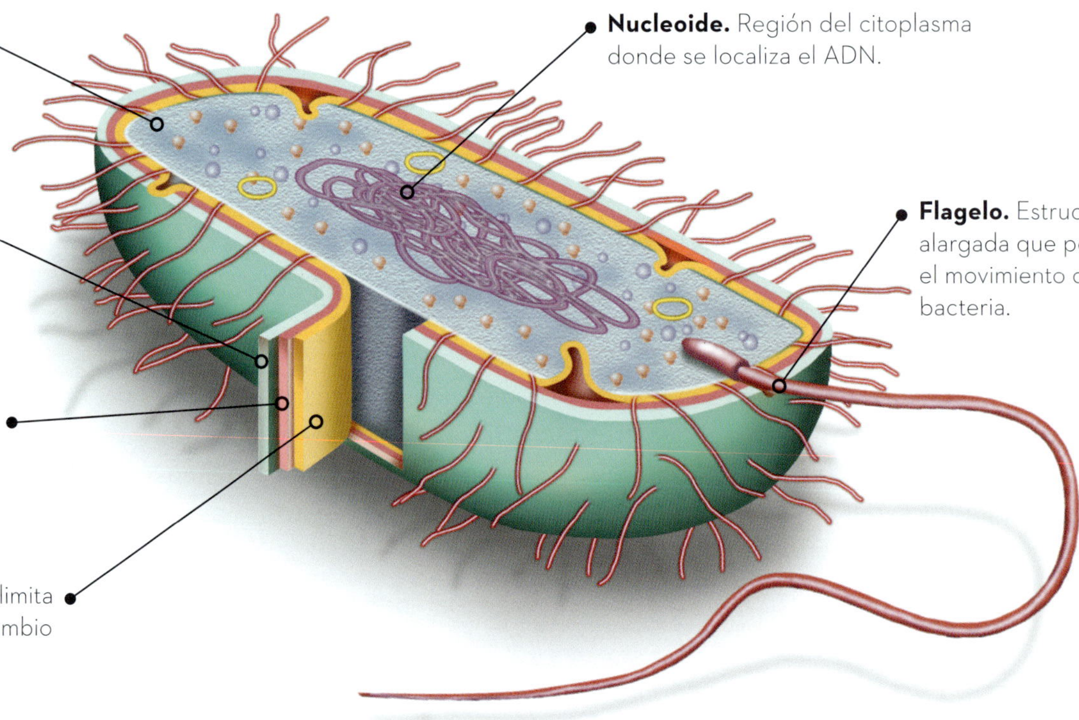

Células eucariotas

A diferencia de las células procariotas, las eucariotas han desarrollado un **núcleo,** una estructura membranosa que envuelve el material genético. Además, el tamaño de las células eucariotas es mayor que el de las células procariotas.

En las células eucariotas se distinguen dos tipos distintos: **animal** y **vegetal.**

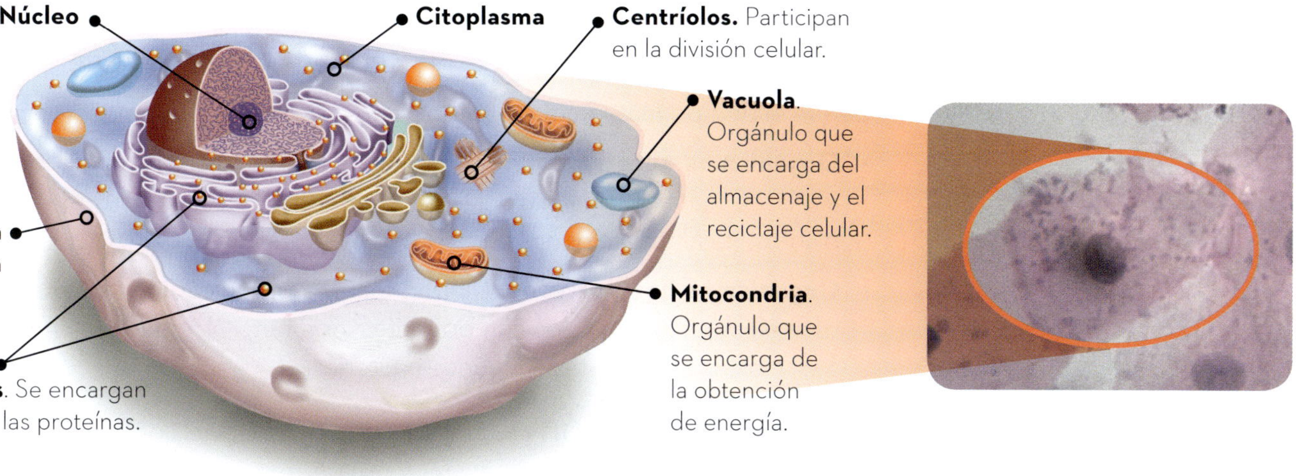

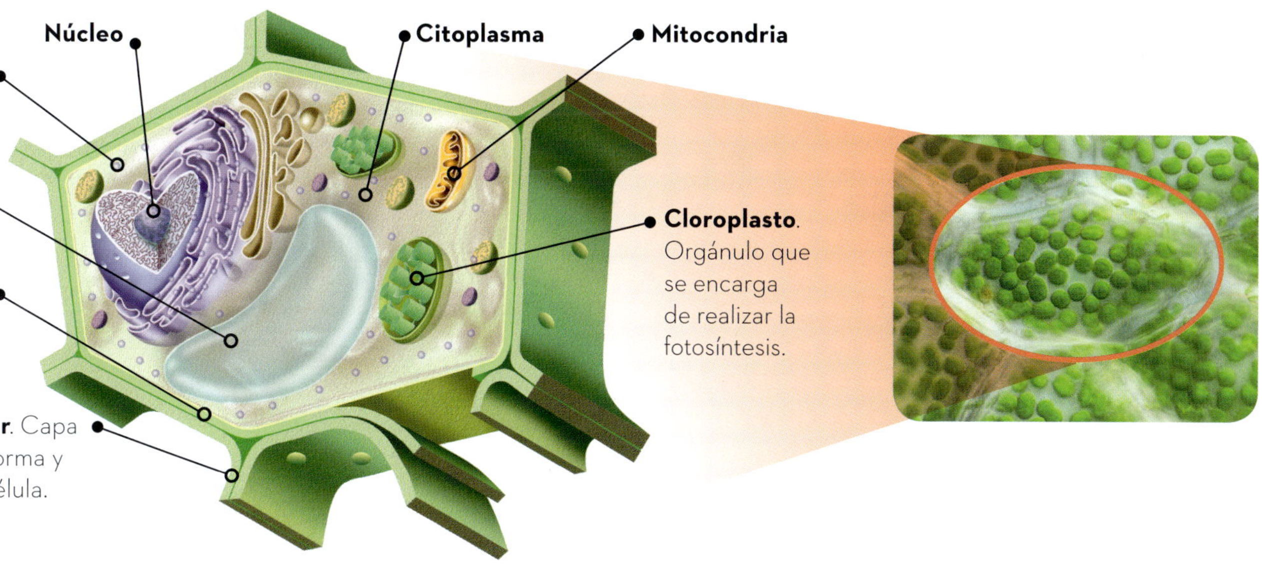

Actividades

1. ¿A qué tipo de biomoléculas pertenece el ADN? ¿Cuál es su función principal?
2. ¿Qué quiere decir que la membrana plasmática es semipermeable?
3. ¿Por qué crees que, en general, las plantas presentan estructuras de color verde? ¿Y por qué tienen una forma definida y regular? Investiga y explícalo en tu cuaderno.
4. Copia en tu cuaderno la siguiente tabla y rellénala.

	Célula procariota	Célula eucariota animal	Célula eucariota vegetal
Presencia de núcleo	...	...	...
Tamaño	...	...	...
Pared celular	...	...	...
Se encuentra en...	...	...	...

Ciencia 2.0

Si quieres ver cómo funcionan en el ser humano los sistemas relacionados con las tres funciones vitales, clica aquí:

bit.ly/Funciones_vitales

Las funciones vitales

La vida, además de células y biomoléculas, necesita de tres funciones vitales para poder desarrollarse: **nutrición, relación** y **reproducción.**

Función de nutrición

La **nutrición** es el conjunto de procesos a partir de los cuales los individuos obtienen la materia y la energía necesarias para elaborar y renovar todos sus componentes y realizar todas sus funciones.

Según el tipo de materia que el organismo asimile, se pueden diferenciar:

- **Organismos autótrofos.** Toman materia inorgánica del medio para transformarla en materia orgánica y elaborar así los componentes que necesitan. Las plantas, las algas y algunas bacterias son autótrofos.
- **Organismos heterótrofos.** Utilizan materia orgánica que obtienen del medio para elaborar sus propios componentes. Son heterótrofos los animales, los hongos, ciertos protoctistas y algunas bacterias.

Función de relación

La **relación** es la función que permite a los organismos percibir los estímulos internos y externos y poder responder a ellos de manera adecuada.

Experimenta

Materiales: Compás de dos puntas.

Procedimiento: Para estudiar la función de relación, nos distribuiremos por parejas. Un miembro de la pareja se vendará los ojos, mientras el otro separará 0,5 cm las puntas de un compás, tocará con él distintas partes del cuerpo de su compañero e irá anotando en la tabla, copiada en el cuaderno, las sensaciones de su pareja. Después repetirá la operación separando 2 cm las puntas del compás. Una vez anotados los resultados, los miembros de la pareja se intercambiarán los papeles.

¿Qué conclusiones podéis extraer del experimento? Discutid entre vosotros y después ponedlo en común con el resto de la clase.

	0,5 cm	2 cm
Punta de los dedos	...	...
Palma de la mano	...	...
Antebrazo	...	...
Espalda	...	...

Función de reproducción

La **reproducción** es el proceso que permite a los individuos obtener descendencia, ya sean individuos similares o iguales a sus progenitores.

Existen dos tipos de reproducción según la naturaleza de la descendencia:

- **Reproducción asexual.** Es aquella en la que participa un único individuo. Los descendientes se originan a partir de una sola célula o de un grupo de células del progenitor. El resultado es un individuo exactamente igual a su progenitor. Existen varios tipos:

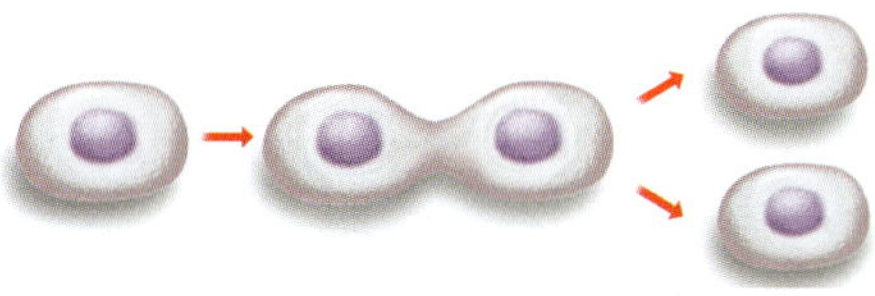

Bipartición. La célula madre se divide en dos células hijas totalmente idénticas.

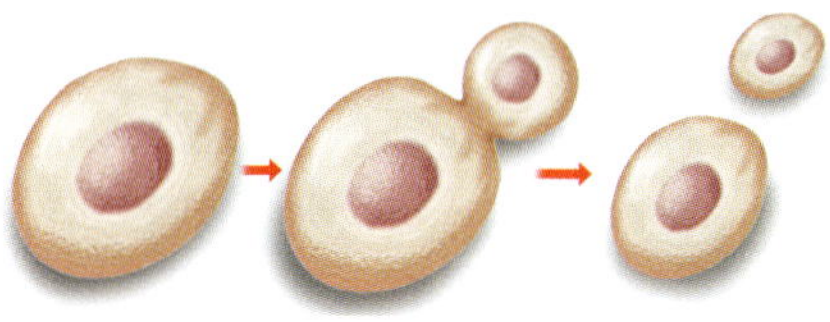

Gemación. A partir de una protuberancia o yema en la célula madre, se originan las células hijas.

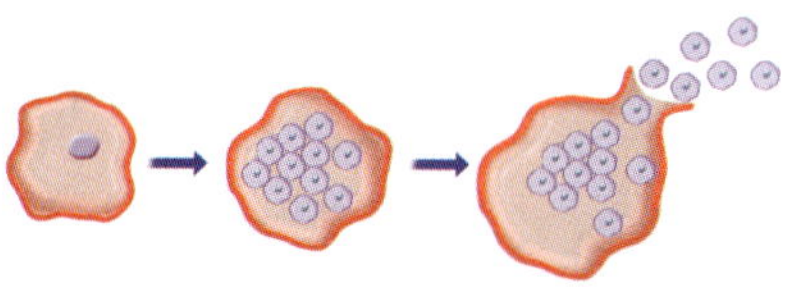

Esporulación. La célula madre divide su núcleo sucesivamente sin dividir el citoplasma y origina muchas células o esporas que formarán nuevos individuos.

Fragmentación. El progenitor se divide en uno o varios fragmentos, cada uno de los cuales da lugar a un nuevo individuo.

- **Reproducción sexual.** Es aquella en la que participan **dos individuos** de **distinto sexo,** cada uno de los cuales genera células sexuales denominadas **gametos.** El gameto masculino y el gameto femenino se unen en el acto denominado **fecundación,** lo que origina el **cigoto,** una célula cuya división sucesiva dará lugar al nuevo individuo. Este nuevo individuo será diferente a sus progenitores, lo que supone una ventaja frente a la reproducción asexual.

Actividades

5. ¿Qué ventajas e inconvenientes crees que puede tener la reproducción asexual? ¿Y la sexual? Explica por qué.
6. Busca, para cada tipo de reproducción asexual, un ejemplo de algún individuo que lo lleve a cabo.
7. Pon un ejemplo de organismo autótrofo y otro de organismo heterótrofo e indica qué diferencias encuentras entre ambos.
8. A partir del vídeo que aparece en el margen, indica qué diferencias encuentras entre la reproducción de una ameba y la de un gato.

Ciencia 2.0

Aquí puedes observar cómo ocurre uno de los mecanismos de reproducción asexual, la bipartición:

bit.ly/Bipartición

Sabías que...

Nettie Stevens (1861-1912), genetista y bióloga estadounidense, propuso por primera vez que los espermatozoides contenían la información genética que determina el sexo de la descendencia. Descubrió que existían dos clases de cromosomas, unos portadores de un cromosoma X y otros portadores de un cromosoma Y.

¿Sabes qué sexo origina cada uno al fecundar el óvulo?

Organización y clasificación de los seres vivos

Los seres vivos se organizan desde niveles simples a niveles más complejos. Estos niveles van desde el atómico, en el que se incluyen los elementos de la tabla periódica, hasta el de biosfera, donde se recoge todo el conjunto de seres vivos que habitan el planeta y las relaciones que se establecen entre ellos y el medio.

Organismos unicelulares. Aquellos individuos que están formados por una única célula.

Organismos pluricelulares. Aquellos individuos que están formados por más de una célula. Las células se diferencian unas de otras para realizar funciones específicas.

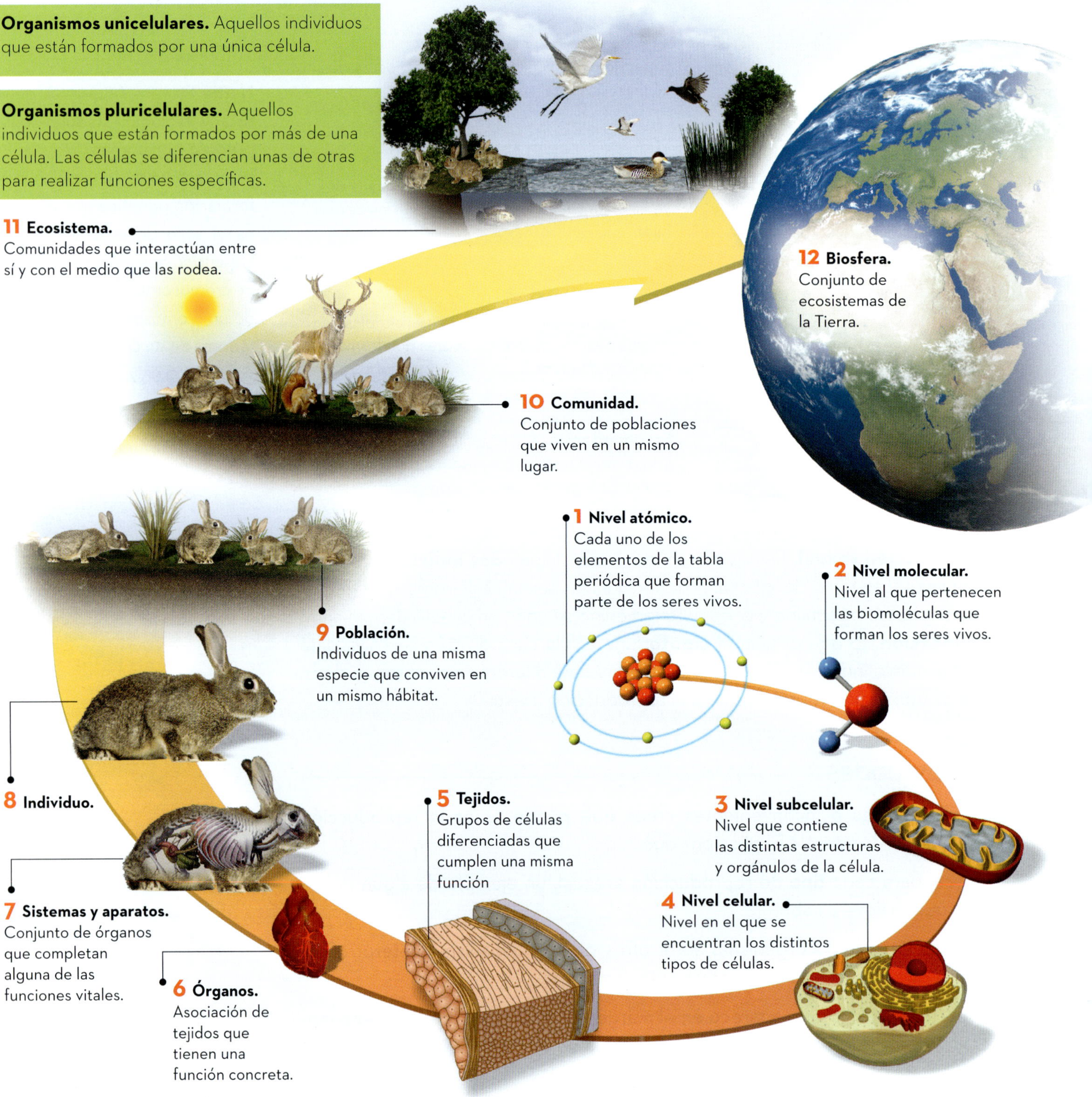

Clasificación de los seres vivos

Han sido muchos los científicos y las científicas que, a lo largo de los siglos, han tratado de agrupar a los seres vivos en distintas categorías según las características que presentan.

La **taxonomía** es la disciplina que se encarga de clasificar a los seres vivos en diferentes categorías o taxones, teniendo en cuenta sus cualidades. Esos taxones son: **reino, filo, clase, orden, familia, género** y **especie.**

Así, los taxones agrupan a los organismos desde propiedades muy genéricas, en los reinos, hasta aquellos caracteres que definen a un individuo de manera muy precisa, en la especie.

> La **especie** es el taxón que incluye a aquellos individuos con características comunes, capaces de reproducirse entre sí y dar lugar a una descendencia fértil.

Sabías que...

Aunque, actualmente, la clasificación de los seres vivos sigue siendo un debate científico abierto, la mayor parte de la comunidad científica apoya el sistema de los cinco reinos.

La clasificación más habitual agrupa a los seres vivos en cinco reinos: **Moneras, Protoctistas, Hongos, Plantas** y **Animal.**

Moneras
Incluye organismos **unicelulares** de células **procariotas,** que a veces se agrupan en **colonias.** Hay individuos **autótrofos** y **heterótrofos.** Son las **bacterias** y las **arqueas.**

Protoctistas
Incluye organismos **unicelulares y pluricelulares** de células eucariotas. **No presentan tejidos** verdaderos. Hay individuos **autótrofos,** como las algas, y **heterótrofos,** como los protozoos.

Hongos
Incluye organismos **unicelulares y pluricelulares** de células eucariotas. Sus células se organizan en **filamentos o hifas. Sin tejidos** verdaderos, son **heterótrofos descomponedores,** como las levaduras y las setas.

Plantas
Incluye organismos **pluricelulares** de células eucariotas que se organizan en **tejidos, órganos, aparatos y sistemas.** Presentan nutrición **autótrofa.**

Animal
Incluye organismos **pluricelulares** de células eucariotas que se organizan en **tejidos, órganos, sistemas y aparatos.** Presentan nutrición **heterótrofa.**

Vocabulario

Dicotomía: división de un concepto en dos aspectos que, en la mayoría de los casos, son opuestos. Por ejemplo, para la pregunta «¿Tiene branquias?», solo hay dos respuestas posibles: «sí» o «no», las cuales, además, son opuestas entre sí.

Las claves dicotómicas

La **clave dicotómica** es una herramienta que sirve para identificar a los seres vivos a partir de sus características morfológicas. Todas las claves están organizadas en **dilemas,** es decir, se plantean a partir de preguntas que solo pueden tener como respuesta «sí» o «no». De esta manera, la identificación de un ser vivo se simplifica bastante.

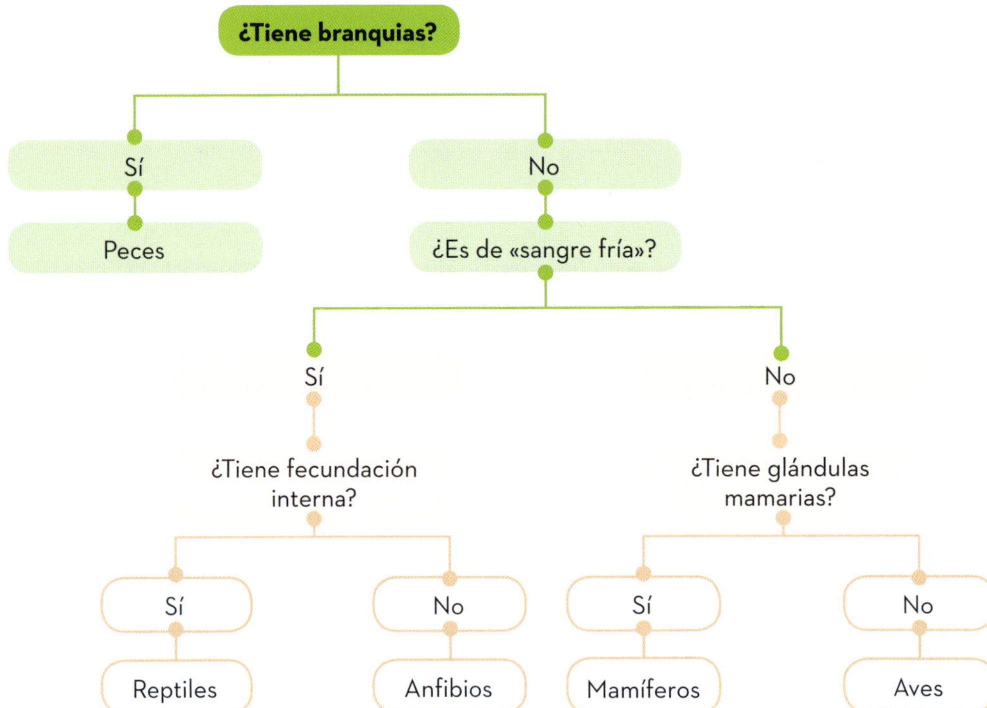

La nomenclatura binomial

A principios del siglo XVIII, Carl von Linneo, un botánico y zoólogo sueco, se dedicó a recolectar plantas, animales y piedras para después clasificarlos en distintas categorías según sus características morfológicas. Desarrolló un sistema de clasificación que se ajustaba a las necesidades que él había ido encontrando. Este sistema es conocido como **nomenclatura binomial** y aún hoy se sigue utilizando para nombrar a las diferentes especies de seres vivos.

La nomenclatura binomial le otorga a cada especie un nombre compuesto formado por dos palabras: la primera hace referencia al **género** al que pertenece un determinado ejemplar, mientras que la segunda hace referencia a la **especie.** Ambas palabras se escriben en **latín** y en **cursiva.** Por ejemplo: *Vespa cabro*, se refiere a lo que se conoce vulgarmente como avispón.

Te proponemos un reto

Actualmente, en España, una de las especies de avispa más común es *Vespa cabro;* sin embargo, desde hace unos años, un ejemplar asiático, *Vespa vetulina*, se ha asentado también en nuestro territorio y, en apariencia, es fácil confundirlas. Busca información de ambas y encuentra las diferencias que han hecho que los científicos las clasifiquen como especies distintas.

Puedes encontrar información en el siguiente enlace:

bit.ly/Avispas

Mapa conceptual

Completa en tu cuaderno el mapa conceptual con algunos de los contenidos clave del tema y, a partir de él, realiza un mapa mental sobre la biosfera.

Los seres vivos

- **Composición química**
  - Bioelementos
    - ...
      - Orgánicas
      - ...
- ...
  - ...
  - Eucariotas
    - Vegetal
    - ...
- **Funciones vitales**
  - Nutrición
    - Autótrofa
    - Heterótrofa
  - ...
  - ...
    - Asexual
    - ...

Investigamos

A partir del trabajo cooperativo, investigaremos dónde encontrar las biomoléculas orgánicas y qué bioelementos forman parte de ellas.

En grupos de cuatro, cada miembro se hará experto en un tema concreto, buscará la información indicada y después la contrastará con su grupo de expertos. A continuación, volverá a su grupo cooperativo para explicárselo a sus compañeros y compañeras. Puedes encontrar información en el siguiente enlace:

bit.ly/Biomoléculas

Experto 1: ¿Qué biomoléculas encontramos sobre todo en la pasta? ¿Qué bioelementos las forman? ¿Qué función tienen en nuestro organismo?

Experto 2: ¿Qué biomoléculas encontramos sobre todo en la carne, los huevos o la leche? ¿Qué bioelementos las forman? ¿Qué función tienen en nuestro organismo?

Experto 3: ¿Qué biomoléculas encontramos sobre todo en los aceites o en la mantequilla? ¿Qué bioelementos las forman? ¿Qué función tienen en nuestro organismo?

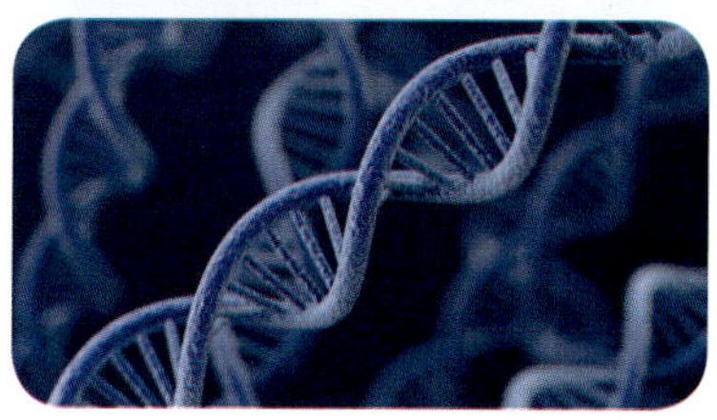

Experto 4: ¿A qué grupo de biomoléculas pertenece el ADN? ¿Qué bioelementos lo forman? ¿Cuál es su función en el organismo?

Una vez terminado, el docente podrá elegir a cualquier miembro del equipo para que conteste a cualquiera de las preguntas.

Actividades finales

La biosfera

1. Expón tres ejemplos de formas de vida que necesiten de la interacción de atmósfera, hidrosfera y geosfera para su posible desarrollo.

2. Expón con tus palabras las dos hipótesis que se plantean para explicar el origen de la vida en la Tierra.

Características de la vida

3. ¿Qué características comparten los seres vivos y la materia inerte? ¿En qué se diferencian?

4. Clasifica las imágenes que aparecen a continuación en función de si corresponden a un organismo vivo o a materia inerte.

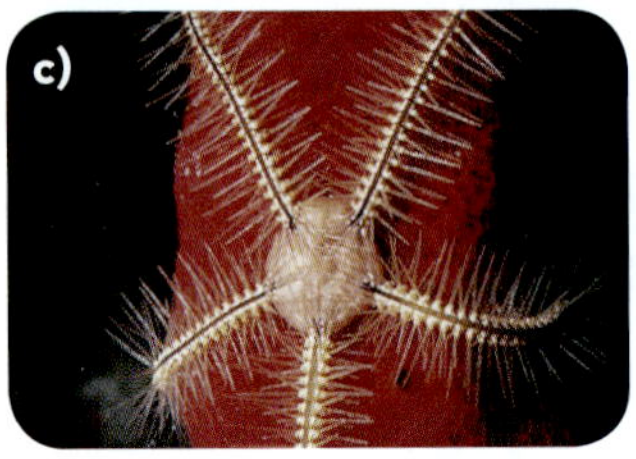

5. ¿Cuál es la función que tienen el agua y las sales minerales en el cuerpo humano?

6. Haz un esquema en tu cuaderno de los tipos de biomoléculas que existen y pon un ejemplo de cada una de ellas.

7. Investiga quiénes fueron los científicos que desarrollaron la teoría celular e indica qué aportación hizo cada uno de ellos.

8. ¿A qué tipo de biomolécula pertenece el ADN? ¿Cuál es su función?

9. ¿Qué importancia tienen para la célula los orgánulos citoplasmáticos?

10. ¿Qué importancia tiene que la membrana plasmática sea semipermeable?

11. ¿Qué importancia tiene la membrana plasmática para la célula?

12. Completa los siguientes dibujos de las estructuras de los distintos tipos de células eucariotas:

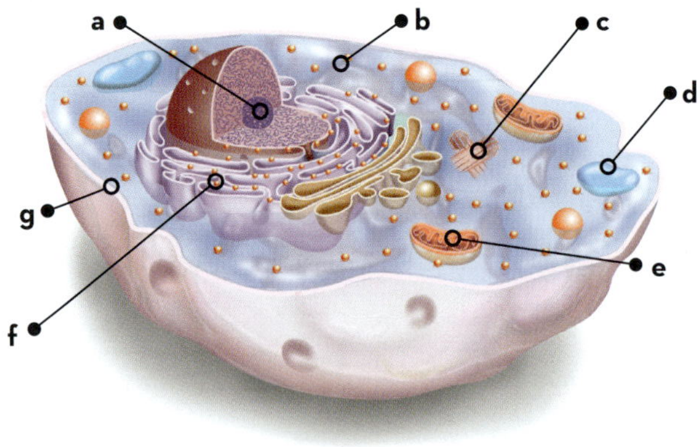

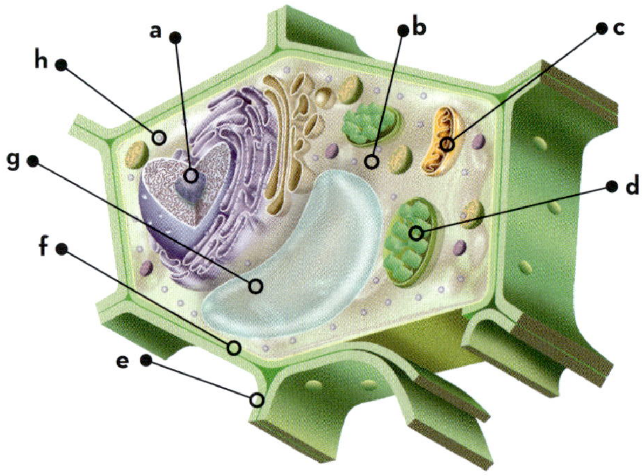

13. Pon un ejemplo de organismo autótrofo y otro de organismo heterótrofo. Indica cuáles son las diferencias en su alimentación.

14. Define los siguientes términos:

a) Estímulo.

b) Órgano efector.

c) Receptores.

15. ¿Qué tipo de reproducción tienen los seres humanos? ¿Qué nombre reciben los gametos femeninos? ¿Y los masculinos?

16. Indica cuál de las tres funciones vitales se lleva a cabo en cada una de las siguientes acciones:

a) Un pavo real macho cortejando a una hembra.

b) Una leona atacando a una cebra.

c) Girasoles orientándose en dirección al Sol.

d) Una célula dividiéndose en dos células hijas.

e) Las raíces de una planta extendiéndose en dirección al agua.

Organización y clasificación de los seres vivos

17. Indica las diferencias entre un organismo unicelular y otro pluricelular. ¿Qué significa que existan células especializadas?

18. Clasifica los siguientes organismos en unicelulares y pluricelulares.

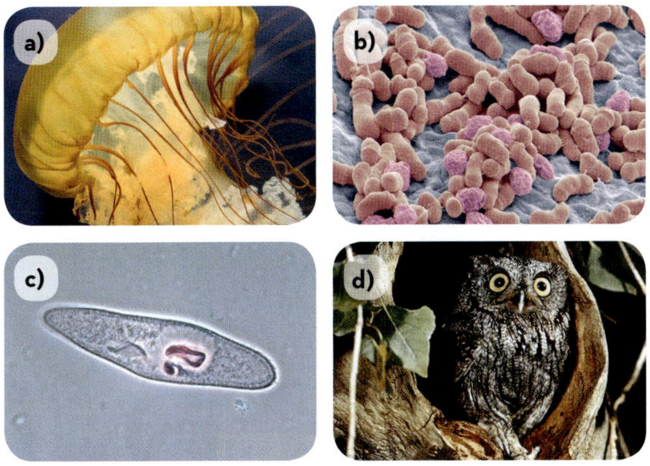

19. Ordena las siguientes imágenes de mayor a menor complejidad, según el nivel de organización al que correspondan.

20. Haz un pequeño esquema en el que se indiquen los diferentes taxones que existen.

21. ¿Crees que son útiles las claves dicotómicas? ¿Por qué?

22. Elabora una clave dicotómica para poder identificar a los animales que aparecen en el siguiente grupo: tortuga, periquito, pez payaso y perro.

23. Busca el nombre científico de tu animal o planta favorito y elabora, a partir de él, una ficha en la que introduzcas la especie, el género, la familia, el orden, la clase, el filo y el reino al que pertenece.

Enlace web: **bit.ly/Animalandia**

24. A partir de las tablas taxonómicas que hay a continuación, trata de descubrir qué característica hizo que siguieran distintas vías evolutivas:

	Ornitorrinco
Reino	Animales
Filo	Cordados
Clase	Mamífero
Orden	Monotrema
Familia	Ornithorhynchidae
Género	Ornithorhynhus
Especie	*Ornithorhynchus anatinus*

	Avispa
Reino	Animales
Filo	Artrópodos
Clase	Insecto
Orden	Himenóptera
Familia	Vespidae
Género	Vespa
Especie	*Vespa cabro*

25. Las mulas son animales híbridos y estériles que resultan de la unión entre una yegua *(Equus caballus)* y un burro o asno *(Equus asnius)*. ¿Por qué crees que las mulas son estériles? Razona tu respuesta.

26. ¿Por qué crees que es importante tener un sistema de clasificación de los seres vivos?

Escribe dos ideas que tengas claras y que sean fundamentales.

Realiza dos preguntas sobre aspectos que no te han quedado claros.

Escribe dos aspectos sobre los que te gustaría profundizar.

Fuente: Ministerio de Educación

El espinoso es un pez que resulta fácil de mantener en un acuario. Durante la época de reproducción, el vientre del espinoso macho cambia del color plateado al rojo. El espinoso macho atacará a cualquier macho rival que invada su territorio. Si se aproxima una hembra de color plateado, intentará guiarla hasta su nido para que ponga allí sus huevos.

En el acuario del alumno solo hay un espinoso macho. Para investigar qué provoca el comportamiento agresivo en el pez, un alumno ha hecho tres modelos de cera unidos a trozos de alambre. Cuelga los modelos dentro del acuario, por separado, durante el mismo tiempo. Cuando están dentro, el alumno cuenta el número de veces que el espinoso macho ataca la figura de cera empujándola de forma agresiva. El resultado se presenta a continuación:

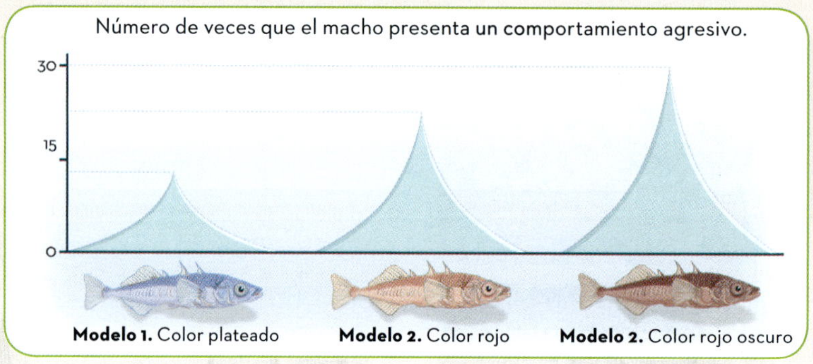

Pregunta 1

¿A qué intenta dar respuesta este experimento?

Durante el tiempo de reproducción, si el espinoso macho ve una hembra, tratará de atraerla con un comportamiento de cortejo parecido a una danza. En un segundo experimento se analiza este comportamiento de cortejo.

En el acuario solo hay un espinoso macho. El alumno ha diseñado tres modelos de cera unidos a un trozo de alambre. Uno es de color rojo y los otros dos son de color plateado, pero uno tiene el vientre plano y el otro el vientre redondeado. El alumno cuenta el número de veces que el macho reacciona ante cada modelo con un comportamiento de cortejo. Los resultados se presentan a continuación:

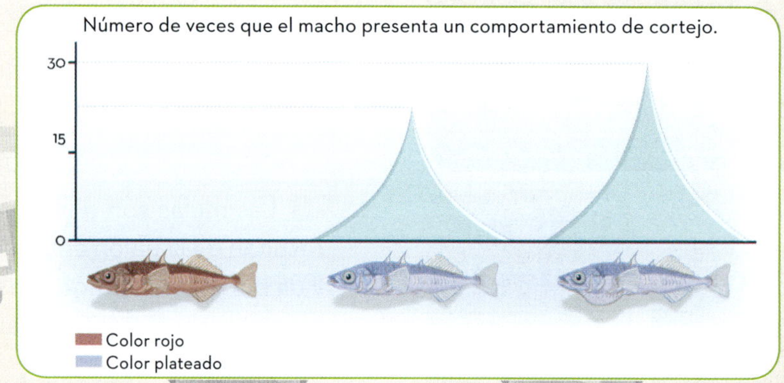

Pregunta 2

De acuerdo con la información del gráfico, los alumnos extraen las siguientes conclusiones. Marca y justifica, para cada conclusión, si es correcta o no.

El color rojo provoca el comportamiento de cortejo del espinoso macho.	Sí / No
La hembra del espinoso con el vientre plano provoca la mayor cantidad de reacciones en el espinoso macho.	Sí / No
El espinoso macho reacciona con mayor frecuencia ante una hembra con el vientre redondeado que ante una hembra con el vientre plano.	Sí / No

Hicieron ciencia

Lynn Margulis y la teoría endosimbionte

En 1967, Lynn Margulis, una bióloga estadounidense, anunció su teoría de la **endosimbiosis.** Según esta teoría, las células eucariotas son el resultado de la interacción de varias células procariotas. Siendo así, la evolución habría dado paso a que las células procariotas pasaran a convertirse en células eucariotas a través de un proceso conocido como **simbiogénesis.**

La simbiogénesis hace referencia a la transferencia de material genético que se produce entre dos células, después de un proceso de endosimbiosis. Así, los núcleos de las células eucariotas, las mitocondrias y los cloroplastos, tendrían su origen en células procariotas que habrían sido fagocitadas por una célula procariota de mayor tamaño, dando lugar a los distintos tipos celulares eucariotas.

El desafío

En este desafío cada miembro del grupo cooperativo diseñará cinco cartas, cada una de las cuales se centrará en un ser vivo de cada reino, el que cada uno elija, y, además, deberá disponer de la siguiente información:

Cara A

- Nombre del ser vivo

Cara B

- ¿A qué reino pertenece?
- ¿Cuál es su tipo celular?
- ¿Qué tipo de nutrición presenta?
- ¿Y de reproducción?

Cara A	Cara B
Girasol	Reino plantas Célula eucariota vegetal Autótrofa Sexual

Una vez que tengamos todas las cartas, las mezclaremos y cada persona escogerá una, mirará la cara A y, a partir del nombre del organismo, tendrá que responder a cada una de las preguntas. Cada pregunta acertada sumará un punto. Gana quien más puntos consiga.

6 Virus, moneras, protoctistas y hongos

Sumario

1 Los virus

2 El reino Moneras

3 El reino Protoctista

4 El reino Hongos

Tras una noche de tormenta, muchos días encontramos el patio del colegio o el instituto lleno de pequeños charcos. Estas insignificantes masas de agua, que parecen pequeñas, sosas y aburridas, esconden un complejo mundo que escapa a nuestros ojos.

Diminutos seres, con diferentes formas y características, son protagonistas de microscópicas películas. Interminables batallas por el alimento, en las que un día eres depredador y al siguiente presa, o apasionadas historias de amor se producen a cada momento en estos pequeños ecosistemas. Seguro que después de esta unidad mirarás los charcos de otra manera...

Descubre

La comunidad científica lleva tiempo buscando con ahínco indicios de vida fuera de nuestro planeta. Las condiciones encontradas en el satélite Encelado, que orbita alrededor de Saturno, lo convierten en un posible candidato.

Para ver si la vida podría prosperar en este satélite, un equipo simuló en el laboratorio las condiciones de temperatura, presión y composición atmosféricas de Encelado y estudió el comportamiento de diferentes poblaciones de bacterias en estas condiciones. Sorprendentemente, ciertas bacterias fueron capaces de reproducirse y crecer con normalidad.

Con este experimento se buscaba demostrar que las condiciones de Encelado son compatibles con la vida.

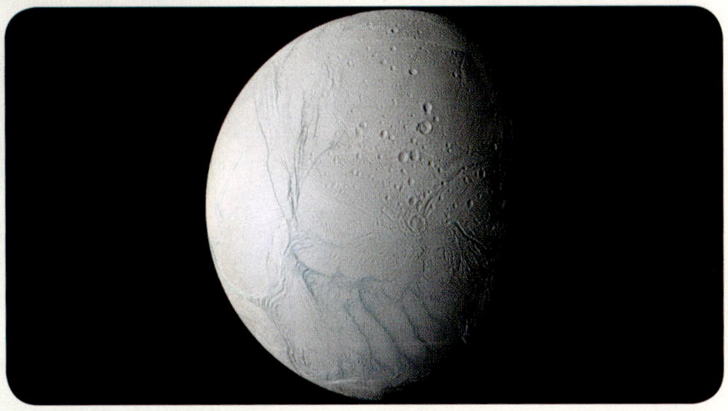

Encelado, la luna de Saturno.

¿Por qué crees que realizaron el experimento con microorganismos y no con otro tipo de ser vivo?

¿Crees que podrías sobrevivir en Encelado? ¿Qué características tienen las bacterias que las hizo tan buenas candidatas para este experimento?

Los microorganismos aparecen en lugares donde no podría existir ningún otro ser. ¿Qué microorganismos son estos?

Para más información, consulta este enlace:
bit.ly/2NumDdl

¿Qué sé sobre los microorganismos?

¿Qué quiero aprender sobre ellos?

Sé diferenciar un ser vivo de uno inerte.

Conozco cómo se nutren y reproducen los diferentes microorganismos.

Conozco las características que tienen las bacterias.

Sé si todas las bacterias son perjudiciales para el ser humano.

Tengo claro lo que es un protoctista.

Sé si las algas pertenecen al reino Plantas.

Los virus

Sabías que...

Los virus son equiparables a seres «no muertos», como los zombis de las películas: no son seres vivos, pero tampoco materia inerte.

Ciencia 2.0

Disfruta de una animación que ilustra el ciclo lítico y lisogénico de un virus bacteriófago:

bit.ly/Virus_bacteriófago

Los **virus** son seres acelulares (no están formados por células) considerados parásitos estrictos, ya que necesitan infectar una célula para realizar copias de sí mismos. Se encuentran en la frontera entre lo vivo y lo no vivo, y no están incluidos en ninguno de los cinco reinos.

Tamaño y estructura viral

Debido a su diminuto tamaño, los virus solo pueden ser observados a través de **microscopios electrónicos,** que son mucho más potentes que los convencionales. Los virus más sencillos presentan las siguientes partes:

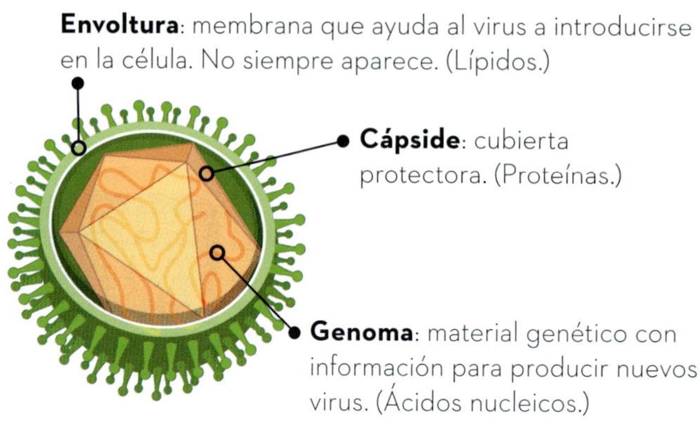

Estructura característica de muchos virus que parasitan células eucariotas.

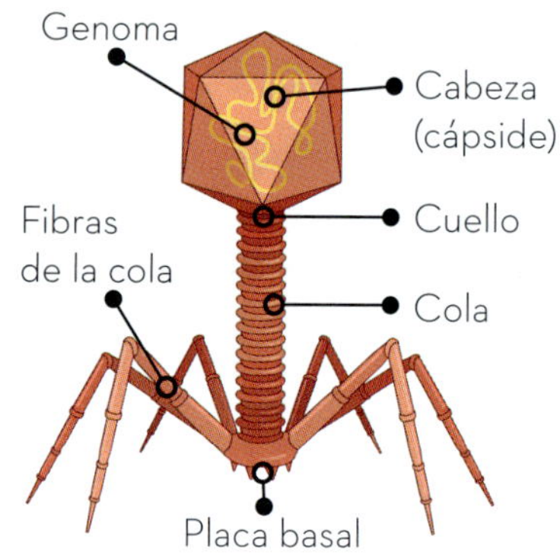

Estructura característica de los virus que parasitan bacterias, comúnmente denominados fagos.

Mecanismos de infección viral

Aunque cada tipo de virus se **especializa en un determinado ser vivo,** estas partículas infectan todo tipo de organismos (animales, plantas, protoctistas, hongos y bacterias). El mecanismo de acción viral es ligeramente diferente en cada tipo de virus; sin embargo, la inmensa mayoría sigue esta secuencia, denominada **ciclo lítico**:

El virus reconoce la célula y se adhiere a ella. Introduce su material genético.

El virus secuestra la maquinaria celular y la obliga a construir nuevos virus.

Las partículas virales se acumulan en el interior y terminan rompiendo la célula (lisis).

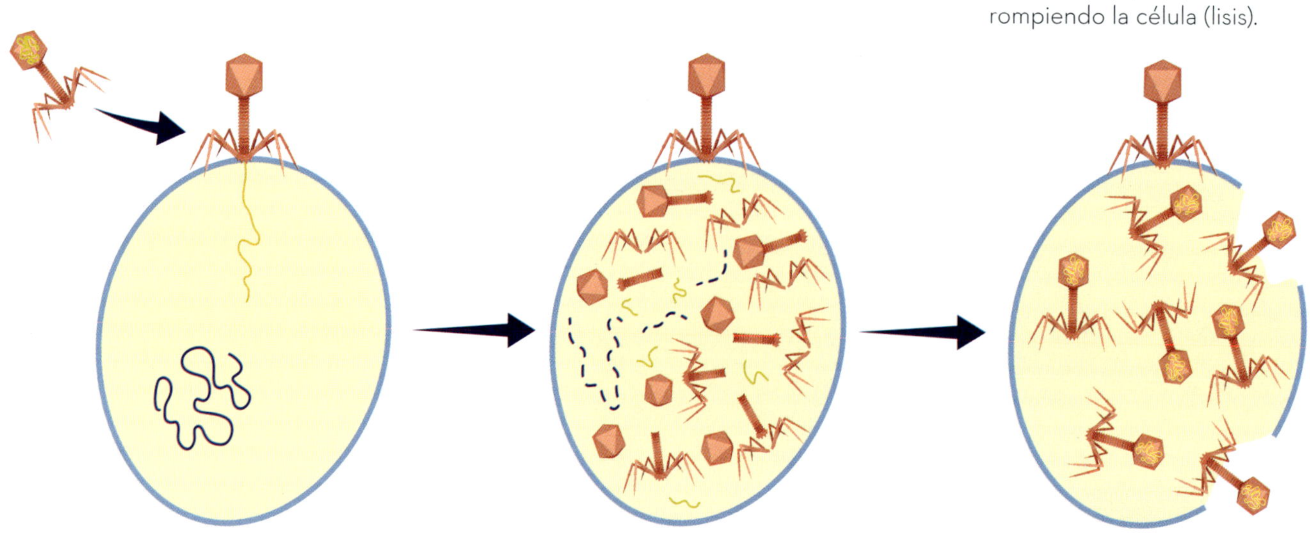

En ocasiones, el virus se integra en el material genético de la célula hospedadora y permanece un tiempo indeterminado hasta que entra en ciclo lítico. Este mecanismo se conoce como **ciclo lisogénico.**

Los virus como causantes de enfermedades y pérdidas económicas

Los virus son causantes de multitud de **enfermedades** que afectan a todo tipo de organismos y provocan no solo graves trastornos de salud, sino también grandes pérdidas económicas. Por ejemplo, existen virus que infectan a las bacterias productoras de yogur, o virus que afectan a animales de granja o ciertos cultivos agrícolas.

Para combatir los virus se utilizan los **antivirales,** unos fármacos específicos para el tratamiento de infecciones virales. Ya que no se trata de bacterias, el uso de antibióticos resulta ineficaz.

Virus causantes de enfermedades en humanos

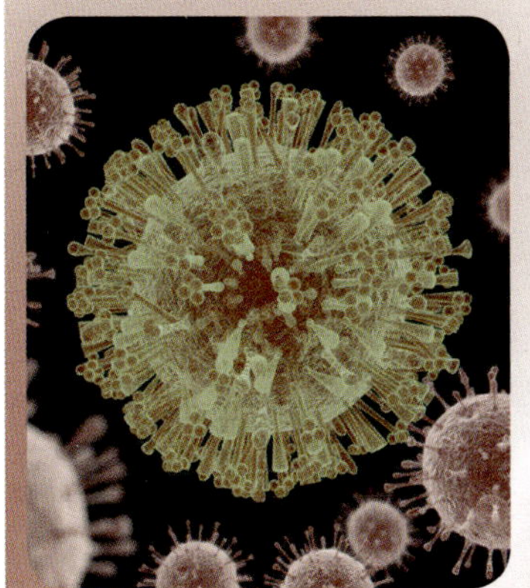

El **virus del Zika** se propaga a través de la picadura de un mosquito. Sus síntomas son similares al resfriado común, pero puede provocar un crecimiento menor del cerebro en el feto (microcefalia) si infecta a mujeres embarazadas.

El **virus de la inmunodeficiencia humana (VIH)** ataca las células del sistema inmunitario del organismo, por lo que el individuo afectado desarrolla numerosas enfermedades.

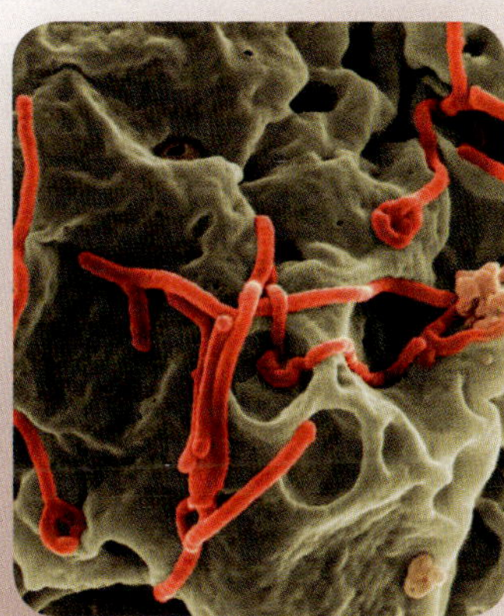

El **virus del Ébola** ataca el sistema inmunológico del individuo, desestabilizando la composición de la sangre y de los líquidos internos, con el resultado de un fallo general de todos los órganos del cuerpo.

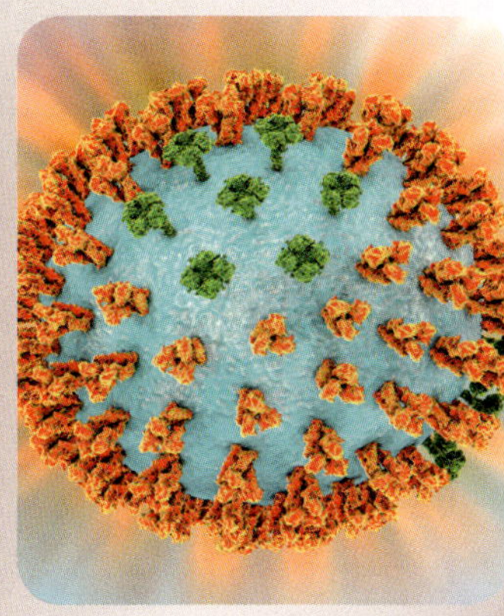

El **virus de la gripe** infecta las células de las vías respiratorias. Su alta tasa de mutación provoca variaciones en su estructura, lo que hace que sea más difícil de reconocer por las células de defensa.

Actividades

1. ¿Consideras que los virus son seres vivos? Argumenta tu respuesta con al menos dos razones que la apoyen.
2. ¿Qué queremos decir cuando afirmamos que los virus son parásitos estrictos?
3. Nombra tres enfermedades humanas causadas por virus. ¿Se pueden utilizar antibióticos para combatirlas?
4. Investiga sobre lo que significa un «salto interespecífico» en el mecanismo de infección de un virus. Pon un ejemplo. ¿Qué peligros crees que puede suponer este fenómeno para nuestra salud?
5. La celebración de los Juegos Olímpicos de Rio 2016, corrió serio peligro por miedo al contagio del virus del Zika. Finalmente, no hubo ningún caso. ¿Qué medidas crees que se tomaron para frenar la expansión de esta enfermedad teniendo en cuenta su forma de contagio?

El reino Moneras

Sabías que...

La capacidad de las arqueobacterias para sobrevivir en condiciones muy extremas las hace muy buenas candidatas como modelos de búsqueda de vida fuera de la Tierra (astrobiología).

Son los **seres vivos más antiguos** y se piensa que ya habitaban nuestro planeta hace 3800 millones de años. Estos organismos muestran una capacidad extraordinaria de adaptación al medio, por ello se pueden encontrar en casi cualquier ambiente.

El reino Moneras está formado por organismos procariotas unicelulares de tamaño microscópico y organización muy simple. Los ejemplares más representativos de este grupo son las **bacterias.**

Se clasifican en:

- **Arqueobacterias.** Son las bacterias evolutivamente más antiguas. Comparten características con las bacterias actuales y habitan en lugares con condiciones extremas de temperatura, humedad, presión y salinidad, como son las aguas marinas muy saladas, aguas termales o fumarolas marinas.

- **Eubacterias.** Al ser las más comunes y abundantes del reino Moneras, se conocen comúnmente como **bacterias**. Se encuentran en, prácticamente, cualquier lugar, como el suelo, el agua, el aire, la superficie de rocas, o la superficie y el interior de los seres vivos.

Las eubacterias se pueden clasificar según su forma:

Cocos
Tienen forma esférica y se pueden encontrar en grupos de dos, en racimos o formando filas.

Bacilos
Tienen forma de pequeñas varillas no muy largas. Pueden formar agrupaciones diversas.

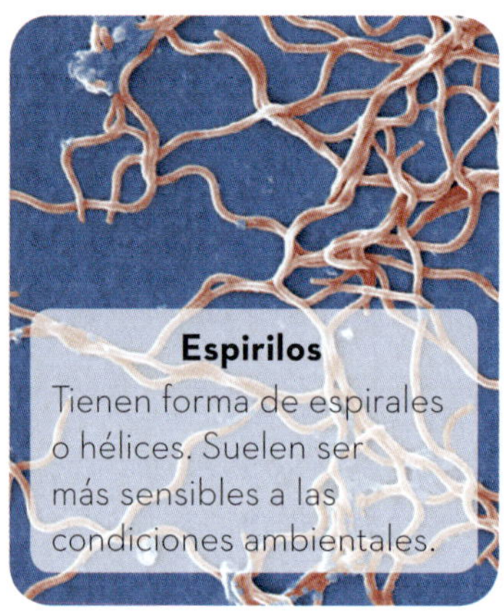

Espirilos
Tienen forma de espirales o hélices. Suelen ser más sensibles a las condiciones ambientales.

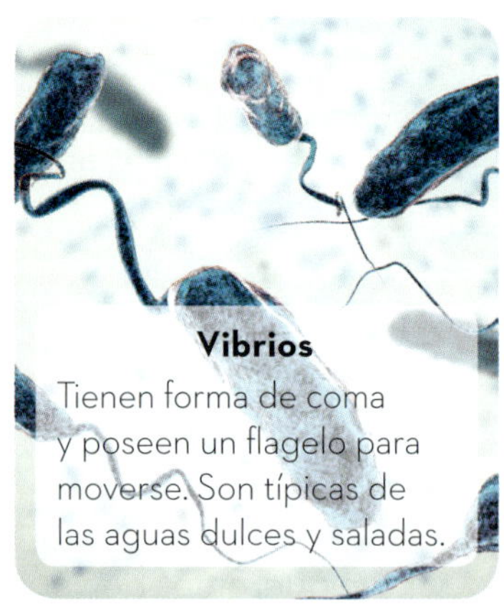

Vibrios
Tienen forma de coma y poseen un flagelo para moverse. Son típicas de las aguas dulces y saladas.

Actividades

6. ¿Qué dos tipos principales de organismos componen el reino Moneras? ¿Cuáles son sus similitudes y sus diferencias?

7. Las bacterias simbiontes y las parásitas viven en estrecha relación con otros seres vivos. Pero ¿cuál es la principal diferencia entre ambas?

Nutrición en bacterias

Según el tipo de nutrición, las bacterias pueden ser:

- **Autótrofas**: Algunas fabrican su propio alimento por medio de la fotosíntesis, como las **cianobacterias;** otras obtienen su energía de oxidar sustancias inorgánicas como el hierro o el azufre.
- **Heterótrofas**: Se alimentan de sustancias fabricadas por otros seres vivos y se clasifican según cómo obtienen esta materia.
  - Simbiontes: Establecen una **asociación** con otro organismo y ambos resultan beneficiados, como las bacterias fijadoras de nitrógeno que se asocian con las raíces de ciertas plantas leguminosas.
  - Saprófitas: Se nutren de materia orgánica en descomposición. La mayoría no solo son inofensivas, sino que realizan una importante labor medioambiental.
  - Parásitas: Obtienen el alimento de otros seres vivos, produciéndoles enfermedades.

Sabías que...

La atmósfera actual tiene su origen, en gran medida, en la actividad fotosintetizadora de las cianobacterias.

Ciencia 2.0

Una bacteria creada en un laboratorio para limpiar nuestro planeta se ha escapado y está fuera de control. Conviértete en esta bacteria y come todo lo que esté a tu alcance. Juega en:

bit.ly/Tasty_Planet

Analiza y reflexiona

Observa la siguiente curva de crecimiento de una colonia bacteriana.

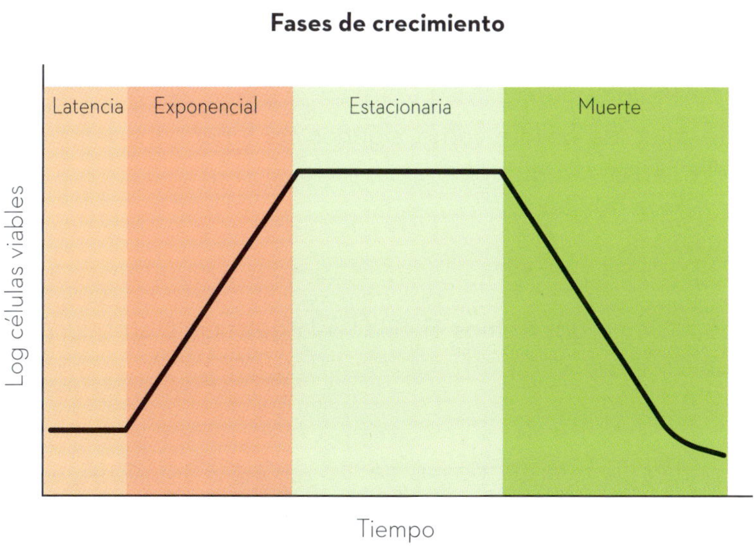

Contesta, de forma razonada, a las siguientes preguntas:

a) ¿Por qué las bacterias no se dividen inmediatamente?

b) ¿En qué fase las bacterias aumentan su número más rápidamente?

c) ¿Por qué el crecimiento se detiene pasado un tiempo?

d) ¿Qué ocurre en la última fase de la curva (color verde)? ¿Qué crees que está causando este fenómeno?

Reproducción en bacterias

Cuando las condiciones ambientales son favorables (presencia de nutrientes, temperatura adecuada...), las bacterias se reproducen de forma **asexual.** El principal método que emplean es la **fisión binaria** o **bipartición,** por la cual una única célula se divide para dar origen a dos células hijas idénticas. Este proceso puede durar, en las bacterias más rápidas, 10 minutos.

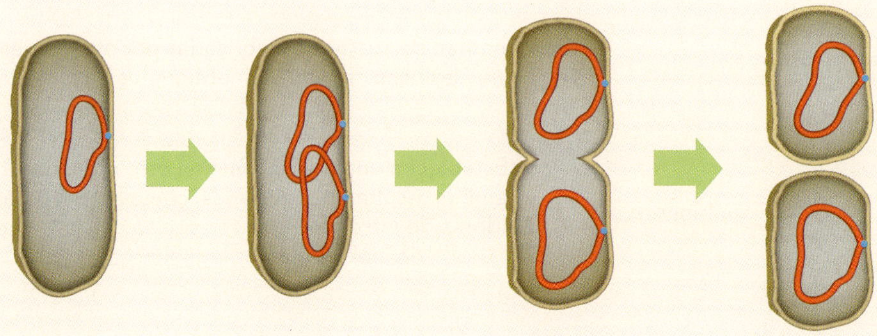

El material genético se une a la membrana celular.

La célula fabrica una copia del material genético.

El citoplasma se reparte en dos y cada parte se queda con una copia del material genético.

Se forma un septo de separación que separa completamente las dos células hijas.

Cuando el medio ambiente les resulta adverso, las bacterias pueden reproducirse de forma **parasexual,** incorporando material genético de otras bacterias. Como resultado, son bacterias genéticamente diferentes a sus predecesoras, lo que les permite una mejor adaptación al medio. Este tipo de reproducción no es asexual, pero tampoco es estrictamente sexual, ya que no se forman gametos.

Actividades

8. Observa esta imagen de unas bacterias al microscopio electrónico.

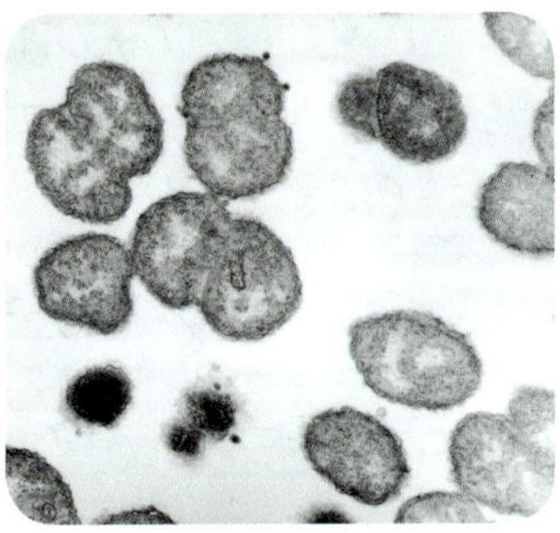

Identifica las bacterias en división y justifica tu respuesta.

Experimenta

El objetivo de esta actividad es realizar un cultivo bacteriano.

Materiales: un sobre de gelatina sin sabor, una pastilla de caldo de pollo o carne, algunos contenedores de comida pequeños con tapa transparente, un litro de agua y un microondas.

Procedimiento:

1. Elaboración del medio de cultivo.

   Calentamos el agua en el microondas hasta verla en ebullición y disolvemos el caldo y la gelatina. Distribuimos la mezcla en varios contenedores y esperamos a que enfríe.

2. Siembra de bacterias y observación.

   Toca la superficie de la gelatina con diferentes objetos: pomos de puertas, gomas de borrar, llaves de casa... y deja los contenedores cerca de la calefacción. Después de 24 horas, observarás pequeños puntitos blancos en la gelatina de los contenedores.

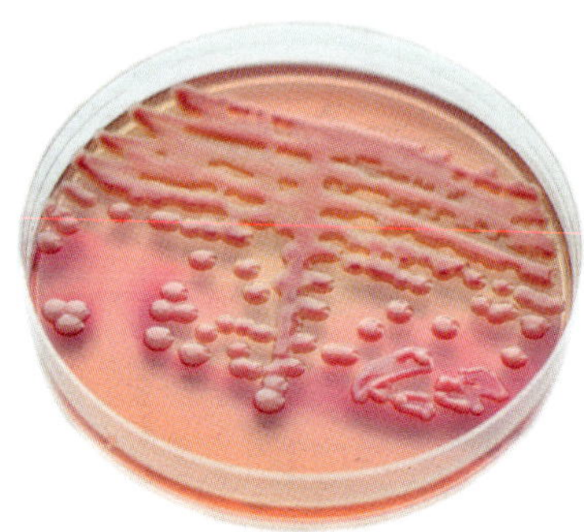

3. Análisis de los resultados.

   a) ¿Qué crees que son estos puntitos?

   b) Si teníamos bacterias desde un principio, ¿por qué crees que hemos esperado 24 horas para analizar los resultados?

La importancia de las bacterias

Las bacterias se encuentran en todos los rincones del planeta y realizan importantes funciones en el medio que nos rodea.

Papel de las bacterias en la biosfera

Las cianobacterias o bacterias fotosintéticas aportan una gran cantidad de **oxígeno** al medio.

Muchos microorganismos se **alimentan** de bacterias.

Las bacterias saprofitas **descomponen** los restos de materia orgánica procedentes de seres vivos.

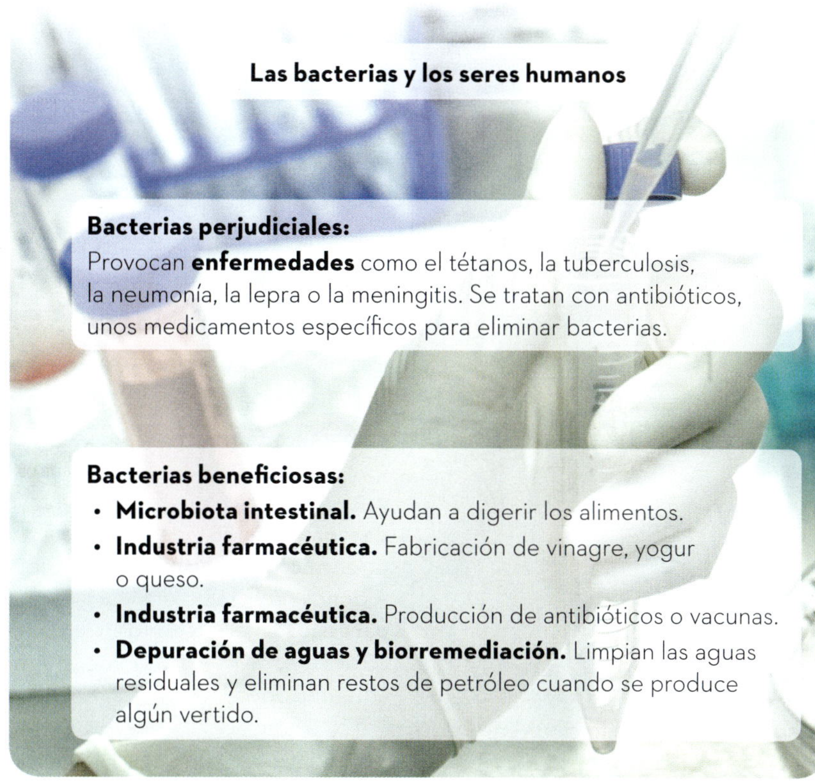

Las bacterias y los seres humanos

Bacterias perjudiciales:
Provocan **enfermedades** como el tétanos, la tuberculosis, la neumonía, la lepra o la meningitis. Se tratan con antibióticos, unos medicamentos específicos para eliminar bacterias.

Bacterias beneficiosas:
- **Microbiota intestinal.** Ayudan a digerir los alimentos.
- **Industria farmacéutica.** Fabricación de vinagre, yogur o queso.
- **Industria farmacéutica.** Producción de antibióticos o vacunas.
- **Depuración de aguas y biorremediación.** Limpian las aguas residuales y eliminan restos de petróleo cuando se produce algún vertido.

Te proponemos un reto

Las enfermedades de transmisión alimentaria (ETA) son una importante causa de muerte, especialmente en niños. Investiga sobre ellas y contesta las siguientes preguntas. Webs recomendadas:

bit.ly/Enfermedades_alimentarias **bit.ly/Boltulismo**

bit.ly/Infección_salmonella

a) ¿Cuál es el dato de mortalidad asociado a las ETA, según la OMS?

b) Explica por qué hervir deficientemente un alimento infectado con *Clostridium botulinum* puede ser causa de infección.

c) ¿Cuáles son los síntomas de la salmonelosis? ¿Cuál es el tratamiento recomendado?

Actividades

9. ¿En qué consiste la reproducción parasexual de las bacterias? ¿Por qué no se puede llamar sexual?

10. ¿Por qué las bacterias pueden resultar beneficiosas para el ser humano?

Qué piensas sobre...

El mal uso de los antibióticos y la aparición de cepas de bacterias resistentes a estos.

¿Estamos haciendo un buen uso de los antibióticos?

Para ampliar información, puedes consultar este enlace:

bit.ly/Resistencia_antibióticos

El reino Protoctista

Sabías que...

De todos los organismos formados por células eucariotas, los protoctistas son los más simples.

El reino Protoctista o Protista es un **grupo heterogéneo de organismos eucariotas** que no forman tejidos verdaderos. Está compuesto por los **protozoos** y las **algas.**

Protozoos

Del prefijo proto- (primero) y del sustantivo -zoo (animal), los protozoos comparten muchas características con las células que componen a los animales.

> Los **protozoos** son microorganismos eucariotas unicelulares que presentan nutrición heterótrofa y que viven en el medio acuático o en ambientes húmedos.

Las funciones vitales en los protozoos

Nutrición	Reproducción	Relación
Son heterótrofos y se alimentan de materia orgánica en **descomposición** y de otros **microorganismos.** Algunos protozoos son **parásitos** en el interior de otros seres vivos y causan enfermedades.	Predomina la reproducción **asexual** y se dividen por bipartición, gemación o esporulación. Algunas especies utilizan la reproducción **sexual,** por la que dos gametos se fusionan para dar lugar a un cigoto.	Viven en medios acuáticos, en lugares húmedos o parasitando organismos. Cuando las condiciones del medio empeoran, pueden adoptar una forma muy resistente, denominada **quiste,** que les permite sobrevivir.

Ciencia 2.0

Accede a las animaciones del ciclo vital de *Plasmodium falciparum*:

bit.ly/Ciclo_plasmodium_I

bit.ly/Ciclo_plasmodium_II

Explica con tus palabras el ciclo de este protozoo.

El ciclo de vida de los protozoos puede ser complejo, como el del *Plasmodium falciparum,* el microorganismo causante de la **malaria.** En este caso, el parásito se introduce en el cuerpo humano a través de la picadura de un mosquito y es en el interior de la persona afectada donde se reproduce tanto sexual como asexualmente. El mosquito actúa como vector, es decir, transportando la enfermedad de una persona a otra.

Tipos de protozoos

Los protozoos se clasifican según el **mecanismo de desplazamiento.**

	Flagelados	Ciliados	Rizópodos	Esporozoos
Desplazamiento	Mediante una o varias estructuras con forma de látigo llamadas flagelos **bit.ly/Flagelados**	Mediante prolongaciones cortas y numerosas denominadas cilios **bit.ly/Ciliados**	Mediante extensiones del citoplasma llamadas pseudópodos **bit.ly/Rizópodos**	No se desplazan
Características	Vida libre o parásitos	Vida libre o parásitos	Vida libre o parásitos	Parásitos
Ejemplos	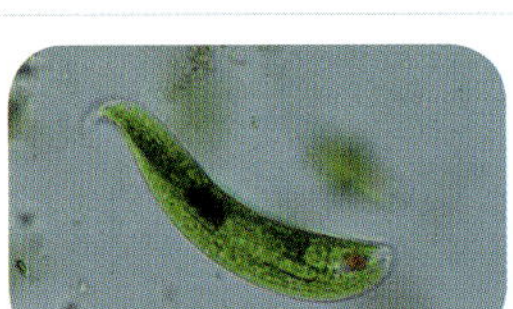 *Trypanosoma brucei*	 *Paramecium*	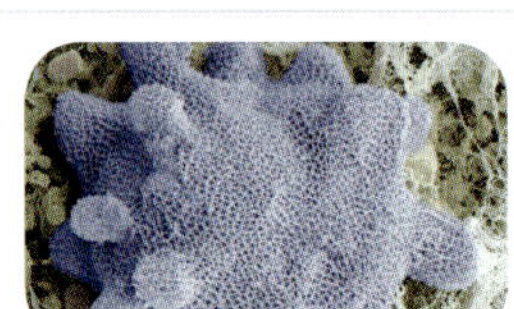 *Amoeba*	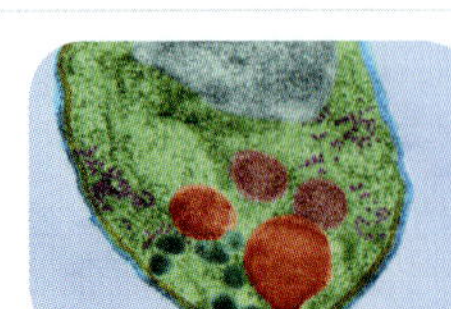 *Plasmodium falciparum*

Importancia de los protozoos

- Los protozoos tienen un papel fundamental en la cadena trófica, ya que actúan a tres niveles diferentes:

	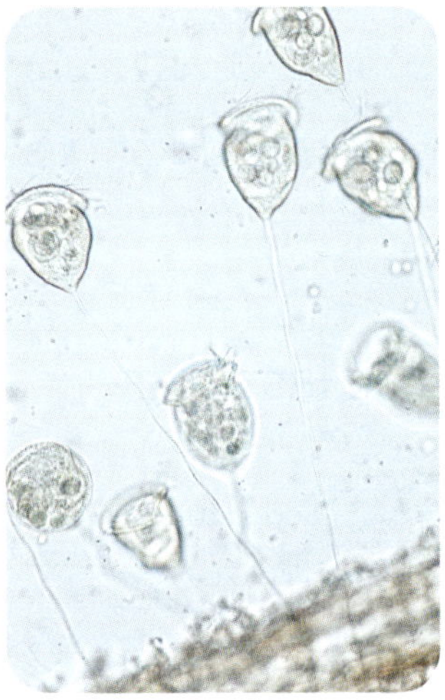	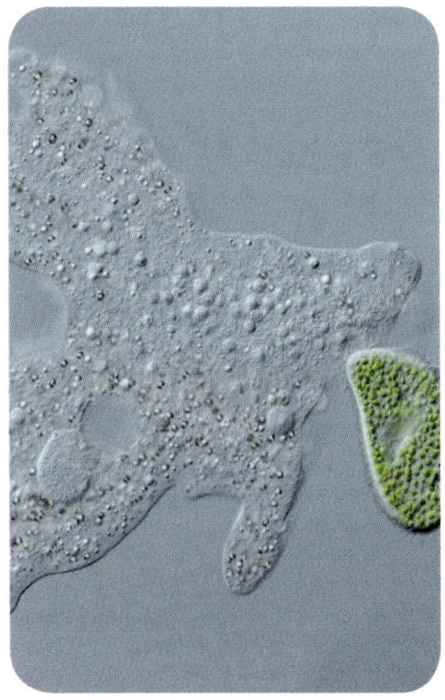
Descomponen materia orgánica, tanto en suelos como en aguas contaminadas.	Forman parte del plancton, unos diminutos organismos flotantes acuáticos. Son la base alimentaria de muchos seres vivos.	Son depredadores de ciertos tipos de bacterias, de modo que controlan las poblaciones de estos organismos.

- Algunos protozoos producen enfermedades a otros seres vivos, incluido el ser humano, como el caso del *Plasmodium falciparum* que causa la malaria.

De qué hablamos...

Observa este vídeo sobre cómo un protozoo fagocita otro microorganismo.

bit.ly/Fagocitosis_bacteria

A partir de lo que has visto, define *fagocitar*.

Sabías que...

El tracto digestivo de las termitas contiene una generosa población de protozoos que les permiten digerir la celulosa, uno de los componentes de la madera.

Actividades

11. ¿Cuál es la mayor diferencia entre una bacteria y un protozoo?

12. Estudia las características morfológicas de estos protozoos. ¿Qué mecanismo de desplazamiento utilizan? ¿A qué grupo de protozoos pertenecen?

a)  **b)**  **c)** 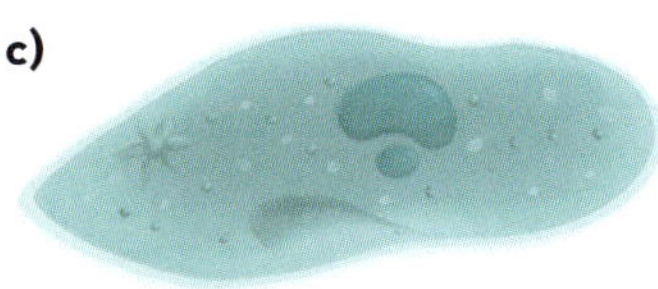

13. Te dispones a viajar con tu familia a Madagascar, un país con un alto número de casos de malaria. Investiga y contesta a las siguientes preguntas sobre cómo prevenir esta enfermedad:

a) ¿Qué mecanismos tienes para prevenir la picadura del mosquito?

b) ¿Puedes tomar algún medicamento para prevenirla?

c) ¿Cuáles son los síntomas típicos de la malaria?

Puedes consultar este enlace:

bit.ly/Prevención_malaria_viaje

De qué hablamos...

¿Sabes cuál es uno de los principales pigmentos de las algas y las plantas?

- La melanina.
- La hemoglobina.
- La clorofila.

La respuesta a la pregunta responde a esta definición: molécula capaz de absorber la luz solar y que a la vez proporciona color al organismo. Sus funciones son diversas, aunque destaca su importancia en la fotosíntesis.

Algas

Las células que componen las algas presentan estructuras y orgánulos **similares a los de las plantas;** sin embargo, **no forman verdaderos tejidos,** por lo que no se las considera miembros de este reino.

> Las **algas** son organismos eucariotas unicelulares o pluricelulares con nutrición autótrofa, realizan la fotosíntesis y habitan en el medio acuático.

Las funciones vitales de las algas

Nutrición — Son autótrofas, capaces de generar su alimento mediante la fotosíntesis. Sus células contienen pigmentos como la clorofila, que les permite obtener la energía de la luz solar.

Reproducción
- Asexual — Bipartición y fragmentación en algas unicelulares, y gemación en algas pluricelulares.
- Sexual — Producen gametos que se fusionan dando lugar a un cigoto.

Relación — Se localizan en cualquier lugar del planeta, pero siempre en el medio acuático (dulce o marino) o ambientes muy húmedos. Se distingue entre las algas bentónicas, que están ancladas al sustrato, y el fitoplancton, que flota en la superficie.

El ciclo vital de las algas es complejo. En algunas especies se alterna una fase sexual productora de gametos y una asexual productora de esporas. El resultado en ambos casos es la generación de nuevos individuos y que en ocasiones es dependiente de las condiciones del medio que las rodea.

Analiza y reflexiona

En una misión espacial en Marte, se ha conseguido aislar un organismo unicelular con orgánulos típicos de célula eucariota. Su reproducción es asexual por bipartición o división celular. ¿Podemos descartar que este organismo sea un virus o una bacteria? ¿Se podría considerar similar a los protoctistas de nuestro planeta? Razona tus respuestas.

Diseña un experimento para clasificar este microorganismo como protozoo o alga.

Tipos de algas

Aunque todas las algas contienen clorofila en mayor o menor proporción, clasificamos estos organismos dependiendo del **pigmento predominante.**

Verdes

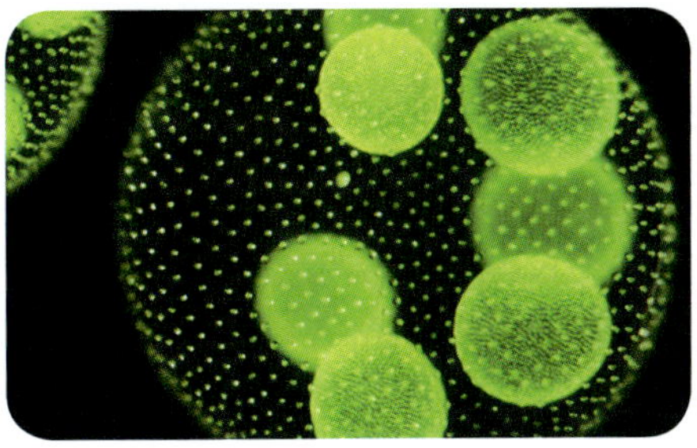

- El pigmento predominante es la clorofila.
- Son organismos unicelulares y pluricelulares.
- Viven en agua dulce y también en salobre.
- Géneros *Ulva* y *Volvox*.

Rojas

- Predomina un pigmento rojo conocido como ficoeritrina.
- Unicelulares y pluricelulares.
- Viven principalmente en agua salada.
- Géneros *Corallina* y *Gracilaria*.

Pardas

- La fucoxantina de color marrón-verdoso es el pigmento predominante.
- Unicelulares y pluricelulares.
- Mayoritariamente marinas.
- Géneros *Fucus* y *Lessonia*.

Importancia de las algas

Las algas tienen un papel esencial en diversos ámbitos:

Son grandes **productoras de oxígeno** y el **alimento** de muchos animales acuáticos. También forman el **hábitat** de numerosas especies acuáticas.

En la **industria alimentaria** se emplean como alimento y para obtener **agar,** que es un espesante. En **cosmética** se usan para fabricar cremas y jabones, y en **agricultura** se emplean como **fertilizantes.**

En la **generación de biocombustibles** de forma barata y sostenible. También en el campo de la **medicina** para producir fármacos a gran escala y abaratar su precio. Estas aplicaciones están en fase de desarrollo, pero los resultados son prometedores.

Actividades

14. ¿Qué tipos de algas conoces dependiendo de su localización en el medio acuático?

15. ¿Qué tipos de algas existen según su pigmento? Investiga un poco más sobre los pigmentos en los seres vivos y nombra un pigmento que aparezca en una planta y en un animal. ¿Qué funciones tienen los pigmentos que has elegido?

16. Algas y protozoos forman el plancton. Investiga sobre ello y contesta las siguientes preguntas:

a) ¿Por qué tiene el plancton tanta importancia biológica?

b) ¿Qué diferencia existe entre el fitoplancton y el zooplancton?

El reino Hongos

A simple vista, hongos y plantas comparten muchas características: crecen en la tierra, carecen de movimiento, algunos presentan una especie de tallo... Sin embargo, los hongos no pertenecen al mundo vegetal, ni tampoco al animal, sino a un reino independiente denominado Hongos.

> Los **hongos** son seres eucariotas unicelulares o pluricelulares, con nutrición heterótrofa, cuyas células presentan pared celular de quitina y que no forman verdaderos tejidos. Se los denomina **hongos.**

Actualmente, se conocen 100 000 especies de hongos, que se clasifican atendiendo a su morfología y sus complejidades.

Existen hongos **unicelulares** y hongos **pluricelulares;** estos últimos son capaces de formar unos filamentos denominados **hifas.** Cuando un grupo de hifas se agrupa y entrelaza, forma una estructura llamada **micelio.**

Hongos unicelulares	Hongos pluricelulares con hifas sin tabiques	Hongos pluricelulares con hifas con tabiques
	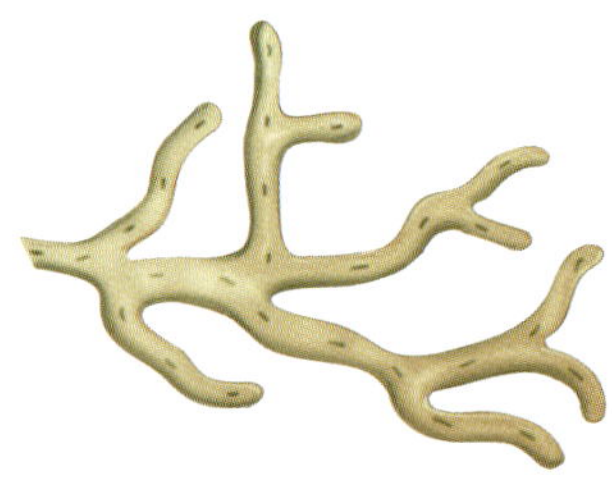	

Es importante destacar que los hongos nunca presentan tejidos verdaderos.

Funciones vitales en hongos

Como todos los seres vivos, los hongos son capaces de llevar a cabo las tres funciones vitales: nutrición, relación y reproducción.

Nutrición en hongos

Los hongos son **heterótrofos** y necesitan de la materia generada por otros seres vivos para alimentarse. Dependiendo de la forma de obtener su alimento, existen tres tipos de hongos:

- **Simbióticos**: Se asocian con otros seres vivos obteniendo nutrientes y beneficiándose mutuamente. Con algas forman los líquenes, y con las raíces de algunas plantas, las micorrizas.
- **Saprófitos**: Se alimentan de materia orgánica en descomposición (restos vegetales, alimentos, cadáveres de animales...). Son el grupo más numeroso.
- **Parásitos**: Viven en el interior de un ser vivo o sobre él, obteniendo su alimento y provocándole enfermedades.

Ciencia 2.0

Aprende sobre la nutrición y reproducción en hongos:

bit.ly/Alimentación_hongos

bit.ly/Reproducción_hongos

Reproducción en hongos

La reproducción de los hongos puede ser tanto **asexual** como **sexual.**

- Los hongos **unicelulares** se reproducen **asexualmente,** utilizando la **fisión binaria** y la **gemación,** o **sexualmente,** produciendo **esporas.**
- Los hongos **pluricelulares** pueden emplear la **fragmentación** cuando se reproducen **asexualmente** y la **esporulación** en la reproducción **sexual.**

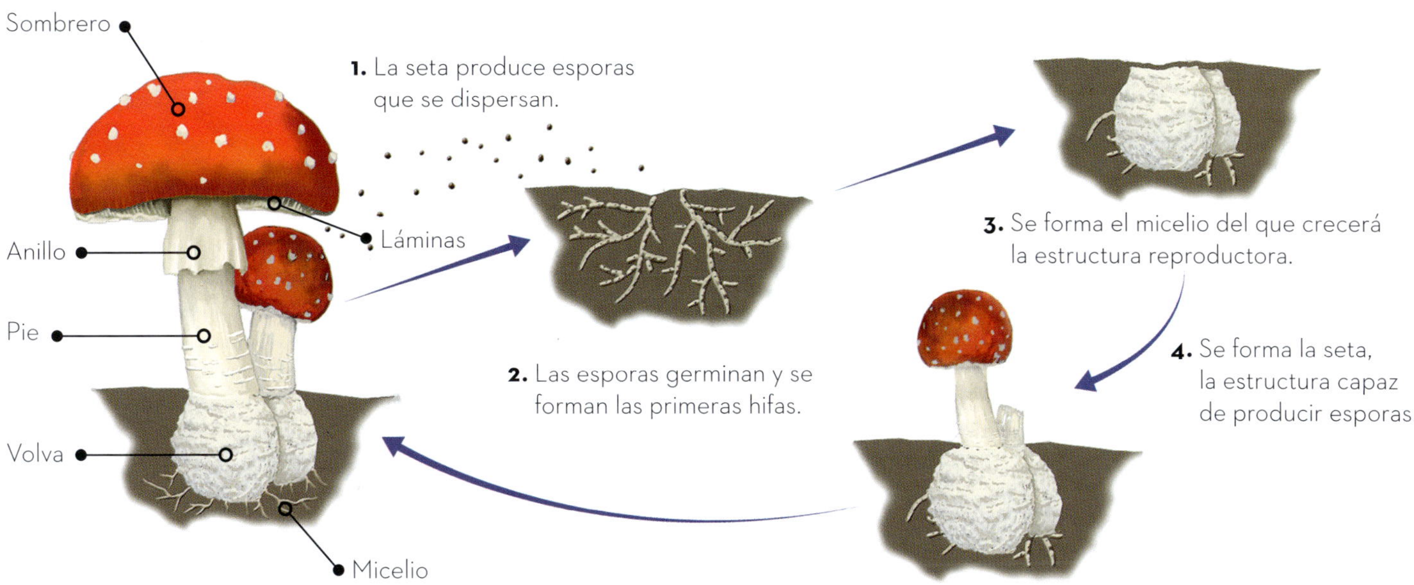

Coopera y aprende

En grupos cooperativos, investiga sobre la fermentación que realizan las levaduras. Un miembro del equipo lee la primera pregunta. Se dejan los lápices en el centro de la mesa y se discute sobre la respuesta, llegando a una solución consensuada. Escribimos y, a continuación, el siguiente alumno lee la segunda pregunta. Así sucesivamente.

a) ¿En qué consiste la fermentación?

b) ¿Qué elementos necesita el hongo para llevarla a cabo?

c) ¿Qué sustancias produce?

d) ¿Qué alimentos, procedentes de la fermentación, consumimos?

e) ¿Qué especie de levadura es la más empleada en la industria alimentaria?

Actividades

17. En el departamento de enfermedades infecto-contagiosas de un famoso hospital ha llegado un paciente infectado por un microorganismo. Para un correcto tratamiento, necesitas identificarlo. ¿Cómo podrías distinguir si se trata de una bacteria o un hongo?

Relación en hongos

La inmensa mayoría de especies de hongos crecen en lugares con **humedad,** escasa luz y temperatura moderada.

Los hongos establecen **relaciones simbióticas** con otros organismos, en las que ambos obtienen un beneficio. Es el caso de los **líquenes** y las **micorrizas**.

Líquenes	Micorrizas

Es una asociación entre un hongo y un alga. El primero se nutre de la materia orgánica generada por el alga, mientras que esta última puede vivir en el medio terrestre porque el hongo evita su deshidratación.	Se producen cuando un hongo se asocia a una raíz de una planta. El hongo transforma algunos minerales para que sean aptos para las plantas y las raíces ceden nutrientes para el hongo.

Experimenta

En esta actividad vamos a estudiar las estructuras de un champiñón común (*Agaricus bisporus*).

Materiales: Un champiñón, un bisturí o una cuchilla, un portaobjetos, un cubreobjetos, un microscopio o una lupa binocular.

Procedimiento:

a) Identifica y dibuja las partes del hongo como aparecen en la figura.

- ¿Has encontrado el micelio? ¿Por qué crees que es importante cortar el hongo por encima del micelio para su recolección?
- ¿Identificas el sombrero? ¿Tiene volva y anillo? ¿Puedes localizar las laminillas en su parte inferior?

b) Con una cuchilla o bisturí corta un fragmento muy fino de la laminilla y colócalo sobre un portaobjetos. Tapa la muestra con un cubreobjetos y obsérvala al microscopio a un aumento no muy alto. Observarás unas prolongaciones con forma de botella que salen de la lámina, denominadas **basidios,** y que contienen las esporas.

- Dibuja los basidios y trata de distinguir alguna espora.

c) Corta el sombrero y colócalo en el interior de un recipiente, sobre una cartulina blanca. A la mañana siguiente verás un polvo marrón. Son las **esporas.** Con un pincel coloca un poco de ese polvo sobre un portaobjetos, tápalo con un cubreobjetos y obsérvalo al microscopio.

- ¿Qué forma y color tienen las esporas?

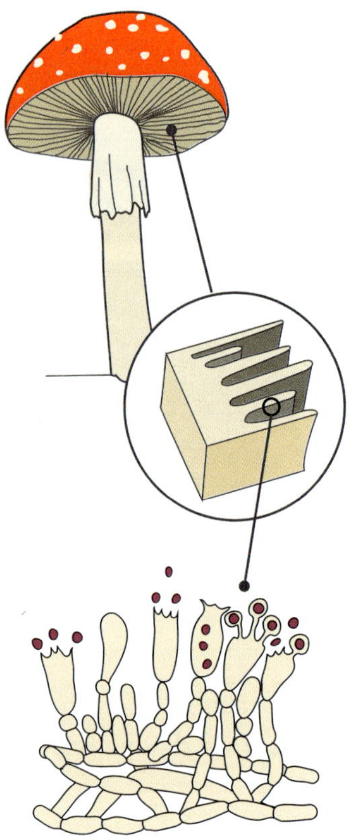

Tipos de hongos

La clasificación de los hongos ha variado a lo largo de la historia y puede seguir diferentes criterios. Si nos fijamos en su complejidad, los hongos se presentan en tres formas principales: levaduras, mohos y setas.

Levaduras

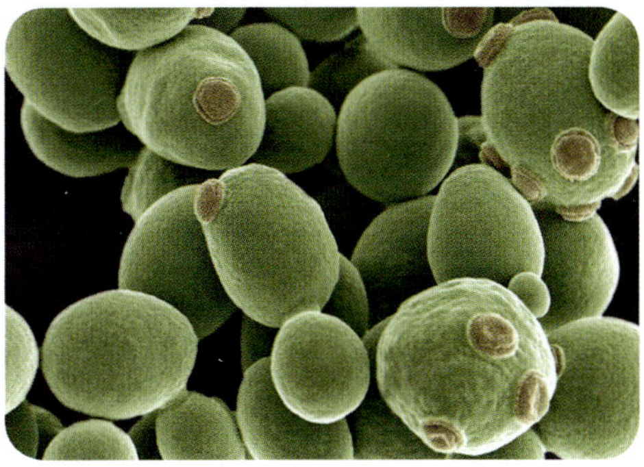

- Son **unicelulares** y esféricas.
- Se reproducen **asexualmente** por gemación.
- Realizan la **fermentación** para obtener energía.
- Existen especies que causan enfermedades, pero otras son muy útiles en la **industria alimentaria** para producir cerveza, vino y pan.

Mohos

- Son **pluricelulares,** filamentosos, capaces de generar hifas que se agrupan formando un **micelio.**
- Crecen sobre alimentos o en materia orgánica en **descomposición** (pan, queso, fruta), de los cuales se nutren. También se pueden encontrar en lugares con humedad y poca luz.
- Existen géneros **parásitos,** como el *Aspergillus*.

Setas

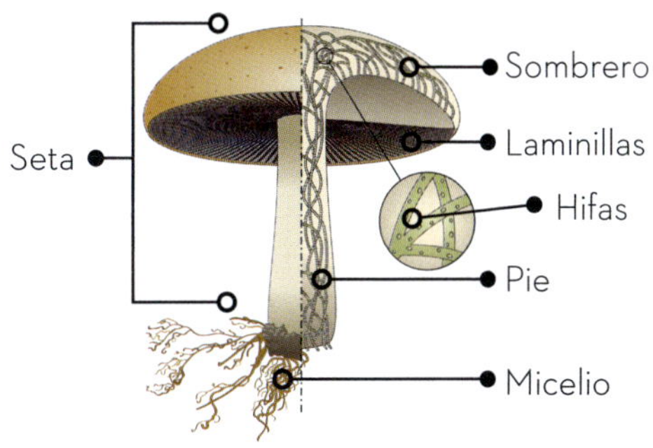

- Son **pluricelulares.** Desarrollan las **setas,** una estructura reproductora en forma de paraguas que contiene sus **esporas.**
- En ocasiones la seta es comestible, como el champiñón, pero otras especies son muy tóxicas.

- La seta, que solo se produce en determinados momentos del año, presenta una parte aérea compuesta por un pie y un sombrero con laminillas. Está conectado al micelio enterrado.

Sabías que...

Existen mohos comestibles, como los de los quesos roquefort, azul o cabrales, que otorgan a estos quesos su olor y sabor característicos.

Actividades

18. Los hongos comparten numerosas características con las plantas, como su nula o limitada capacidad de movimiento, o la presencia de pared celular. ¿Por qué no incluimos a los hongos en el reino Plantas?

Importancia de los hongos

Los hongos desempeñan un papel esencial en la biosfera e interactúan con el ser humano tanto negativa como positivamente.

Descomposición de la materia orgánica y su transformación en materia inorgánica para ser usada por las plantas.

Causantes de enfermedades en otros seres vivos. Ej.: el pie de atleta, la tiña o el oídio del tomate.

Gastronomía, en platos de diferentes regiones del mundo. Ej.: las trufas.

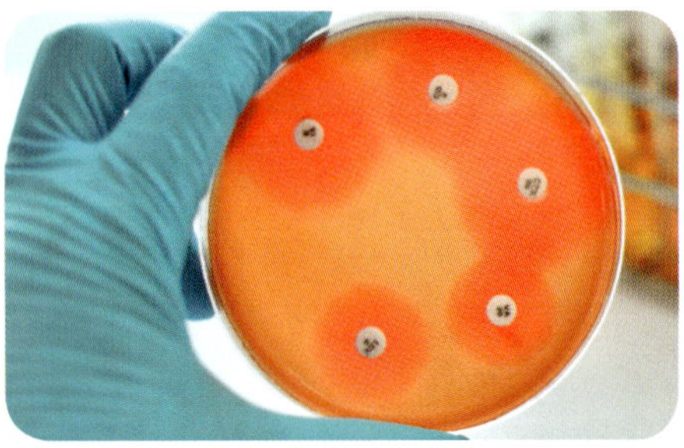

Industria farmacéutica, ya que un buen número de **antibióticos** se extraen de los hongos. Ej.: la penicilina.

Industria alimentaria, para la producción de vinos, cervezas, vinagre, pan, yogures, quesos o kéfir.

Ganadería ecológica, para el control de plagas de parásitos en vacas y ovejas...

Sabías que...

Los hongos causan diversas enfermedades que afectan a la piel y a las mucosas de los animales, y también del ser humano. Rachel Fuller Brown (1898-1980) y Elizabeth Lee Hazen (1885-1975) desarrollaron la primera sustancia capaz de combatir este tipo de infecciones.

Te proponemos un reto

Preparar tu propio yogur casero es fácil, sano y así evitas el uso de envases de plástico. **Materiales:** leche entera, un yogur, los recipientes de vidrio o barro que vayas a utilizar, una cucharilla y un microondas.

Procedimiento:

1. Añade una cucharada de yogur en cada recipiente.
2. Calienta la leche en el microondas hasta que esté templada y distribuye esta leche en los recipientes, mezclándola con el yogur de forma homogénea.
3. Deja el recipiente cerca o encima de la calefacción durante 8 horas y... ¡listo! Consérvalo en la nevera. Puedes comértelo así mismo o añadir azúcar, miel, mermelada o frutos secos.

Actividades

19. Indica qué microorganismos de los diferentes reinos son importantes en la industria alimentaria. Pon ejemplos representativos de cada grupo.

Mapa conceptual

Rellena en tu cuaderno el mapa conceptual y crea un mapa mental sobre los microorganismos. Indica si los grupos son acelulares o no.

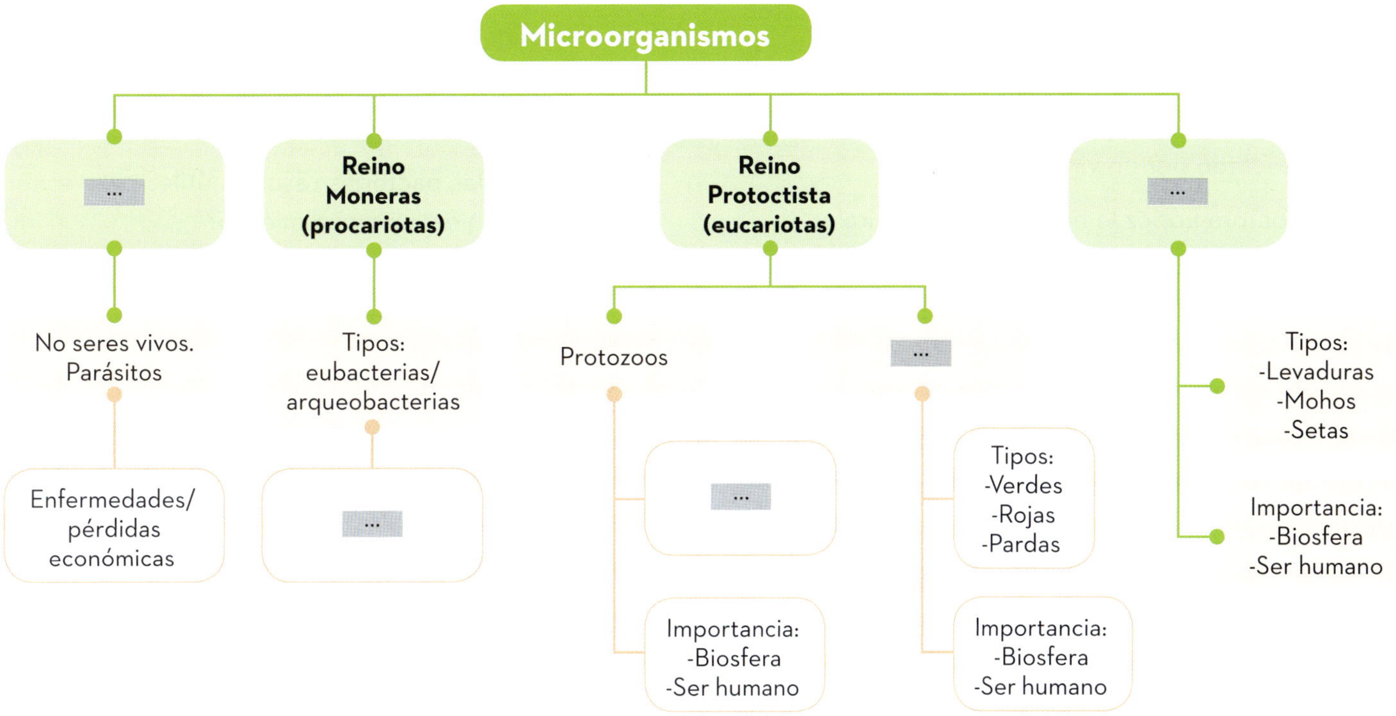

Investigamos

Mediante una la técnica cooperativa descubriremos la importancia de la microbiota intestinal. Dividiremos los temas entre los diferentes componentes del grupo cooperativo para convertirse en expertos. Los expertos de cada tema salen de su grupo y se reúnen para preparar el tema. Una vez hecho esto, vuelven a su grupo cooperativo para explicárselo a sus compañeros y compañeras de grupo. A continuación, contestan a las preguntas de la actividad.

- Temas que han de preparar los expertos:

  Experto 1: ¿Qué es la microbiota intestinal? ¿Dónde podemos encontrarla?

  Experto 2: ¿Por qué es importante?

  Experto 3: ¿Cuándo comienza a desarrollarse?

  Experto 4: ¿Cómo evoluciona?

Enlace web de consulta: **bit.ly/Microbiota_intestinal**

Preguntas que ha de contestar el grupo cooperativo:

1. ¿A qué llamamos microbiota intestinal? ¿Dónde se encuentra?
2. ¿Todos los seres humanos tenemos la misma microbiota intestinal?
3. Indica tres funciones que realiza la microbiota intestinal.
4. ¿Cuándo adquieren los recién nacidos su propia microbiota intestinal?
5. ¿Qué factor principal determina el tipo de microbiota de los lactantes?
6. Nombra un factor que favorezca y uno que perjudique a la microbiota intestinal.

Actividades finales

Los virus

1. En el centro de salud se ha colado un impostor haciéndose pasar por médico. Determina cuál de ellos es el verdadero especialista basándote en el tratamiento utilizado para un paciente varón de 35 años infectado por un virus herpes:

   a) La doctora López le ha recetado antivirales.

   b) El doctor Martínez le ha recetado antibióticos.

2. Una vez que un virus parasita una célula, el proceso de infección puede seguir dos ciclos distintos. ¿En qué se diferencian el ciclo lítico y el ciclo lisogénico? Investiga en Internet y pon un ejemplo de un virus que realice el ciclo lisogénico.

3. Explica cómo un virus que no afecta a la salud del ser humano puede resultar perjudicial para las personas.

El reino Moneras

4. Relaciona cada término con su concepto:

   Saprofitos - Simbióticos - Parásitos

   a) Organismos que se alimentan de materia en descomposición.

   b) Organismos que viven a costa de otros seres vivos produciendo enfermedades.

   c) Organismos que se asocian con otros obteniendo un beneficio mutuo.

5. ¿Qué tipo de nutrición llevan a cabo las bacterias? ¿Conoces algún tipo de bacteria que realice la fotosíntesis?

6. ¿En qué consiste la reproducción parasexual en bacterias? ¿Qué ventajas les proporciona frente a la reproducción asexual?

7. Raúl y Mónica olvidaron su sándwich en la cajonera. Si había una única bacteria cuando se elaboró el bocadillo y esta especie tarda en dividirse 30 minutos a esa temperatura, indica cuántas bacterias podrían ingerir si se lo comen 24 horas después.

8. Dibuja en tu cuaderno los tipos de bacterias según su forma.

9. Indica por qué las bacterias poseen una función fundamental en el equilibrio de la biosfera.

10. ¿Cómo crees que sería la vida en la Tierra sin la acción de las cianobacterias?

11. Investiga en Internet sobre la utilización de bacterias en la biorremediación.

    a) ¿Qué es la biorremediación?

    b) ¿Por qué las bacterias resultan útiles para el ser humano en este procedimiento?

    c) Indica algún desastre medioambiental para el cual se hayan utilizado bacterias como agentes biorremediantes.

12. La siguiente gráfica muestra la composición de la atmósfera desde su formación hasta nuestros días. En grupos cooperativos, responded las siguientes preguntas, primero individualmente, después con vuestra pareja y finalmente estableced una respuesta en grupo.

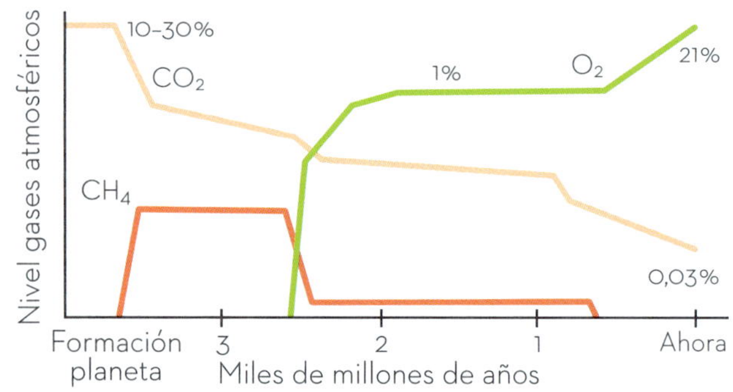

    a) ¿De qué se componía la atmósfera en sus inicios?

    b) ¿Qué le sucedió a la atmósfera hace unos 2 500 millones de años?

    c) ¿Qué organismos crees que fueron los responsables de este cambio?

    d) ¿Piensas que la vida hubiera sido tal y como la conocemos si este fenómeno nunca hubiera ocurrido?

El reino Protoctista

13. En biología, un vector es el agente que transmite un patógeno a otro organismo vivo. A menudo, el vector porta el agente infeccioso, pero no sufre la enfermedad. ¿Sabes cuál es el vector de la malaria?

14. ¿Por qué las algas no son consideradas miembros del reino Plantas?

15. ¿Qué principales diferencias encuentras entre un alga y una cianobacteria?

16. Dadas las siguientes imágenes, clasifica estos organismos como protozoos, algas o bacterias. ¿En qué te has basado?

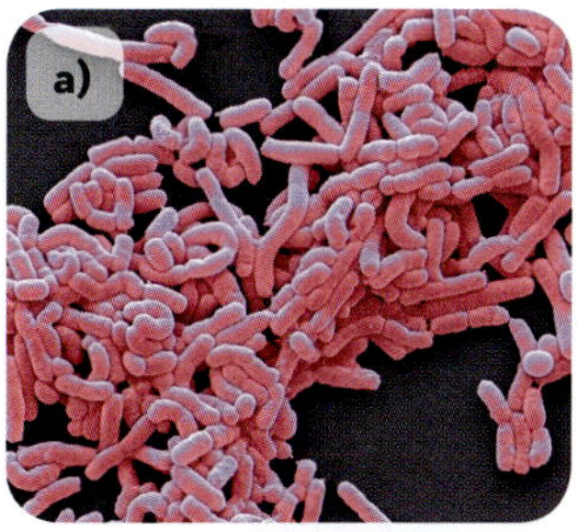

17. Describe tres usos industriales que se les puede dar a las algas.

18. Las algas tienen muchas ventajas para convertirse en el alimento del futuro. Se cultivan de forma sencilla y tienen una gran variedad de nutrientes. De hecho, en las zonas costeras de algunos países asiáticos, como Corea del Sur, se han instalado «granjas de algas», donde se cultivan estos organismos para el consumo humano. Debate con tus compañeros sobre las ventajas y los inconvenientes que puede tener la instalación de este tipo de «plantaciones» en las franjas costeras.

El reino Hongos

19. Lee con atención los ingredientes para preparar un bizcocho casero:

> Un yogur de limón.
>
> Una medida (con el vasito de yogur) de aceite de girasol.
>
> Dos medidas (con el vasito de yogur) de azúcar.
>
> Tres medidas (con el vasito de yogur) de harina.
>
> Tres huevos.
>
> Un sobrecito (16 g) de levadura en polvo.

a) ¿Para qué se emplea la levadura?

b) ¿Cómo se llama la reacción química que llevan a cabo estos organismos para obtener energía?

c) ¿Cuál de los ingredientes crees que usa como base de esta reacción?

d) ¿Qué sustancias se producen en esta reacción y qué efecto tienen en la forma y textura del bizcocho?

20. Copia este dibujo de una seta y señala sus partes indicando la función de cada una.

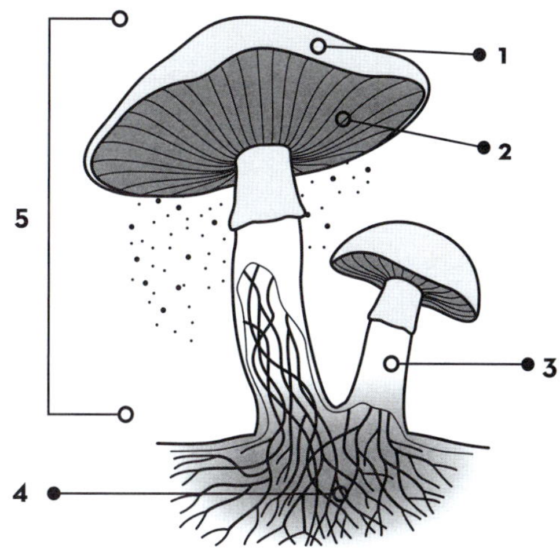

21. ¿En qué se diferencia una hifa de un micelio? ¿Todos los hongos tienen hifas y micelios?

22. ¿Qué es una micorriza? ¿Qué ventajas supone para sus integrantes?

23. Lee este texto y reescríbelo de modo que todas las afirmaciones sean ciertas.

En clase de Biología hemos estudiado las setas un grupo de seres vivos que incluye a los hongos y a las levaduras y a mohos. Se trata de un grupo formado principalmente por especies parásitas pero de algunos de ellos se extraen antibióticos, un medicamento esencial para protegernos de los virus.

Escribe dos ideas que tengas claras y que son fundamentales.

Realiza dos preguntas sobre aspectos que no te han quedado claros.

Escribe dos aspectos sobre los que te gustaría profundizar.

PISA

Fuente: Ministerio de Educación

Las bacterias que viven en nuestra boca provocan caries dental. La caries ha sido un problema desde el año 1700, cuando el azúcar se hizo accesible, gracias al desarrollo de la industria de la caña de azúcar.

Hoy en día sabemos mucho sobre la caries. Por ejemplo:

- Las bacterias que provocan la caries se alimentan de azúcar.
- El azúcar se transforma en ácido.
- El ácido daña la superficie de los dientes.
- El cepillado de los dientes ayuda a prevenir la caries.

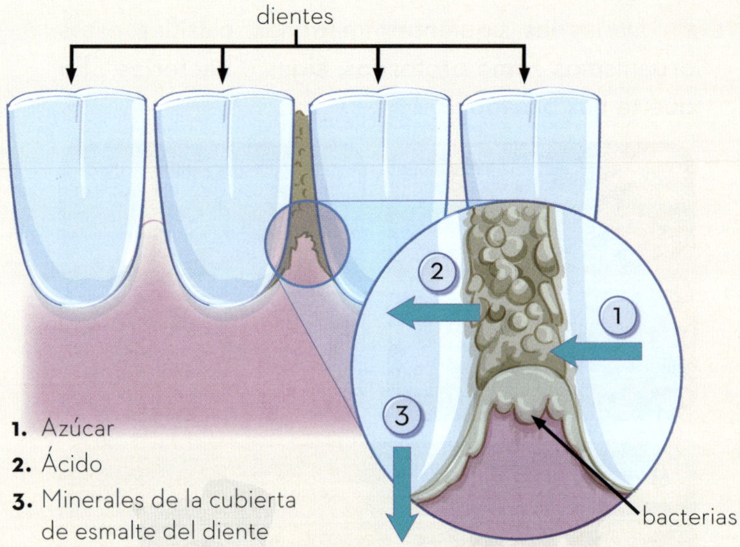

1. Azúcar
2. Ácido
3. Minerales de la cubierta de esmalte del diente

Pregunta 1

¿Cuál es el papel de las bacterias en la aparición de la caries dental?

a) Las bacterias producen esmalte.

b) Las bacterias producen azúcar.

c) Las bacterias producen minerales.

d) Las bacterias producen ácido.

Pregunta 2

Los dentistas han observado que se producen más caries en las superficies de masticación que en las caras de delante o de atrás de los dientes. ¿Por qué las caries se encuentran más a menudo en las superficies de masticación de los dientes?

Pregunta 3

La gráfica siguiente muestra el consumo de azúcar y el número de caries en diferentes países. Cada país está representado en la gráfica por un punto. Entre las afirmaciones siguientes, ¿cuál está respaldada por los datos de la gráfica?

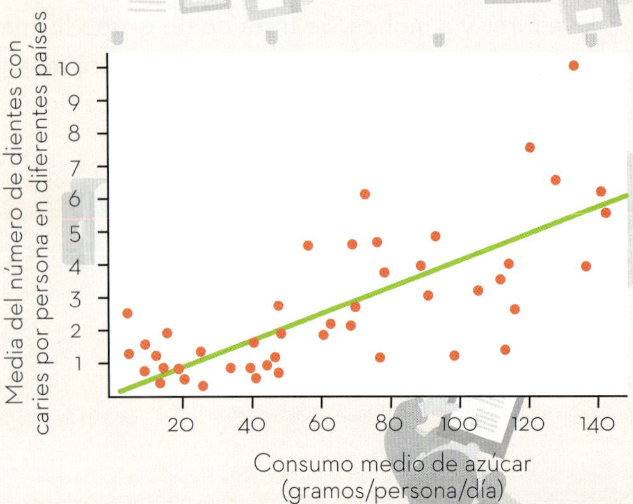

a) En algunos países, la gente se cepilla los dientes con más frecuencia que en otros.

b) Comer menos de 20 gramos de azúcar al día garantiza que no tendrás caries.

c) Cuanto más azúcar coma la gente, más posibilidades tienen de tener caries.

d) En los últimos años, el índice de caries ha aumentado en muchos países.

e) En los últimos años, el consumo de azúcar ha aumentado en muchos países.

Hicieron ciencia

El mito de la generación espontánea y Louis Pasteur

Descrita por Aristóteles en el siglo IV a. de C., la teoría de la generación espontánea defendía que algunas formas de vida podían generarse a partir de materia inerte. No fue hasta 1864 cuando el francés Louis Pasteur demostró su falsedad con un elegante experimento.

¿Qué demostró Louis Pasteur con este experimento? ¿Qué crees que hubiera pasado si no hubiera hervido el caldo de carne? Investiga sobre la técnica de pasteurización, que seguimos usando en algunos alimentos, y explica brevemente en qué consiste.

El desafío

Investiga un agente infeccioso y diseña tus propias cartas de juego. Para ello deberás buscar la siguiente información:

Aspecto: Tamaño y forma del agente patógeno.

Movilidad y víctimas: Puntuación 0-100. Mecanismo de contagio y población más vulnerable.

Ataque: Puntuación 0-100. Enfermedad que produce y síntomas de esta.

Debilidades: Puntuación 0-100. Posible cura, vacunas, utilización de antibióticos...

Hábitat: Zona geográfica y lugares donde se suele localizar este agente infeccioso.

Agrupa las cartas de los miembros de tu grupo cooperativo. Coloca vuestro mazo de cartas bocabajo, elige una característica a comparar y levanta la primera carta. Compárala con la carta del mazo del grupo de al lado. Ganará un punto el que tenga una mayor puntuación en esta característica. En el siguiente turno será el otro grupo el que elegirá la característica. Gana quien mayor número de puntos acumule al final del mazo. Puedes usar el enlace **www.mypokecard.com/es/**

7 Las plantas

Sumario

Asómate a la ventana. Recuerda el camino que recorres para ir al colegio. ¿Te has fijado en que hay plantas en las ventanas de algunas casas? ¿Has visto que hay árboles en las calles?

Cuando haces una excursión al campo, a la montaña o a la playa, te encuentras con plantas que crecen sin que ninguna persona las cuide.

Las plantas forman parte de nuestro mundo. Comparten el espacio con nosotros y con otros seres vivos. Y están sobre la Tierra mucho antes que la humanidad. A ellas les debemos nuestro pasado, nuestro presente y nuestro futuro. Conocerlas un poco más y estudiar las diferencias entre ellas nos ayudará a comprender cómo viven, y a respetarlas y cuidarlas.

Descubre

Con toda seguridad has utilizado Internet en alguna ocasión. Internet está diseñado para que, si hay daños en una parte de la red, queden otras libres que puedan seguir funcionando.

Si un animal sufre un daño en los órganos que coordinan su cuerpo, su supervivencia puede verse comprometida. Pero si ese daño se le inflige a una planta, no hay una estructura de mando que quede dañada y es muy probable que la planta pueda continuar viviendo.

Las plantas tienen una gran capacidad de adaptación. Hay plantas que viven en aguas muy puras y otras que pueden hacerlo al borde del mar, en ambientes muy salinos, y cuyos líquidos internos están formados por agua dulce. En los accidentes nucleares las plantas han sobrevivido mejor que los animales.

¿Qué semejanzas encuentras entre el funcionamiento de la Red y el de una planta?

¿Podríamos encontrar plantas que vivan en lugares muy contaminados? ¿Podríamos emplearlas para descontaminar zonas afectadas por sustancias tóxicas? ¿Tú que crees?

¿Sería posible emplear plantas que acondicionen ambientes adversos para el ser humano y los preparen para que este pueda habitarlos? ¿Cuál es tu opinión?

Lee este artículo; te ayudará a contestar a estas cuestiones y a responder a otras que puedas plantearte: **bit.ly/Futuro_vegetal**

¿Qué sé sobre las plantas?

Conozco cómo llevan a cabo las plantas sus funciones vitales.

¿Qué grupos de plantas existen?

Conozco las características generales de las plantas.

Sé qué usos tienen las plantas.

Conozco la importancia de las plantas en los ecosistemas.

Estructura de las plantas

Sabías que...

El árbol más grande del mundo es un ejemplar de la especie *Sequoiadendrum giganteum* que se encuentra en el Sequoia National Park de California.

Se considera el árbol con más biomasa del planeta, unas 2000 toneladas.

Las plantas son un grupo muy diverso de organismos que comparten las siguientes características:

- Están formados por varias células eucariotas, de ahí que se les llame **pluricelulares.**
- Fabrican su propio alimento. Por esto se dice que son organismos **autótrofos:** fabrican su materia a partir de agua, sales minerales y dióxido de carbono.
- Obtienen energía de la luz solar para fabricar los compuestos con los que construyen su organismo o lo reparan. Este proceso se denomina **fotosíntesis.**

El resto de la energía que necesitan lo obtienen de la respiración, como otros organismos.

Las **plantas** son organismos pluricelulares, eucariotas, autótrofos y fotosintéticos.

Las plantas pueden presentar dos estructuras completamente diferentes: el talo y el cormo, lo que da lugar a las plantas talofitas y a las cormofitas.

Plantas con talo: talofitas

El **talo** es el cuerpo vegetativo de las plantas que poseen todas las células iguales, es decir, cualquier célula puede realizar la fotosíntesis, absorber agua, etc.

A las plantas con esta estructura se las llama **talofitas** y todas pertenecen al grupo de las **briofitas.**

En las plantas talofitas se distinguen las siguientes partes:

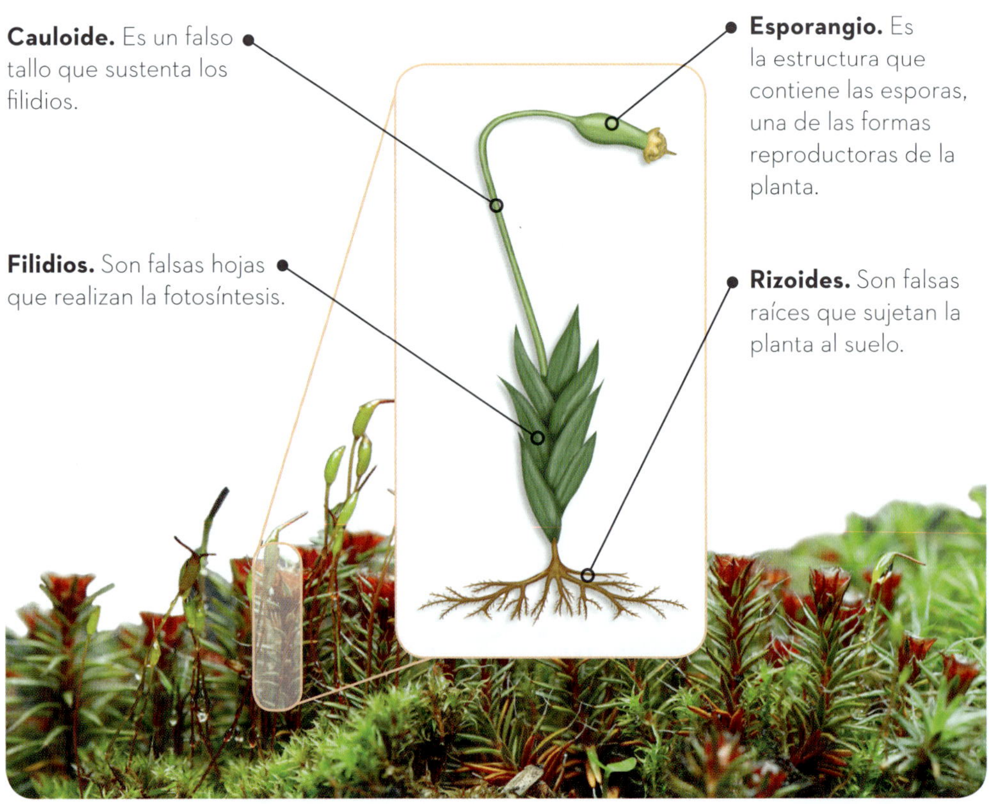

Actividades

1. Busca musgos en la zona en la que vives. Si los has encontrado, explica dónde los has localizado, la orientación y el grado de humedad. Haz una fotografía para mostrarla a tus compañeros.

Plantas con cormo: cormofitas

El **cormo** es una estructura en la que las células se especializan en determinadas funciones. A estas plantas se las llama **cormofitas.**

En las plantas cormofitas se diferencian las siguientes partes:

Las hojas. Son láminas que nacen en ciertas zonas del tallo. Las células de las hojas realizan la fotosíntesis. Este es el proceso con el que la planta obtiene la energía necesaria para fabricar su propio alimento.

El **envés** es la cara inferior de la hoja. Suele ser más pálida.

El tallo. Está formado por un eje que se ramifica y sobre el que se implantan las hojas y las flores. Contiene los vasos conductores.

La raíz. Es el órgano a través del cual las plantas absorben agua y sales minerales En la mayoría de los casos son subterráneas, pero también existen plantas con raíces aéreas o subacuáticas.

Los **estomas** son unos pequeños poros situados principalmente en el envés de las hojas por los que se intercambian gases y vapor de agua con el aire.

El **haz** es la cara superior de la hoja, la que está expuesta a la luz del sol. Suele ser más oscura y brillante que el reverso.

Los vasos conductores. Permiten el transporte de sustancias, agua, sales minerales y nutrientes por el interior de la planta.

Existen dos tipos de vasos conductores:

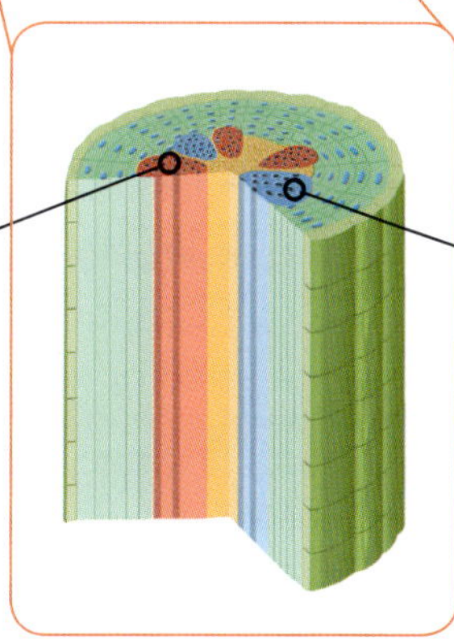

Los **vasos liberianos** transportan los productos fabricados en la fotosíntesis (savia elaborada) desde las hojas a todas las partes de la planta. A su conjunto se le denomina **floema.**

Los **vasos leñosos** transportan el agua y las sales minerales (savia bruta) desde las raíces hasta las hojas. A su conjunto se le denomina **xilema.**

De qué hablamos...

Sustancia de color verde presente en los organismos que realizan la fotosíntesis. ¿Adivinas de qué hablamos?

Sabías que...

- Hay plantas anuales: completan su ciclo vital en un año.
- Hay plantas que cierran su ciclo vital en un día. Viven en el desierto y allí solo llueve unos pocos días al año, en los que tienen que completar su ciclo.
- Hay plantas brújula: sus hojas se orientan en la dirección norte-sur y solo reciben luz al amanecer.

Actividades

2. En ocasiones el tallo y las hojas modifican su forma. ¿Por qué? Puedes ayudarte en **bit.ly/Plantas_suculentas**.
3. Compara las plantas talofitas con las cormofitas. ¿En qué se parecen? ¿En qué se diferencian?
4. Localiza una planta talofita, fotografíala y pega la foto en tu cuaderno o dibújala. Indica sus partes.
5. ¿Por qué crees que hay dos clases de conductos en los tallos de las plantas? ¿Qué pasaría si solo hubiera uno?

Funciones vitales

Las plantas son seres vivos. Como tales, desarrollan las tres funciones vitales: nutrición, relación y reproducción.

Función de nutrición

Las plantas son **autótrofas,** es decir, emplean materia inorgánica (agua, dióxido de carbono y sales minerales) para fabricar sus compuestos. El agua y los compuestos minerales los obtienen del suelo, y el dióxido de carbono, del aire. Pero para fabricar sus propios compuestos químicos requieren energía que obtienen de la luz a través de un proceso complejo denominado **fotosíntesis,** el cual queda resumido en esta ecuación química:

$$\text{Dióxido de carbono + Agua} \xrightarrow{\text{LUZ}} \text{Glucosa + Oxígeno}$$

Cloroplasto

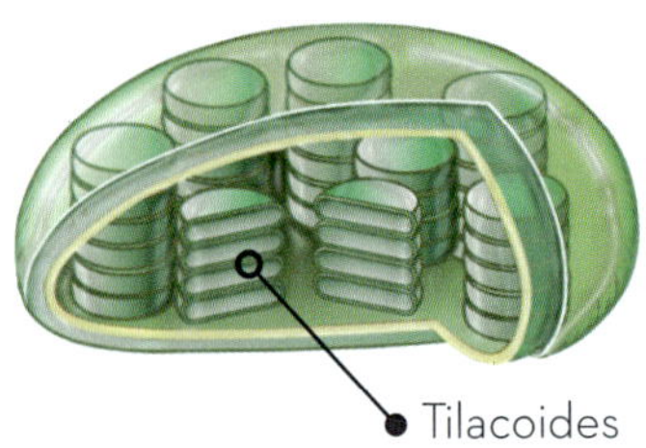

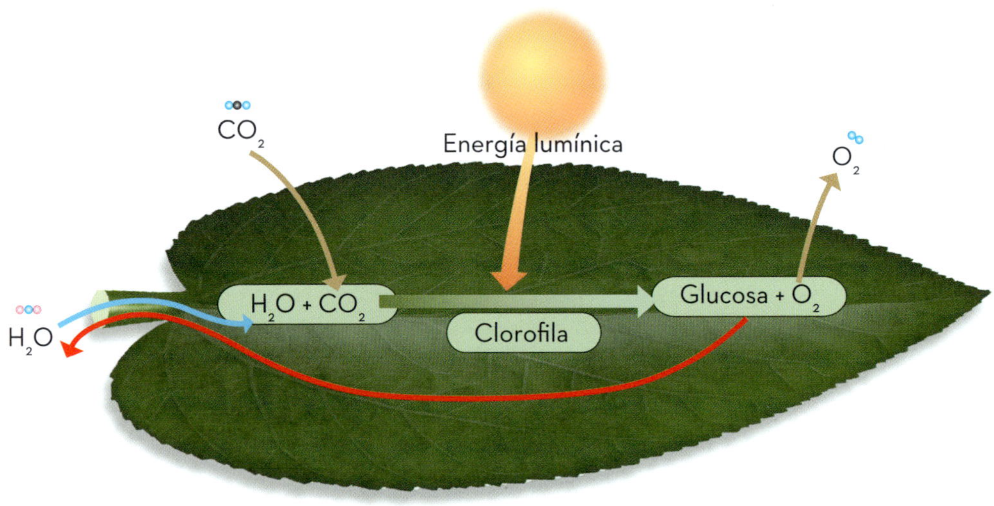

La fotosíntesis tiene lugar en los **cloroplastos,** unos orgánulos celulares propios de las células vegetales y de las algas. Los cloroplastos son más abundantes en las células que forman las hojas, pero pueden encontrarse en otras partes verdes de la planta. Dentro de los cloroplastos se localizan los **tilacoides,** unas estructuras en forma de saco que contienen la **clorofila.** La clorofila es de color verde y proporciona a la planta su color.

La clorofila capta la energía de la luz y la célula utiliza esta energía para fabricar nutrientes. Durante el proceso es necesario **dióxido de carbono,** que entra en la planta a través de los **estomas.**

El compuesto químico obtenido en la fotosíntesis es la **glucosa**. Posteriormente, la planta transforma este nutriente en diferentes sustancias que, mezcladas con el agua, forman la **savia elaborada.**

Como fabrican materia orgánica a partir de sustancias inorgánicas, son el primer escalón trófico de los ecosistemas. La glucosa se utiliza en las mitocondrias, en la respiración celular, para obtener la energía que necesitan en sus procesos. Otro producto que se desprende durante la fotosíntesis es el oxígeno. Por esta razón se considera que las plantas son las que aportan oxígeno al aire.

Actividades

6. Jan van Helmont fue un químico belga que vivió a principios del siglo XVII. Realizó un experimento, que puedes encontrar en **bit.ly/Experimento_Helmont**, con el que demostró que las plantas no se alimentan del suelo.

   ¿A qué conclusión llegó? Hoy sabemos que estaba equivocado. ¿Por qué?

Función de relación

La función de relación permite a la planta conocer las condiciones del medio y responder ante los cambios. La planta reconoce la presencia o ausencia de luz, el grado de humedad del medio, la posición que ocupa, etc., y reacciona a las variaciones.

Las respuestas de las plantas ante los estímulos se pueden clasificar en dos categorías: **tropismos** y **nastias.**

Los tropismos

Son cambios lentos e intensos que provocan modificaciones permanentes del cuerpo de la planta. Según el estímulo que lo desencadena, se habla de:

Geotropismo. Dirección del crecimiento según la gravedad. Es **negativo** cuando crece en sentido contrario al de la gravedad, como el tallo, y **positivo** cuando crece en el mismo sentido.

Fototropismos. Cambios en la dirección de crecimiento del tallo hacia la luz.

Hidrotropismo. Son los movimientos de las raíces para orientar su crecimiento hacia las zonas en las que hay agua.

Las nastias

Son cambios rápidos y no permanentes de las plantas ante ciertos estímulos, como, por ejemplo, recoger las hojas al ser tocadas.

Seismonastias. Movimiento de una estructura cuando se roza, como en algunas plantas carnívoras, que cierran sus valvas al posarse sobre ellas un insecto, o en las mimosas.

Fotonastias. Movimientos de ciertas flores que permanecen orientadas hacia el sol durante todo el día (tulipanes o girasoles).

Actividades

7. Hay más clases de tropismos y de nastias, como los tigmotropismos o las quimionastias. Consulta la dirección **bit.ly/Tropismos_nastias** y explica en tu cuaderno qué son esos procesos.
8. Después de leer el texto anterior, alguien podría pensar que las plantas sienten. ¿Crees que sería correcto? ¿Por qué?

Sabías que...

Las patatas producen una sustancia tóxica para los insectos llamada solanina. En cantidades elevadas también pueden causar trastornos gastrointestinales en las personas.

¿Cuál crees que es la razón por la que la patata produce esta sustancia?

Función de reproducción

Como en todos los seres vivos, las plantas se reproducen mediante procesos asexuales y sexuales.

Procesos asexuales

En los procesos asexuales, solo es necesario un individuo para la reproducción. Un fragmento del cuerpo vegetal se separa del progenitor y continúa creciendo, con lo que se origina una nueva planta. Los descendientes son idénticos al progenitor. Si no se separa, produce el crecimiento del progenitor.

Muchas plantas se reproducen siempre, o en algún momento de su ciclo vital, de este modo. Para ello, existen varias estrategias:

Esporas. Son células aisladas que al dividirse permiten el desarrollo de un nuevo ejemplar. Los helechos se reproducen por esporas.

Bulbos. Yemas subterráneas que al crecer y desarrollarse forman de nuevo el vegetal. Las cebollas, los ajos, los puerros o los tulipanes se reproducen por bulbos.

Tubérculos. Tallos subterráneos que crecen en grosor y en longitud. Permiten a la planta almacenar sustancias y reproducirse asexualmente. Las patatas, las chufas o las batatas se reproducen por tubérculos.

Rizomas. Tallos subterráneos a partir de los cuales se desarrolla el vegetal. Los lirios, el jengibre o las calas son ejemplos de plantas que se reproducen por rizomas.

Actividades

9. Investiga qué son los esquejes. ¿Serían procesos de reproducción asexual? Nombra algunas plantas que se reproduzcan de esta forma.

10. Otra forma de reproducción asexual son los estolones. Busca en **bit.ly/fresas_estolones** y explícalo en tu cuaderno. ¿Cuándo se forman los estolones? ¿Son visibles? ¿Cómo son? ¿Qué debemos hacer para que al final tengamos una planta nueva?

11. La caída de la hoja ¿podría considerarse una nastia? Razona la respuesta. ¿Qué ventaja obtiene la planta con la pérdida de la hoja?

Procesos sexuales

En los procesos sexuales son necesarios dos progenitores para la formación de un nuevo individuo. Cada progenitor forma células especiales o **gametos** que al unirse originan una nueva célula o **cigoto.** Al dividirse, esta nueva célula dará lugar a un **embrión**, que quedará encerrado en una **semilla**. Al proceder de dos progenitores, los individuos reunirán características de ambos.

La semilla, si cae en un lugar idóneo y húmedo, germina, es decir, sus células comienzan a dividirse y se origina un vegetal independiente de los progenitores.

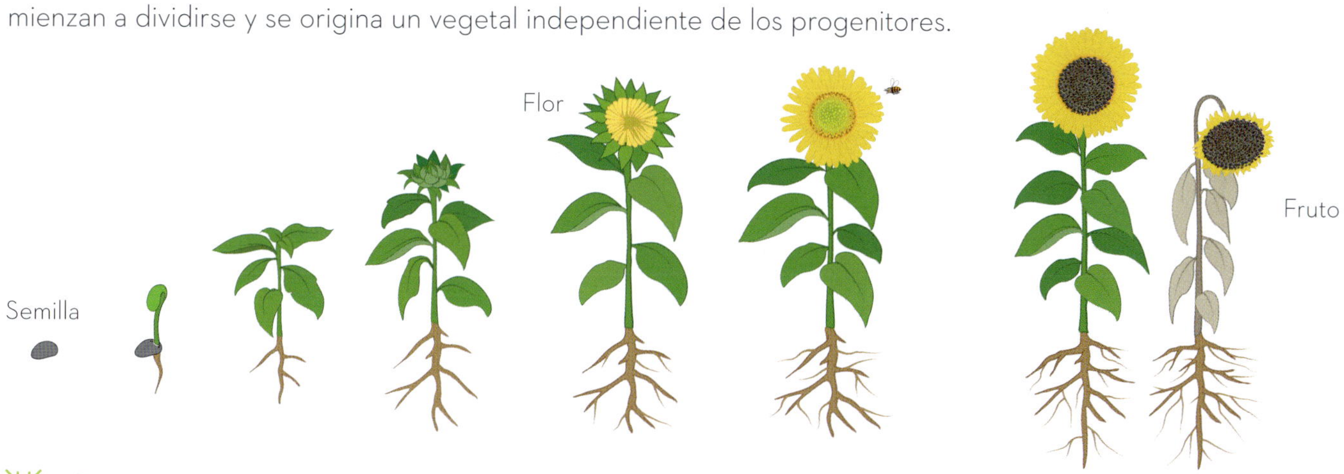

Coopera y aprende

Las semillas pueden ser dispersadas por el aire, el agua y los animales. Primero de manera individual y luego en grupos de dos y de cuatro, pensad en ejemplos de plantas cotidianas y exponed un caso de cada tipo con un ejemplo. Explicad cómo creéis que sucede la dispersión de la semilla.

Experimenta

Materiales: cinco recipientes de plástico transparente, cinco semillas, papel secante, algodón, agua y un rotulador permanente. Sigue los siguientes pasos:

Procedimiento:

- Cubre el fondo de un vaso con un algodón humedecido. Coloca dentro el papel secante, apoyado en el algodón. Introduce una semilla entre la pared del vaso y el papel secante.
- Humedece las semillas durante 24 horas.
- Deja que germine varios días. Procura observarla a diario y anotar lo que sucede; también puedes realizar fotografías. Evita que el algodón se seque, humedeciéndolo cuando sea necesario. Los vasos deberán estar en un lugar templado, accesible y que reciba la luz durante el día. Cuando la semilla empiece a germinar, haz los siguientes cambios:
  - Vaso 1. Tumba uno de los vasos para que no reciba la luz directamente.
  - Vaso 2. Orienta el vaso en dirección contraria a la fuente de luz.
  - Vaso 3. No humedezcas más esta semilla.
  - Vaso 4. Rodea el vaso con objetos que priven a la planta de parte de la luz.
  - Vaso 5. Deja el vaso delante de la fuente de luz.

Tras unos días, responde a estas preguntas:

a) ¿Qué diferencias observas entre la planta que sigue iluminada y la que se ve afectada por el cambio de posición respecto a la luz?

b) ¿Qué cambios observas entre la planta tumbada y las que no están tumbadas?

c) ¿Qué cambios observas en la planta del vaso 5? ¿Y en la del vaso 3?

d) Obtenemos conclusiones. A partir de las respuestas de los apartados *a)*, *b)* y *c)*, ¿qué puedes decir sobre las necesidades de luz y agua de las plantas?

Clasificación de las plantas

Sabías que...

Los musgos y las hepáticas se emplean desde hace siglos para obtener aceites y ungüentos con los que curar heridas. Hoy los usamos como bioindicadores.

Para saber más sobre los bioindicadores, consulta **bit.ly/Musgo_contaminación**

Existe una gran variedad de plantas, algunas de ellas muy simples, en las que no existen tejidos diferenciados, y otras, mucho más complejas, con tejidos y órganos. Según el grado de complejidad de las plantas, se distinguen tres grandes grupos: las briofitas, las pteridofitas, y los espermatófitos.

Las briofitas

Son las plantas más sencillas. Se caracterizan por que todas sus células son iguales, es decir, no hay células especializadas en funciones concretas.

Son de tamaño muy reducido para evitar la desecación. Viven en medios húmedos, si llegan a secarse, forman esporas hasta que las condiciones son aptas de nuevo para desarrollarse. Diferenciamos dos grupos: los **musgos** y las **hepáticas.**

Musgos

Los musgos son las plantas más sencillas. Presentan dos formas en su ciclo vital: **esporofito** y **gametofito.**

Se parte de una situación con dos plantas: musgo masculino y musgo femenino.

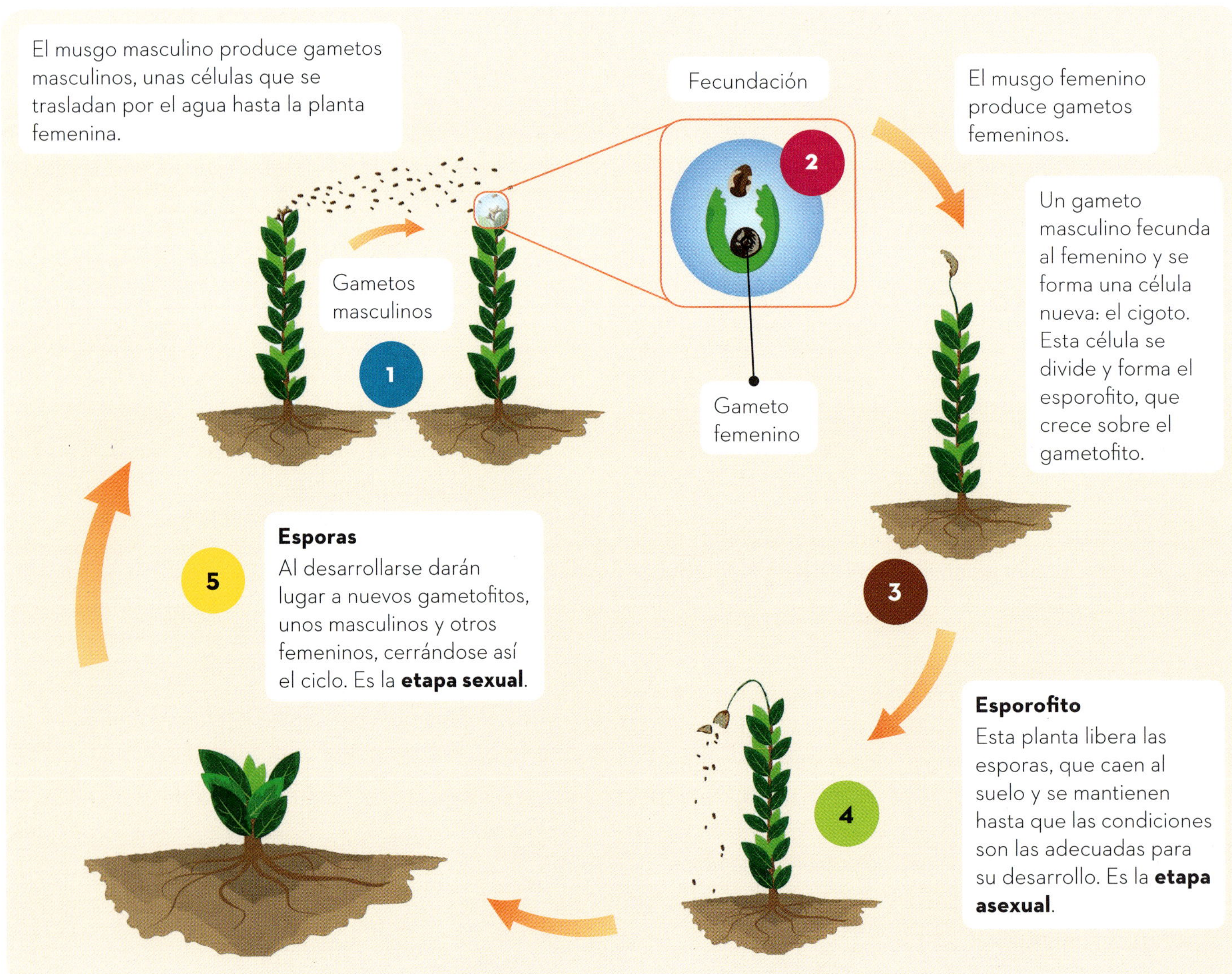

Hepáticas

Las hepáticas son plantas de tamaño pequeño que habitan en lugares muy húmedos, umbrosos y libres de contaminación, como, por ejemplo, entre las piedras de una fuente o en un manantial. Se reproducen por **propágulos**, que son fragmentos que se desprenden del cuerpo del vegetal y a partir de los cuales crece un nuevo organismo independiente.

Ciencia 2.0

En el vídeo **bit.ly/Ciclo_briofita** puedes observar el ciclo biológico de una hepática.

Compáralo con el de un musgo. Analiza sus analogías y sus diferencias.

Analiza y reflexiona

Anabel y Marcos salen de excursión al campo y observan que en las inmediaciones del instituto no hay musgos en las paredes ni sobre las cortezas de los árboles. Sin embargo, al llegar a su destino comprueban que en las rocas, sobre las vallas de piedra y sobre la corteza de algunos árboles crecen musgos. También comprueban que siempre lo hacen orientados en cierta dirección. ¿Cuál crees que puede ser la razón? Puedes consultar **bit.ly/orientacion_musgo**

Actividades

12. Estudia el ciclo reproductor de un musgo. Identifica las etapas en las que hay reproducción sexual y aquellas en las que tiene lugar la reproducción asexual. Indica el nombre de las dos plantas que se forman a lo largo del ciclo.
13. ¿Qué sucedería si las esporas no encontrasen las condiciones adecuadas para su desarrollo? ¿Qué condiciones crees tú que serían las adecuadas?
14. ¿Cuáles serían las partes que debería tener el gametofito para realizar las tres funciones vitales?
15. En el ciclo reproductor de un musgo, ¿el esporofito sería igual que cada uno de los gametofitos? ¿Por qué?
16. ¿Qué sucedería si los musgos y las hepáticas solo tuvieran mecanismos asexuales de reproducción?
17. Todas las partes de estas plantas son de color verde. ¿Por qué? Si tuvieran partes verdes y otras de otro color, ¿qué podríamos decir? ¿Por dónde absorben el agua estas plantas?

Sabías que...

A las plantas con la estructura característica de raíz, tallo y hojas se las denomina cormofitas. Este grupo comprende las pteridofitas y los espermatófitos.

Las pteridofitas

Las pteridofitas, también denominados helechos, viven en lugares umbríos y húmedos. Abundan en los bosques, aunque en la actualidad también se emplean mucho como plantas ornamentales.

Los helechos presentan tallos que contienen vasos conductores. Las hojas se llaman frondes. No desarrollan flores ni semillas. Tienen raíces a través de las cuales absorben agua y sales minerales.

Su ciclo vital presenta dos formaciones: el **esporofito** (más importante y de mayor duración en el tiempo) y el **gametofito.** Ambas generaciones son plantas independientes.

Esporofito
Está formado por un tallo horizontal del que salen hacia abajo raíces pequeñas y numerosas, y hacia arriba crecen las frondes.

Cuando las **esporas** están maduras, los **soros** se abren y las esporas caen al suelo. Si las condiciones son las adecuadas, se desarrolla otra planta con forma de corazón y una estructura de talo denominada gametofito.

Gametofito
Desarrolla unos rizoides con los que se fija al suelo y se nutre.

Las **frondes** se desenrollan en espiral, de manera característica. Las frondes tienen forma de pluma y dos caras diferentes, el haz y el envés, sobre las que se desarrollan los esporangios.

El **tallo horizontal** es un rizoma. A partir de él salen las raíces, pequeñas y numerosas, hacia abajo.

En él se desarrollan los órganos sexuales masculinos y femeninos. La fecundación de los gametos forma el cigoto.

El crecimiento del cigoto da lugar a un nuevo **esporofito**, que en sus primeros momentos aparece enrollado.

Actividades

18. Describe las dos plantas que se producen en el ciclo vital de un helecho.

19. Haz un cuadro comparando la morfología de un musgo con la de un helecho y sus ciclos reproductores.

Las fanerógamas

Este grupo está formado por las **plantas con flor.** Las flores son unas estructuras muy llamativas que hacen posible la reproducción de la planta. Se clasifican en dos grandes grupos: gimnospermas y angiospermas.

Gimnospermas

El nombre gimnosperma indica que la semilla no se encuentra protegida por un fruto. Esto se debe a que los gametos femeninos no están encerrados en un órgano y, por lo tanto, cuando se produce la fecundación, la semilla no queda en el interior de un fruto.

Algunas gimnospermas son hermafroditas o monoicas, pero otras presentan las flores masculinas en un árbol y las femeninas en otro y se dice que son dioicas.

Sabías que...

Las flores pueden tener órganos de ambos sexos, o ser masculinas o femeninas. Cuando un organismo posee los órganos reproductores de ambos sexos, se dice que es hermafrodita.

La **flor masculina** suele tener forma cónica y contiene los estambres. Estos tienen forma de escama y están formados por dos sacos polínicos. En cada saco polínico están los granos de polen.

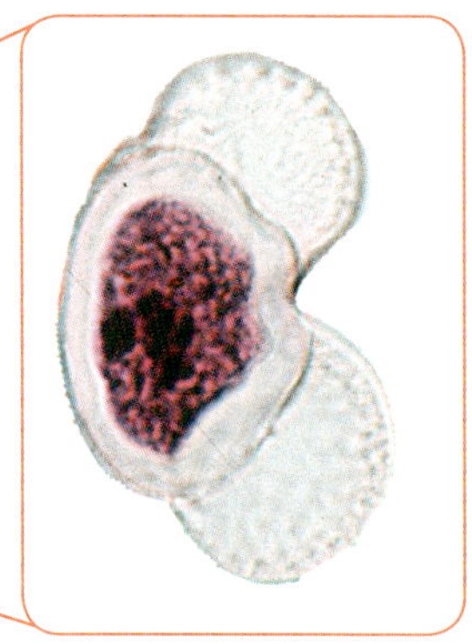

Cada grano de polen contiene vesículas llenas de aire que actúan como flotadores.

En la **flor femenina** los óvulos no están encerrados, sino que se presentan al descubierto, protegidos por escamas. Cuando las escamas se abren, el polen puede fecundar el óvulo. Como no hay ovario, la semilla se forma directamente sobre la escama.

Las semillas crecen en una piña, una estructura formada por escamas duras, llamadas brácteas, sobre las que se encuentran las semillas. Las brácteas protegen la semilla de la sequedad.

Al abrirse las brácteas, las semillas quedan libres y se dispersan.

Angiospermas

La flor de las angiospermas está formada por cuatro piezas fundamentales colocadas en un ensanchamiento o receptáculo.

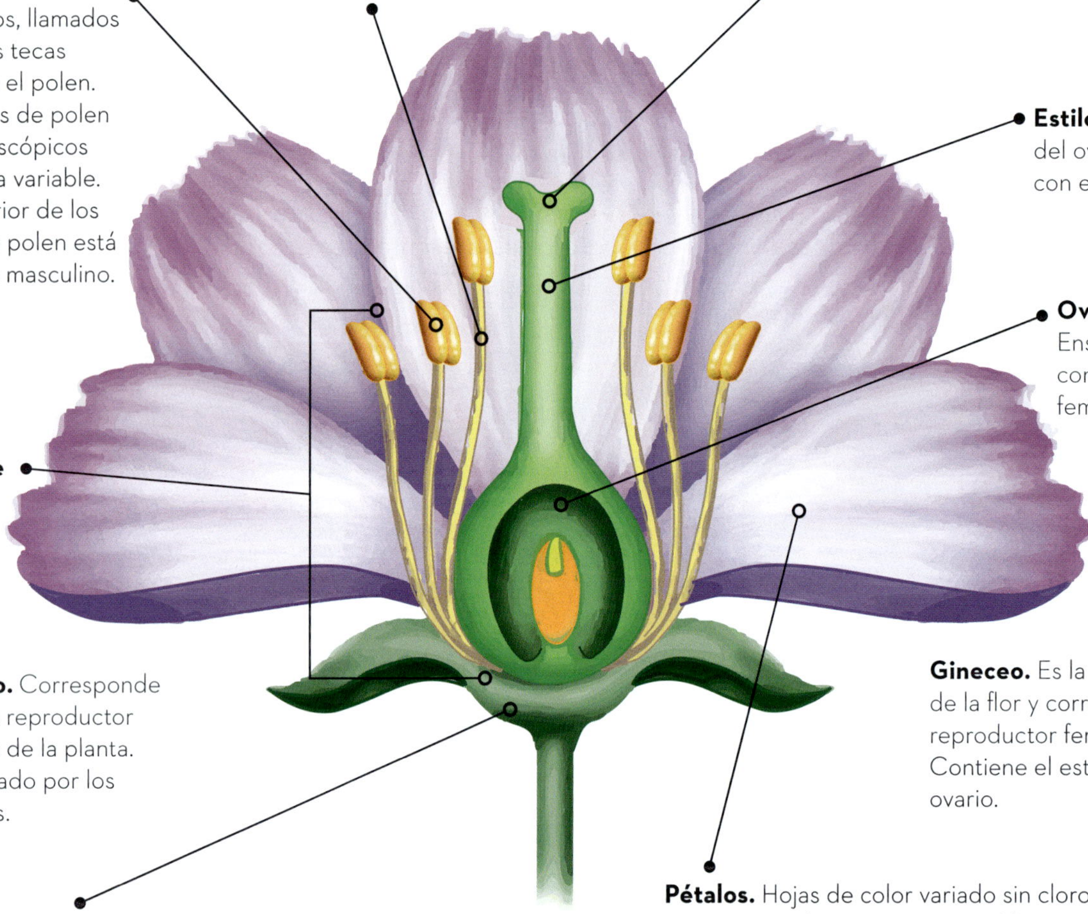

Te proponemos un reto

Escribe en 30 segundos el mayor número de flores comestibles que recuerdes. Luego busca sus imágenes y pégalas o dibújalas en tu cuaderno.

Actividades

20. ¿Qué diferencia existe entre la flor de una angiosperma y la flor de una gimnosperma?

21. ¿Por qué son tan duras las semillas de las gimnospermas?

22. ¿Qué diferencias hay entre un sépalo y un pétalo?

23. Las abejas se alimentan del polen de las flores y con él fabrican la miel. Algunos biólogos dicen que sin abejas no hay vida. ¿Por qué pueden hacer esta afirmación? Y tú, ¿qué piensas?

24. ¿Cuál es la función de las anteras? ¿Y la del ovario?

25. Hay flores en las que los estambres son más cortos que el estilo. ¿Cómo podrían ser fecundadas?

La fecundación se produce cuando el **polen** se deposita sobre el **estigma.** Entonces se desarrolla el **tubo polínico,** por el que descienden los gametos masculinos. Estos llegan hasta la oosfera, la fecundan y se forma una nueva célula: el **cigoto.** El cigoto se divide y forma el **embrión.**

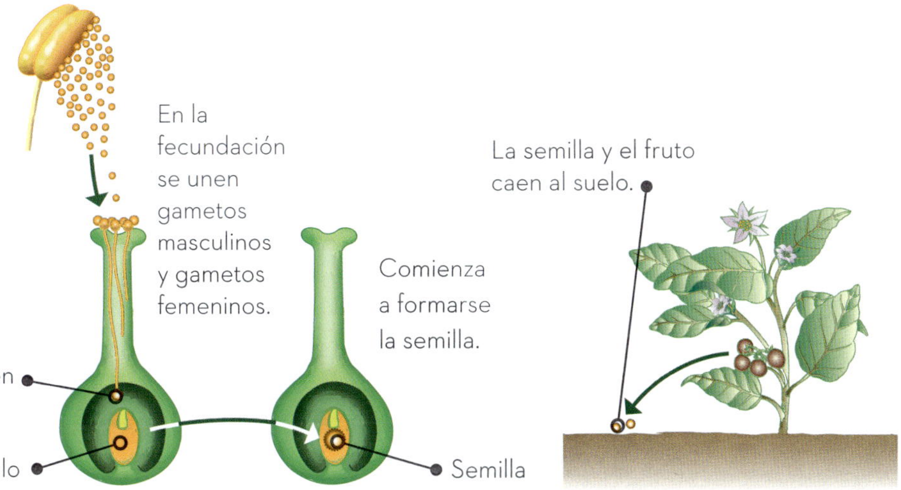

Sabías que...

Mediante ingeniería genética se pueden obtener variedades de plantas muy productivas y resistentes a las plagas de los insectos. Este es el campo de estudio de Pilar Carbonero (n. 1945), una científica española pionera en el campo de la ingeniería genética vegetal.

Las masas celulares situadas al lado del embrión se llaman **cotiledones** y son las primeras hojas de la planta. Podemos clasificar las plantas según el número de cotiledones:

- **Monocotiledóneas**, cuando presentan un único cotiledón en el embrión.
- **Dicotiledóneas**, si presentan dos cotiledones en el embrión.

Una vez que se forma el embrión, este puede estar rodeado por una serie de envueltas. La estructura formada recibe el nombre de *fruto*.

Partes de un fruto:

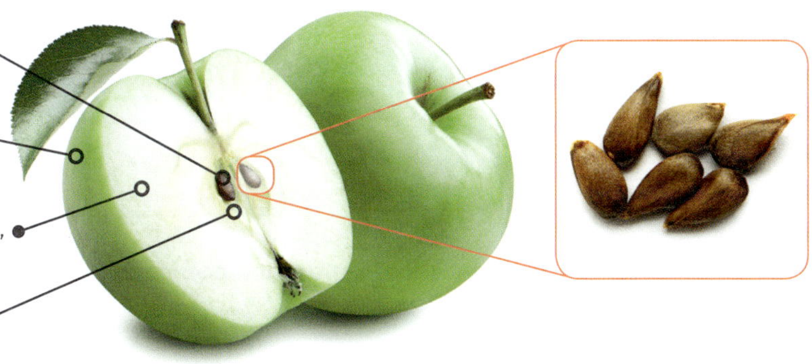

Actividades

26. ¿Dónde se forma la semilla de una planta angiosperma?
27. ¿Cuál es la función del fruto? Identifica en esta foto las tres partes del fruto.
28. Los frutos tienen diferentes colores en su epicarpio. Lee el artículo en **bit.ly/Colores_frutas** y explica la importancia del color.

Usos de las plantas

Las plantas han sido empleadas por la humanidad como recurso, bien recolectadas, o bien cultivadas. Entre sus usos, están los siguientes:

Proporcionan alimentos. Según la especie, se emplean las hojas, las flores, los tallos, las raíces, los frutos o las semillas. Algunos ejemplos son la patata, la zanahoria, el apio, el tomate y la alcachofa.

Proporcionan fibras que se pueden hilar. Con los hilos se fabrican tejidos para ropa, vendajes, etc. Es el caso del lino o del algodón.

Proporcionan madera que se emplea en la construcción, como combustible o en la fabricación del papel y de cartón.

Las plantas han sido empleadas como decoración tanto de interiores como de exteriores.

Muchos principios activos de los medicamentos se extrajeron inicialmente de las plantas. Sus extractos nos ayudan a curar enfermedades.

Las plantas son el primer eslabón de las cadenas tróficas de los ecosistemas. Renuevan el aire enriqueciéndolo en oxígeno, facilitan que se produzcan lluvias, etcétera.

Actividades

29. Nombra plantas que empleemos como alimento, indicando la parte que usamos para ese fin.

30. ¿Sabes qué es un órgano de perfumista? Observa la imagen e intenta responder a la pregunta.

31. Los científicos que diseñan y preparan futuras misiones en el espacio piensan que las plantas serán esenciales en las colonias humanas. ¿Sabrías explicar por qué?

32. Algunas flores tienen usos medicinales. Es el caso de la manzanilla, la tila o la melisa. Consulta **bit.ly/Hierbas_medicinales** y haz un cuadro en tu cuaderno indicando el nombre de las flores y su utilidad.

Mapa conceptual

Completa el mapa conceptual en tu cuaderno y, a partir de él, crea un mapa mental sobre las plantas.

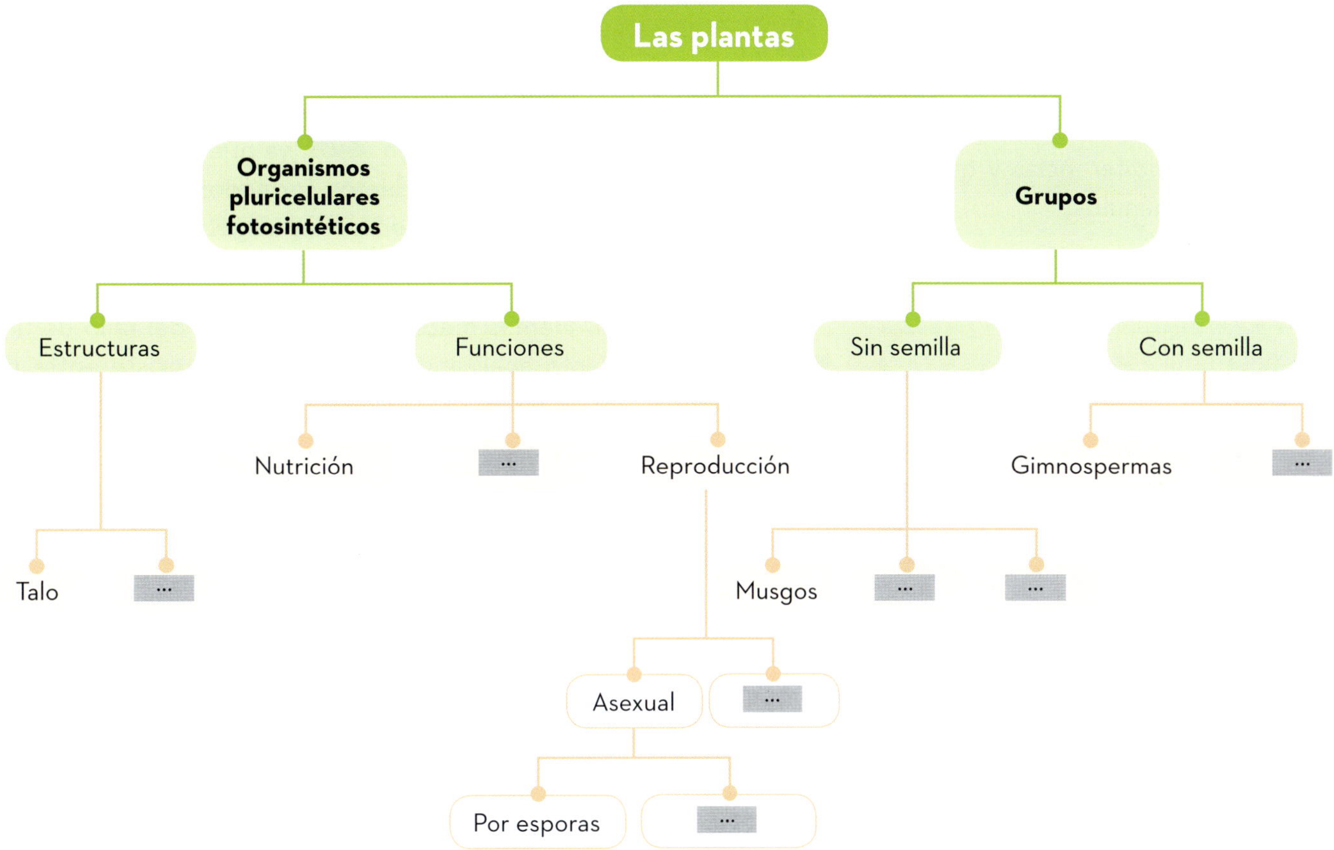

Investigamos

Cuando queremos identificar un organismo, empleamos las **claves dicotómicas,** que son unas guías que describen sus características y que están descritas de modo que en cada paso se elige una de dos opciones. Al final del proceso se identifica completamente el ejemplar, obteniendo el género y la especie.

Existen muchos tipos de guías dicotómicas, algunas en formato libro y otras en formato digital, pero todas se manejan de forma muy parecida. Una de ellas es Arbolapp, diseñada y mantenida por el CSIC en colaboración con el FECYT. El enlace para acceder a ella es **www.arbolapp.es**.

Vamos a intentar identificar a qué árbol pertenecen las hojas de la imagen; seleccionamos:

- Hojas en forma de acícula.
- Hojas menores de 3 cm flexibles dispuestas alrededor de la rama en forma de estrella.
- Acículas con una banda blanquecina en las hojas.

Agrupaos de dos en dos; cada pareja localiza cinco plantas cerca del colegio y las identifica con ayuda de Arbolapp. A continuación, intercambia con otra pareja sus ejemplares, los identifica y ambas parejas verifican si las respuestas son correctas o no. Finalmente cada grupo de cuatro intercambia sus diez ejemplares con otro grupo de cuatro, verificando las respuestas que le den.

Junniperus comunis o enebro real

Actividades finales

Las plantas. Características generales

1. Todas las células eucariotas disponen de mitocondrias. Las células vegetales tienen, además, cloroplastos. ¿Qué diferencias y qué semejanzas hay entre ambos orgánulos?

2. Identifica las partes del vegetal que ves en cada una de estas imágenes y completa en tu cuaderno.

3. Dibuja en tu cuaderno una planta cormofita, señala cada una sus partes y escribe sus funciones. ¿Cómo cambiaría su nutrición si no tuviera raíces?

4. Supongamos que en un planeta encontramos unos organismos a los que los científicos llaman plantas, pero estas no son de color verde. ¿En qué crees que se apoyarían para darles el nombre de plantas?

5. Razona: ¿qué organismos debieron aparecer en primer lugar en la Tierra, las plantas o los animales? ¿Por qué?

6. Prepara tres ramas de apio. La primera la colocas en un vaso sin agua, y la segunda, en un vaso con agua.

Finalmente, la tercera la pones en un vaso con agua coloreada de azul (emplea para ello colorante alimentario). Al cabo de 24 horas, anota en tu cuaderno tus observaciones. Contesta:

a) ¿Qué diferencias observas entre los tres talos de apio?

b) ¿Qué proceso se ha dado en los vasos dos y tres?

c) Si mantenemos los tallos durante tres días más, ¿qué crees que sucederá?

Funciones vitales

7. Completa el texto en tu cuaderno con los términos aprendidos en la lección:

Las plantas absorben a través de las ... agua y ... . A estas sustancias se les da el nombre de savia ... . Esta sustancia se transporta por el ... a través de los vasos ... . Cuando llega a las ..., se convierten en savia ... . Este proceso tiene lugar en ..., ya que se realiza la fotosíntesis. Los productos formados se llaman savia ... y se reparten por el vegetal a través de los vasos ... .

8. Hemos medido el crecimiento del tallo de una planta analizando la relación que existe entre las horas de luz que ha recibido y la longitud del tallo.

Los resultados los recogemos en esta tabla:

Horas diarias	2	4	8	10
Longitud tallo (cm)	5	6	10	12

¿Qué conclusión extraes cuando lees la tabla?

9. Cuando paseamos por un bosque, comprobamos que hay plantas trepadoras, como las hiedras, que ascienden por el tronco de los árboles. ¿Qué ventaja obtienen al crecer hacia arriba y no horizontalmente? ¿Cómo llamarías a este comportamiento?

10. ¿Qué diferencias hay entre un proceso de reproducción asexual y uno sexual?

11. Prepara una planta que tenga las hojas verdes (sin combinar con otros colores). Toma una de las hojas con mucho cuidado para no dañarla ni arrancarla. Cubre la mitad de la hoja con papel de aluminio y déjala dos días. Pasado este tiempo, retira con cuidado el papel.

Contesta en tu cuaderno a estas cuestiones:

a) Describe lo que ves cuando retiras el papel de aluminio.

b) Con lo que has aprendido en la lección, intenta explicar lo que ha pasado.

c) Razona: las células de la zona que ha estado cubierta ¿habrán obtenido alimento por ellas mismas?

12. De todas las formas de reproducción que hemos visto, ¿cuál crees que es más rápida? ¿Por qué?

Clasificación de las plantas

13. ¿Qué tienen en común los helechos y los musgos? ¿En qué se diferencian?

14. ¿En qué ambientes podrían desarrollarse los musgos?

15. Indica si las siguientes afirmaciones son verdaderas o falsas. Redacta en tu cuaderno correctamente las que sean falsas:

a) Los musgos solo se reproducen por esporas.

b) Los helechos producen semillas.

c) Las fanerógamas son plantas con flor. Las flores son siempre hermafroditas (poseen los dos sexos)?

d) Las gimnospermas se reproducen por esporas que se desarrollan formando la semilla.

e) Las plantas dicotiledóneas son las que tienen dos anteras en cada estambre.

16. ¿Por qué a las semillas de las gimnospermas las llamamos frutos secos?

17. Investiga las formas de polinización que existen. Escribe en tu cuaderno los tipos de polinización existentes y los agentes responsables de cada tipo. ¿Qué pasaría si los insectos se extinguieran?

Puedes ayudarte de este documento: **bit.ly/Tipos_polinización**.

18. Dibuja una flor y nombra sus partes. Indica la función de cada una de ellas. ¿Qué papel desempeñan los colores de los pétalos y los olores?

19. Si las flores de una planta perdieran sus estambres y sus anteras, ¿podría ser fecundada? Razona la respuesta.

20. Compara las flores de una gimnosperma y de una angiosperma. ¿Qué parecidos encuentras? ¿Qué diferencias? Anótalas en tu cuaderno.

Usos de las plantas

21. Busca en una frutería nombres de frutas de temporada. Escoge cinco de ellas y localiza en Internet la imagen de las plantas que las producen. Pégalas en tu cuaderno e indica sus características: tamaño, clima en el que se desarrolla, flor y época de floración y recolección de la fruta. Averigua las adaptaciones que tiene.

22. Algunas plantas que cultivamos en nuestro país no son originarias de aquí, sino que se trajeron de otros continentes hace varios siglos. Es el caso de la patata, del tomate, del maíz o del arroz. Busca información sobre ellas: investiga sobre su origen y por qué han tenido tanto éxito.

23. La dirección de tu colegio ha decidido colocar en el patio plantas con el fin de adornar y proporcionar sombra durante los días más calurosos del curso. Para ello ha convocado un concurso de ideas entre los alumnos. Desean que la planta crezca rápidamente y que sus hojas sean lo más grandes posible para que sea fácil recogerlas en otoño. No quieren que tenga espinas ni partes punzantes. Proponen tres especies: acacia, catalpa y pino. ¿Cuál propondrías tú? Razona la respuesta. Busca otra propuesta.

24. Algunos médicos nos aconsejan tener cuidado con las plantas medicinales, ya que no dejan de tener los principios activos de los medicamentos. Lee el artículo en **bit.ly/Plantas_medicinales_medicinas** y contesta:

¿Por qué crees que los médicos hacen esta recomendación?

25. En los últimos tiempos los médicos y farmacéuticos avisan de que no debemos abusar de las llamadas plantas medicinales. ¿Por qué crees que lo dicen?

¿Qué has aprendido sobre las plantas?
¿Has cubierto las expectativas que tenías al comienzo de la unidad?
¿Cómo te sientes con el trabajo realizado?
¿Qué te gustaría seguir investigando?
¿Qué has sentido durante este tiempo?

Fuente: Ministerio de Educación

Lee el siguiente texto y a continuación contesta a las preguntas que se proponen:

El origen del chocolate: «Alimento de los dioses»

El chocolate tiene su origen en México, donde, según cuenta la leyenda, el dios Quetzalcoatl regaló el árbol de cacao a los hombres. Se bautizaría con el nombre científico de ***Theobroma cacao***, que en griego significa 'alimento de los dioses'. El cacao fue alimento de gran importancia en la sociedad azteca, y también fue utilizado como moneda de cambio. Lo tomaban líquido y mezclado con especias. El resultado era una bebida muy energética, oscura, espesa y espumosa a la que llamaban ***tchocolatl***, nombre que difiere poco de nuestro **«chocolate».**

Los árboles de cacao tardan cinco años en madurar y viven hasta 30 años. La mazorca, el fruto del cacaotero, mide entre 15 y 30 centímetros de largo por 7 a 10 centímetros de ancho. En el interior de la cáscara se encuentran las semillas o granos de cacao, llamadas habas, envueltas por una pulpa de color blanco. Tras un proceso de fermentación y secado, estarán listas para ser transportadas y utilizadas por las fábricas de chocolate.

Cacao criollo

Su fruto, también llamado mazorca, es alargado y con surcos. Es un cacao delicado, sensible a enfermedades y de baja producción, pero de muy alta calidad. Se sigue cultivando en América Central, Colombia y Venezuela, y también en algunas regiones de Asia.

Cacao forastero

Es el más cultivado. Su mazorca es más redondeada y prácticamente lisa, de un color verde que se transforma en amarillo en la madurez. Se cultiva en Brasil, el oeste africano, Latinoamérica y Ceilán.

Cacao trinitario

Se considera un cruce de los dos anteriores y es de un color violeta oscuro que pasa a colores anaranjados en la madurez. Da un cacao de cualidades similares al forastero.

En la actualidad el cacao se cultiva en una franja que se extiende a diez grados al norte y diez grados al sur de Ecuador. El 70 % de la producción mundial viene de África del Oeste, y son Costa de Marfil y Ghana los principales productores de cacao, aunque entre los más preciados se encuentran los de Ecuador y Venezuela.

a) ¿Por qué crees que los aztecas lo llamaban alimento de los dioses?

b) ¿Cuál podría ser la causa de que su cultivo no se pueda extender mundialmente?

c) Indica las tres clases de cacao y sus características.

d) Con lo que has aprendido, ¿podrías averiguar cómo se consigue la tercera especie?

Cineteca

La vida secreta de los árboles

La Real Academia Española de la lengua define la palabra *secreto*, en su primera acepción, como «cosa que cuidadosamente se tiene reservada u oculta». En la actualidad, la humanidad sabe muchas cosas sobre las plantas, pero ¿lo conoce todo sobre ellas? La respuesta es fácil: la ciencia no ha puesto todo al descubierto; sin embargo, ha avanzado mucho en las últimas décadas. Así, ya sabemos que las plantas tienen ciertos mecanismos que hasta la fecha solo conocíamos en animales.

Puedes ver el vídeo **bit.ly/vida_secreta_árboles** para obtener información sobre ello. A continuación, se indican los momentos en los que puedes extraer datos sobre cada uno de estos aspectos:

Minutos: 15:20-20:00
¿En qué situaciones se comunican las plantas? ¿Cómo lo hacen?

Minutos: 31:40-34:40
¿Cómo se defienden?

Minutos: 39:26-42:00
¿De qué manera distribuyen las sustancias por su interior?

Minutos: 45:40 hasta el final
¿Cómo construir el mobiliario de casa sin necesidad de talarlas?

El desafío

Con la ayuda del docente se divide a la clase en cuatro grupos. Cada grupo deberá visionar uno de los intervalos del documental. Plasmarán la información extraída en cartas tamaño DIN A6; por cada carta con información, deberán preparar otra con una pregunta. De esta forma, habrá una serie de cartas con respuestas y otra serie de cartas con preguntas. El docente asignará una puntuación a cada carta de respuesta en función de la dificultad. Suma el total de puntos de todas las cartas. Todos los grupos parten con esa puntuación.

Se reparten las cartas de respuesta entre los grupos. El docente se queda con las preguntas. Va sacando las cartas de una en una y lee la pregunta correspondiente. Si un grupo cree que tiene la respuesta correcta, levanta la mano y la lee. Si acierta, mantiene la puntuación, y, si falla, se le penaliza descontándole la puntuación de la carta. Gana el que obtenga la mayor puntuación.

Este desafío también se puede realizar de manera individual. En este caso, colocamos bocabajo las cartas sobre una mesa distribuidas en dos grupos: en un lado las preguntas y en otro las respuestas. Se levanta una carta de las preguntas. Léela y a continuación levanta una carta de las respuestas. Si la carta levantada tiene la respuesta correcta, pon la pregunta y la respuesta una encima de la otra. Si no tiene la respuesta correcta, déjala como estaba y levanta otra. El juego termina cuando todas las cartas están correctamente emparejadas.

8 Los animales invertebrados

Sumario

El conocimiento de la naturaleza puede inspirar el arte.

«Tal vez la relación entre ambos mundos, el geométrico, que exige horas de estudio, de concienzudo diseño [...] la naturaleza en su expresión más simple, perfecta, es lo que yo busco e intento perseguir y demostrar en la doble vuelta de hélice del vuelo de las mariposas o en la concha de los gasterópodos.»

Rafael Araujo

bit.ly/Rafael_Araujo

Otros artistas que se han inspirado en los invertebrados:

bit.ly/arañas_robot

Gracias al trazo de manos hábiles, muchos naturalistas reflejan en el papel los detalles que descubren en la naturaleza y los dan a conocer al mundo a través de bellas ilustraciones que adornan los libros de estas disciplinas. A Maria Sibylla Merian, una naturalista alemana del siglo XVII, se la considera la precursora de la entomología moderna, y una pintora y grabadora excepcional.

Puedes conocer su obra en este enlace:

bit.ly/Obra_maria_Sibylla_Merian

Descubre

La naturaleza siempre ha sido una fuente de inspiración, pero también de conocimiento. Debido a su estudio hemos podido desarrollar muchas de nuestras tecnologías, imitando las formas y los movimientos de numerosos animales.

Observa las imágenes e intenta hacer parejas. ¿En qué te has basado para decidir los emparejamientos? ¿Para qué sirven estos objetos creados por el ser humano? ¿Qué característica es la que imitan?

¿Sabes de qué animales se trata?

En los siguientes enlaces podrás encontrar información sobre otros objetos inspirados en asombrosas cualidades de animales invertebrados.

bit.ly/pegamento_resistente

bit.ly/polímeros_bioinspirados

¿Es lo mismo un animal vertebrado que un animal invertebrado?

¿Cuántos grupos de invertebrados existen?

Soy capaz de diferenciar los distintos grupos de artrópodos, por sus características físicas.

Reconozco la peligrosidad y los beneficios de los invertebrados para el ser humano.

Invertebrados

Es el grupo más diverso y numeroso del reino Animal (95 %) y se pueden encontrar en todos los ambientes del planeta, desde los océanos hasta el interior de otros organismos.

Ciencia 2.0

Puedes ver una introducción sencilla sobre los invertebrados en el siguiente enlace:

bit.ly/Introducción_invertebrados

La simetría es la división imaginaria del cuerpo de un animal en partes, que deben ser equivalentes o semejantes entre sí.

Tipos de simetrías

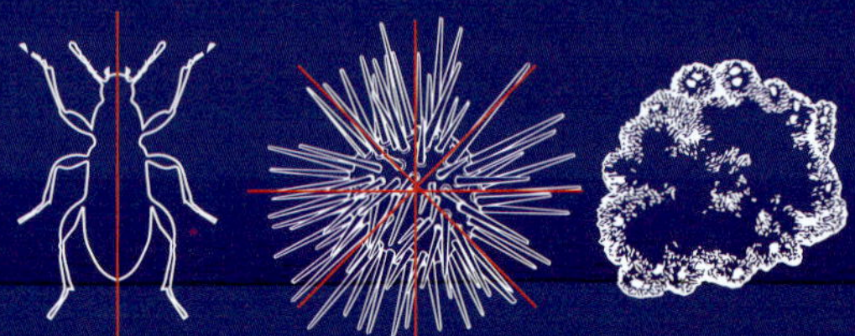

Hay organismos invertebrados que carecen de simetría (las esponjas), otros con simetría radial (las medusas y los erizos de mar) y la mayoría muestran simetría bilateral (los insectos, los arácnidos, los anélidos...).

Son organismos heterótrofos porque se alimentan de formas muy variadas: algunos filtran el agua para obtener materia orgánica (filtradores) o arena (detritívoros). Otros son depredadores carnívoros y obtienen materia orgánica capturando a otros seres vivos. También hay muchos grupos herbívoros.

Algunos grupos de invertebrados tienen el cuerpo blando y sin protección externa, como los anélidos, las medusas y algunos moluscos.

Se caracterizan por la ausencia de columna vertebral.

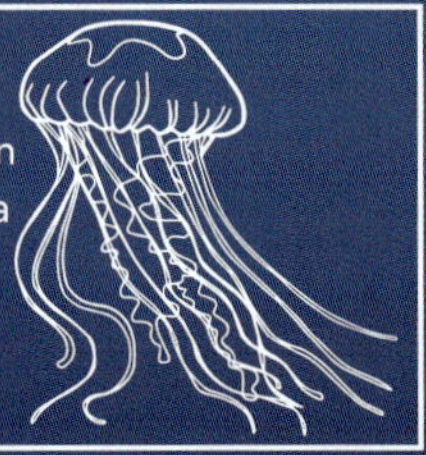

Cnidarios
Otros grupos de invertebrados (las medusas y los corales) tienen tejidos diferenciados, pero no órganos.

Son organismos pluricelulares compuestos por células eucariotas de tipo animal.

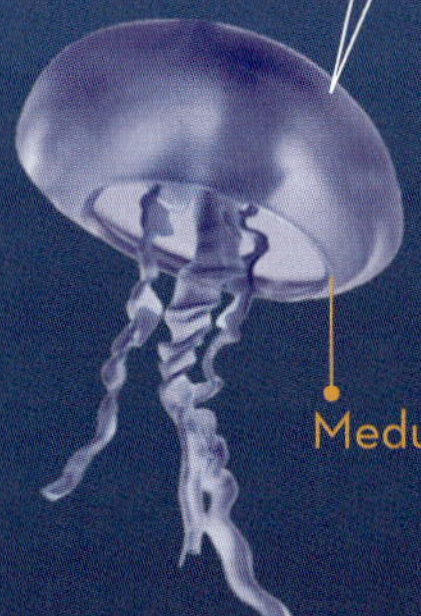

Poríferos
Existen invertebrados sin tejidos ni órganos diferenciados, como las esponjas.

Los organismos invertebrados pueden desplazarse o vivir fijos sobre rocas u otras superficies (organismos sésiles).

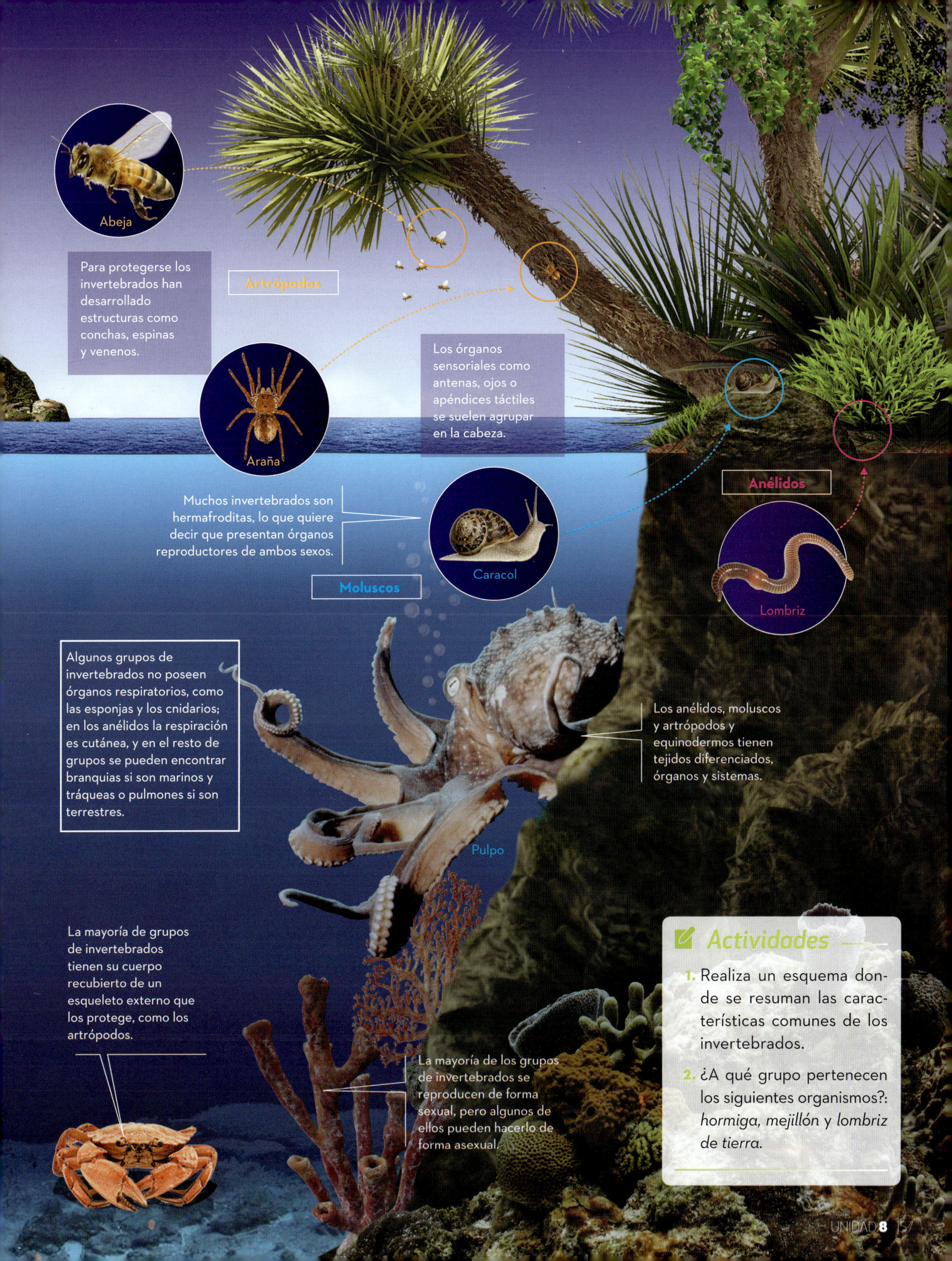

Para protegerse los invertebrados han desarrollado estructuras como conchas, espinas y venenos.

Los órganos sensoriales como antenas, ojos o apéndices táctiles se suelen agrupar en la cabeza.

Muchos invertebrados son hermafroditas, lo que quiere decir que presentan órganos reproductores de ambos sexos.

Algunos grupos de invertebrados no poseen órganos respiratorios, como las esponjas y los cnidarios; en los anélidos la respiración es cutánea, y en el resto de grupos se pueden encontrar branquias si son marinos y tráqueas o pulmones si son terrestres.

Los anélidos, moluscos y artrópodos y equinodermos tienen tejidos diferenciados, órganos y sistemas.

La mayoría de grupos de invertebrados tienen su cuerpo recubierto de un esqueleto externo que los protege, como los artrópodos.

La mayoría de los grupos de invertebrados se reproducen de forma sexual, pero algunos de ellos pueden hacerlo de forma asexual.

Actividades

1. Realiza un esquema donde se resuman las características comunes de los invertebrados.
2. ¿A qué grupo pertenecen los siguientes organismos?: *hormiga, mejillón y lombriz de tierra*.

Poríferos y cnidarios

Los poríferos y los cnidarios son los primeros grupos de animales invertebrados que existieron y que han sobrevivido hasta la actualidad. Son animales marinos muy simples.

Poríferos

Son animales con una forma irregular o de tubo. Viven anclados a un sustrato y se alimentan filtrando el agua.

El **ósculo** es la abertura superior del cuerpo.

El **atrio** es la cavidad central del organismo.

Toda la superficie del cuerpo está recubierta de pequeños **poros.**

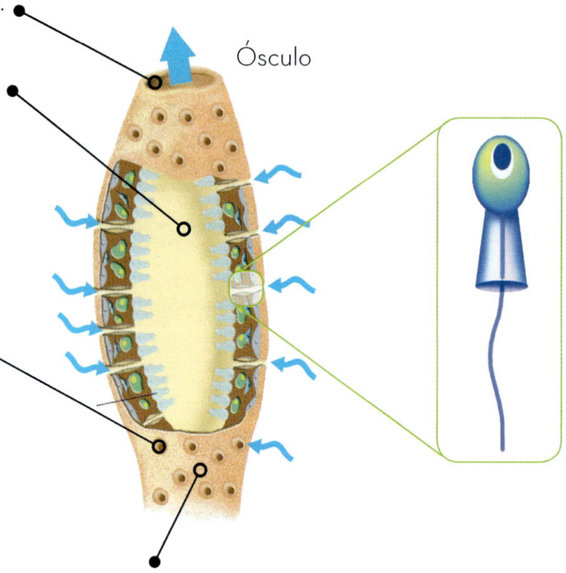

La pared interior está repleta de células con flagelos **(coanocitos)** que, al moverse, generan una corriente de agua que entra por los poros y sale por la abertura superior (ósculo).

La corriente es aprovechada para filtrar los nutrientes del agua que quedan atrapados en el cuerpo del porífero.

La **pared exterior** perforada es más o menos dura gracias a un esqueleto interno formado por numerosas espinas o **espículas** que mantienen la estructura del organismo. Las espículas pueden ser rígidas o flexibles, según su composición.

Te proponemos un reto

Busca en la imagen los animales cnidarios, numéralos, dibújalos en tu cuaderno y contesta:

a) ¿A qué tipo de cnidario pertenecen? ¿En qué fases están?

b) ¿Son sésiles o móviles?

c) ¿Cómo consiguen la materia orgánica para alimentarse?

d) ¿Qué criterios has utilizado para identificarlos?

¿Qué otros grupos de animales puedes observar? Numéralos, dibújalos en tu cuaderno y contesta:

a) ¿A qué grupo pertenecen?

b) ¿Qué características comparten con los cnidarios? ¿En qué se diferencian?

c) ¿Qué criterios de clasificación has utilizado para identificarlos?

Cnidarios

Los cnidarios son animales de cuerpo blando, acuáticos y con forma de saco. Pertenecen a este grupo las medusas, los corales y las anémonas.

Los cnidarios son organismos carnívoros en cuyos tentáculos tienen, en ocasiones, sustancias paralizantes que inyectan a sus presas para alimentarse de ellas.

Hay dos **tipos o fases de cnidarios:**

Cnidarios tipo pólipo

Viven anclados al sustrato, como los corales, las anémonas o las hidras. Su cuerpo con forma de saco tiene una única abertura rodeada de tentáculos con los que capturan el alimento y lo introducen en la cavidad gastrovascular. En esta fase, el cnidario se reproduce asexualmente.

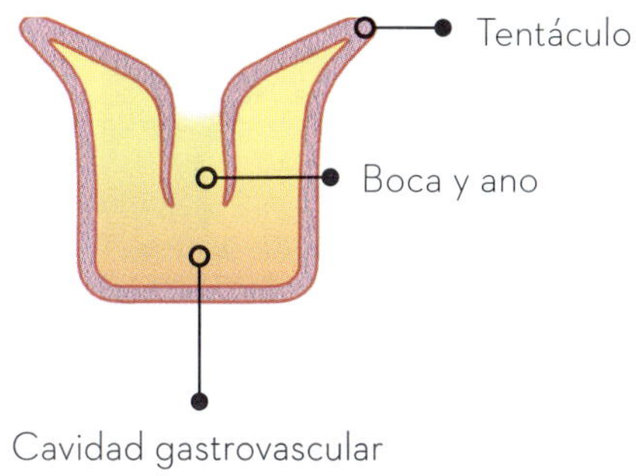

Cnidarios tipo medusa

Tienen cuerpo gelatinoso y la misma estructura de saco, pero invertido, y se desplazan propulsándose con sus cuerpos y tentáculos. Los cnidarios en fase medusa se reproducen de forma sexual.

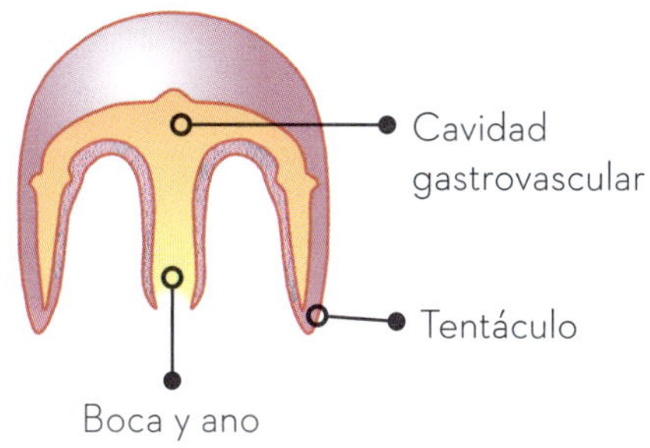

Algunos cnidarios pasan una parte de sus ciclos vitales en fase pólipo, y otras, en fase medusa. Este tipo de cnidarios alternan su reproducción sexual con la asexual.

Coopera y aprende

Las costas españolas albergan varias especies diferentes de medusas. Unas son inofensivas, como la medusa huevo frito del Mediterráneo o la medusa *Aequorea*, típica del Atlántico y que no produce picaduras. Sin embargo, existen otras medusas, como la carabela portuguesa, cuyas picaduras son peligrosas.

Visitad la siguiente página para informaros sobre cómo se debe actuar frente a la picadura de las medusas. Una vez que sepáis qué se debe hacer, vamos a desarrollar una campaña informativa en el instituto. Para ello, unos grupos elaborarán carteles sobre cómo tratar una picadura de medusa y otros sobre cómo reconocer las especies de medusas peligrosas.

Colocad los carteles por los pasillos del centro e informad a vuestros amigos y familiares.

bit.ly/Tratamiento_picadas_medusa

Platelmintos, nematodos y anélidos

Sabías que...

La tenia es un nematodo parásito que vive en el intestino de los humanos y puede alcanzar los tres metros.

Se transmite a través de la carne de vaca o cerdo infestada previamente.

Estos tres grupos de invertebrados se caracterizan por presentar un **cuerpo blando y alargado.** Todos ellos disponen de una **cabeza** en la que se localizan los órganos sensoriales y nerviosos.

Tienen **simetría bilatera**l y no poseen ni esqueleto interno ni esqueleto externo.

Platelmintos

Los platelmintos son gusanos de **cuerpo plano, acuáticos** y **terrestres.** Algunos son de vida libre y carnívoros, como las planarias marinas, y otros, **parásitos** de otros organismos, como las tenias.

Analiza y reflexiona

Dos investigadoras de la Universidad de Barcelona descubrieron en 2016 una nueva especie de platelminto llamada *Obama nungara*. La especie procede de Brasil, es terrestre y se alimenta de caracoles y babosas. Leed el siguiente artículo y contestad a las preguntas primero individualmente, después por parejas y finalmente por grupos.

bit.ly/Obama_nungara

a) ¿Qué significa *Obama nungara*? ¿En qué lengua?

b) Cita el nombre de las dos investigadoras del descubrimiento. ¿En qué revista publicaron sus investigaciones?

c) ¿Qué es una especie invasora? ¿Por qué supone un peligro?

d) ¿Cómo creéis que pudo llegar la especie *Obama nungara* a Europa?

¿Conocéis otros ejemplos de especies invasoras? Elaborad una lista de al menos cinco animales invasores.

Nematodos

Los nematodos son gusanos de **cuerpo cilíndrico** y extremos más delgados. La mayoría son muy pequeños, miden entre 0,1 y 2,5 mm. Aunque existen nematodos de vida libre, muchos son **parásitos** y viven y se alimentan en el interior de otros organismos, como las lombrices intestinales, el anisakis o la triquina. Algunos de estos grupos parásitos pueden causar enfermedades en los seres humanos.

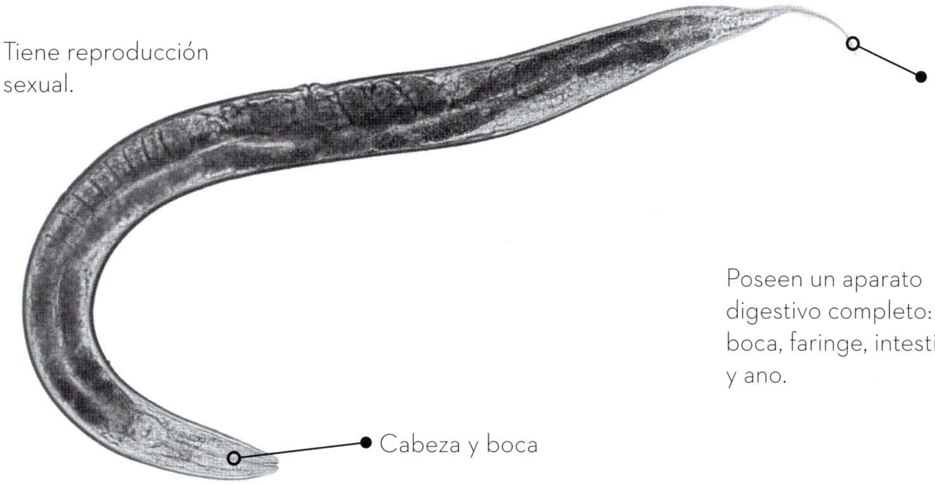

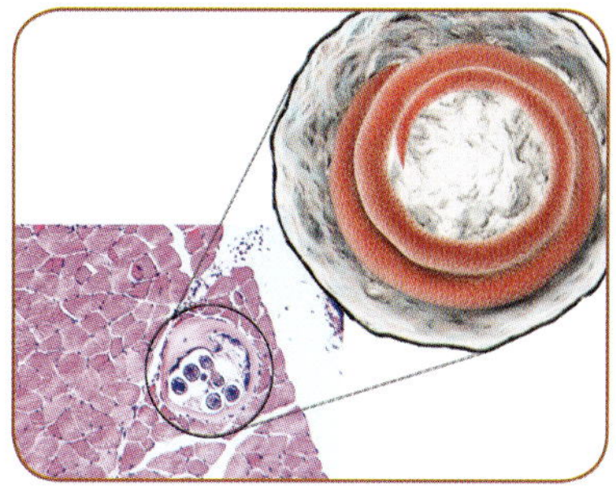

Triquina en el tejido muscular de un cerdo.

Anélidos

Los anélidos son gusanos de cuerpo alargado dividido en **segmentos o anillos.** Tienen respiración cutánea, por lo que deben vivir en ambientes **terrestres** con cierta humedad, como la lombriz de tierra, o en ambientes **acuáticos,** como la sanguijuela. También hay muchas especies marinas.

Algunos grupos de anélidos presentan sexos separados y otros, como la lombriz de tierra, son hermafroditas.

Anélido marino.

Actividades

3. Las lombrices intestinales ponen sus huevos en tierras húmedas, como las de los parques infantiles. ¿Cómo crees que pueden llegar a nuestros intestinos? ¿Por qué crees que les afectan más a las personas en la etapa infantil que en la etapa adulta? ¿Cómo podríamos prevenir su infestación?

4. En tu cuaderno haz un esquema con los tres grupos de animales explicados en este apartado, indica sus diferencias y esboza un dibujo sencillo de su anatomía.

Moluscos

De qué hablamos...

El nombre de los tres grupos de moluscos proviene del griego:

- *Gasterópodo* es una palabra formada por la raíz *gaster-* 'estómago' y la terminación *-podos* 'pie'.
- *Bivalvos* se forma por el prefijo *bi-* 'dos' y la terminación *-valva* 'conchas'.
- *Cefalópodo* significa 'pies en la cabeza': *céfalo*, 'cabeza', y *podos*, 'pie'.

Los moluscos son invertebrados de cuerpo blando, acuáticos o terrestres, que desarrollan, en su mayoría, un esqueleto protector, que puede ser externo o interno.

En el cuerpo de los moluscos se distinguen tres partes:

- La **cabeza,** en la que se encuentran los órganos sensoriales, como los ojos, los órganos táctiles y la boca.
- El **cuerpo visceral,** que constituye el cuerpo del animal y protege los órganos internos.
- El **pie muscular,** que les sirve para desplazarse.

La reproducción es sexual.

Los principales grupos de moluscos son los gasterópodos, los bivalvos y los cefalópodos.

Gasterópodos

La mayoría de gasterópodos protegen sus cuerpos con una **concha** dura, rica en calcio, aunque hay algunas excepciones como las babosas, que no tienen concha.

Los gasterópodos pueden ser acuáticos y filtradores, como la lapa, o terrestres y herbívoros, como la babosa y el caracol.

Los gasterópodos terrestres tienen respiración pulmonar, y los acuáticos respiran mediante branquias.

Los gasterópodos son el grupo más numeroso y diverso de los moluscos. Se han adaptado a todos los ambientes, tanto terrestres como marinos. Se encuentran desde gasterópodos con conchas microscópicas y simples hasta grupos con conchas muy adornadas y de gran tamaño.

Los gasterópodos acuáticos tienen sexos separados y la fecundación es externa. Los terrestres son hermafroditas y la fecundación es interna.

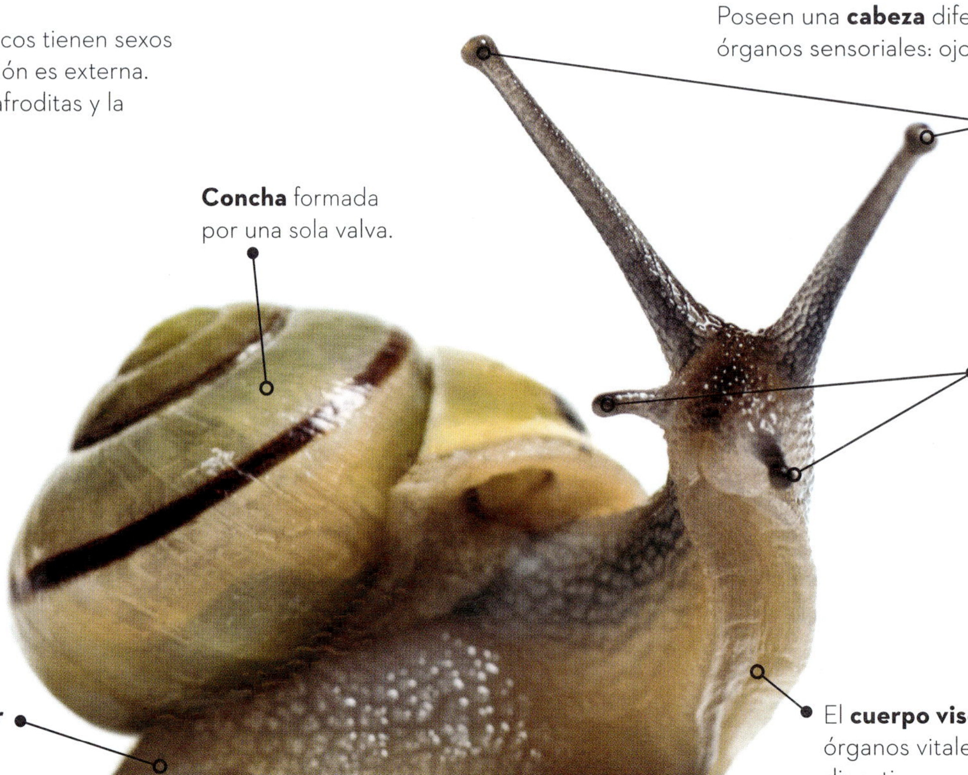

Bivalvos

Los bivalvos son organismos acuáticos de cuerpo blando que protegen su cuerpo con **conchas** formadas por **dos valvas,** como el mejillón, las navajas y las almejas. Como son acuáticos, tienen respiración branquial.

Cefalópodos

Los cefalópodos son animales acuáticos que han desarrollado esqueletos internos llamados **plumas.** No les sirven de protección, sino de soporte para sus cuerpos blandos. Ejemplos de este grupo son los pulpos, las sepias y los calamares, todos ellos carnívoros depredadores. El nautilo es un cefalópodo que sí dispone de concha.

Los cefalópodos son el grupo más evolucionado de los moluscos y poseen el sistema nervioso más complejo de todos los invertebrados. Algunos pueden acechar a sus víctimas y camuflarse cambiando sus tonalidades corporales.

Al ser acuáticos, respiran por **branquias,** al igual que los bivalvos y los gasterópodos acuáticos.

Sabías que...

La mayoría de los animales acuáticos, para extraer el oxígeno disuelto en el agua, emplean las branquias o agallas.

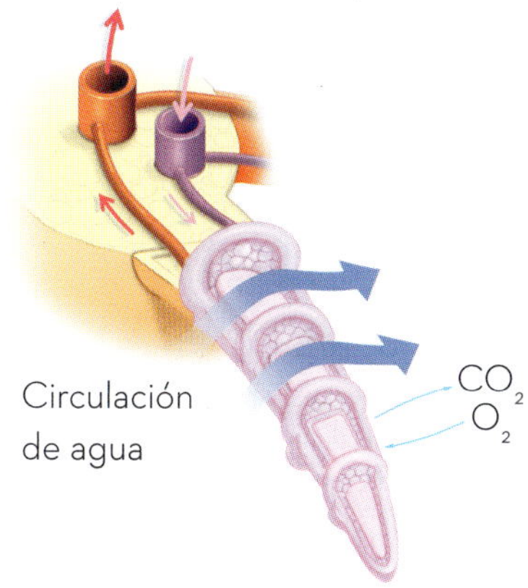

Actividades

5. Investiga y averigua cómo funciona la respiración branquial. Realiza un dibujo esquemático en tu cuaderno.

6. ¿Cuántos tipos de respiración conoces por el momento? Define cada tipo de respiración.

Nombra algún animal invertebrado o grupo de invertebrados de cada tipo.

7. Los gasterópodos son animales de movimientos lentos, ¿qué ventaja les aporta ser hermafroditas?

Artrópodos

Sabías que...

La respiración traqueal consiste en un sistema de tubos que van ramificándose en tubos más finos a través de los cuales pasa el aire y llega hasta las células.

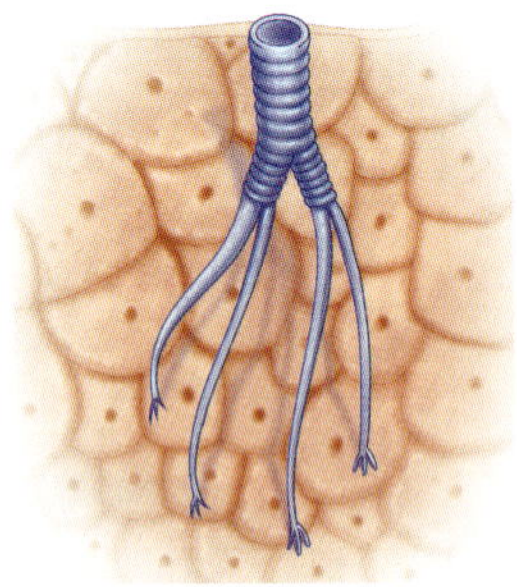

Dentro del reino animal, los artrópodos suponen el grupo más diverso y numeroso; más de las tres cuartas partes de las especies animales conocidas pertenecen a este grupo.

> Los **artrópodos** son animales invertebrados con simetría bilateral, cuerpo segmentado, apéndices articulados y una cubierta dura denominada exoesqueleto.

A pesar de que presentan una gran diversidad, la mayoría de los artrópodos tienen las siguientes características comunes:

- Su **cuerpo** está **segmentado** y dividido en **cabeza, tórax** y **abdomen.**
- Presentan **apéndices articulados** que cumplen diferentes funciones; los que utilizan para desplazarse se denominan **patas.**
- Los **ojos,** también conocidos como **ocelos,** pueden ser **simples,** cuya función es captar la luz, o **compuestos,** que les permiten detectar movimientos rápidos. Existen grupos que presentan ambos tipos.

- Presentan una cubierta dura y continua que se denomina **exoesqueleto.** Este no aumenta de tamaño, por lo que necesitan cambiarlo para poder crecer, proceso que se denomina **muda.**

- Los artrópodos presentan distintas formas de respiración: **branquial,** si son artrópodos acuáticos; a través de **pulmones en libro,** en algunos tipos de arácnidos, y, por último, **traqueal,** en la mayoría de los artrópodos terrestres.
- Los artrópodos son animales con **reproducción sexual** y ovíparos.
- Algunos grupos sufren un proceso de **metamorfosis** por el cual se producen cambios estructurales en el individuo desde el nacimiento hasta la edad adulta.

Quelicerados

Los artrópodos quelicerados presentan junto a la boca unos apéndices articulados acabados en punta denominados **quelíceros,** que les sirven para agarrar la presa; algunos de ellos están asociados a una glándula venenosa e inoculan veneno.

El grupo más importante de quelicerados es el de los arácnidos.

Sabías que...

La tela de las arañas es hasta seis veces más resistente que el acero.

Arácnidos

Son un grupo de invertebrados terrestres que incluyen las arañas, los escorpiones y las garrapatas. La mayoría son carnívoros y viven en lugares cálidos y secos.

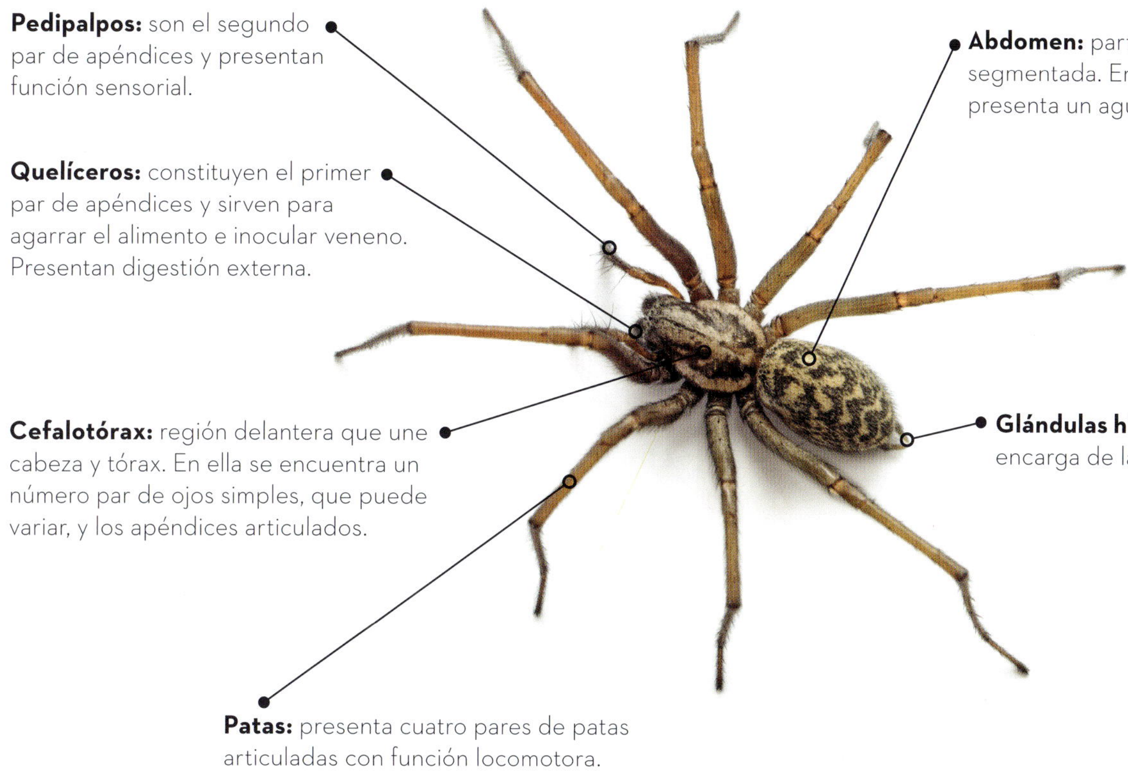

Analiza y reflexiona

La clase arácnidos también incluye a los escorpiones, aunque su estructura es diferente a la de las arañas.

A partir de la imagen que aparece a continuación, trata de identificar las regiones comunes en todos los artrópodos e identifica qué función cumple cada una de ellas.

Actividades

8. Trata de dibujar algún arácnido que sea fácil de observar en tu zona. Identifica sus partes. Después busca información sobre él: cuál es su nombre científico y en qué hábitat se desarrolla.

Sabías que...

Existe un cangrejo japonés, el *Macrocheira kaempferi*, conocido como *cangrejo araña*, que mide más de cuatro metros y puede llegar a pesar más de 20 kilogramos.

Mandibulados

Los artrópodos mandibulados presentan alrededor de la boca un conjunto de piezas denominadas **mandíbulas.** Los mandibulados son los crustáceos, los miriápodos y los insectos.

Crustáceos

Los **crustáceos** son un grupo de invertebrados fundamentalmente acuáticos: viven en mares y en aguas salobres y dulces, aunque algunos de ellos, como la cochinilla de humedad, han colonizado el medio terrestre. Presentan un exoesqueleto especialmente duro compuesto por carbonato cálcico. Destacan sobre todo animales como las gambas o los cangrejos, que son en su mayoría omnívoros.

Actividades

9. Aparte de las mandíbulas, ¿qué características tienen en común un crustáceo y un miriápodo?
10. La escolopendra es un tipo de ciempiés cuya picadura es venenosa. Busca información y responde:
    a) ¿Cómo prevenir su picadura?
    b) ¿Cómo actuar en caso de picadura?
    c) ¿Cuáles son los síntomas?

Miriápodos

Los **miriápodos** son un grupo de artrópodos terrestres cuyo cuerpo está dividido en segmentos y tienen múltiples pares de patas. Presentan una mandíbula bien definida, y algunos de ellos son carnívoros y otros, herbívoros. Dentro de este grupo, encontramos los ciempiés y los milpiés.

Insectos

Es el grupo de artrópodos más diverso, numeroso y global. Llega a colonizar todos los hábitats, excepto los fondos oceánicos. Su éxito se debe, en parte, a que son los únicos invertebrados con **capacidad de volar.**

Se les conoce también como hexápodos, ya que presentan tres pares de patas, todas ellas articuladas. Tienen, además, un par de antenas y uno o dos pares de alas, aunque algunos insectos carecen de ellas.

La alimentación de los insectos es muy variada; muchos son herbívoros, como el saltamontes; otros, carnívoros, carroñeros, y algunos, como los piojos, parásitos.

El aspecto de la mayoría de los insectos cambia a lo largo de la vida en un proceso denominado **metamorfosis.**

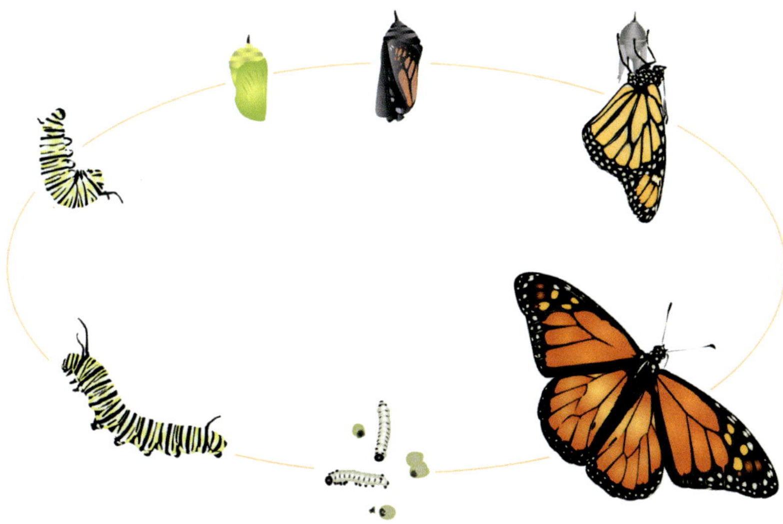

En la imagen se puede observar el ciclo de vida de la mariposa monarca. De los huevos que ponen los individuos adultos nacen **larvas,** con un aspecto similar al de un gusano. La larva crece y se encierra en una estructura denominada crisálida. Esta es la fase de **pupa,** después de la cual se transformará en mariposa, que corresponderá a la **fase adulta.**

Sabías que...

Existen procesos de metamorfosis en los que el animal que nace tiene el mismo aspecto que el individuo adulto, pero su tamaño es mucho más reducido.

Actividades

11. El saltamontes y la mariquita pertenecen al grupo de los insectos. Identifica qué diferencias morfológicas presentan.

12. Los crustáceos son los únicos artrópodos con dos pares de antenas. Investiga si tienen alguna otra función.

Equinodermos

Ciencia 2.0

Para ver cómo funciona el sistema ambulacral, puedes acceder al enlace:

bit.ly/Sistema_ambulacral

Los equinodermos son un filo de invertebrados exclusivamente marinos. Estos animales presentan un esqueleto interno de carbonato cálcico que se denomina **endoesqueleto.**

Los **equinodermos** son animales invertebrados que presentan simetría radial. Viven en los fondos marinos y se desplazan gracias al sistema ambulacral.

Dentro de este grupo, se encuentran animales con diferentes morfologías; sin embargo, todos presentan unas características comunes:

- Su endoesqueleto se encuentra recubierto por una capa de piel.
- Son animales **carnívoros** y respiran a través de **branquias.**
- Son individuos con **reproducción sexual,** aunque algunos pueden reproducirse **asexualmente** por **fragmentación.** Son **ovíparos** y para llegar a la fase adulta sufren metamorfosis.
- Los equinodermos se desplazan gracias al **sistema ambulacral,** exclusivo de este grupo, que consiste en una serie de tubos internos que se comunican con el exterior a través de los pies ambulacrales, que terminan en forma de ventosa. Estos tubos se llenan de agua, que expulsan para propulsarse.

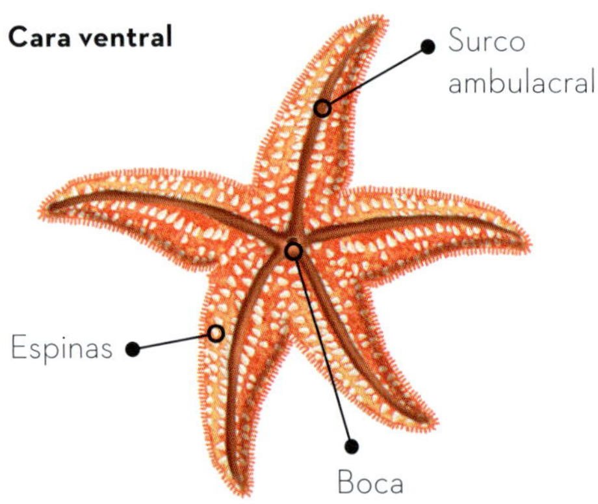

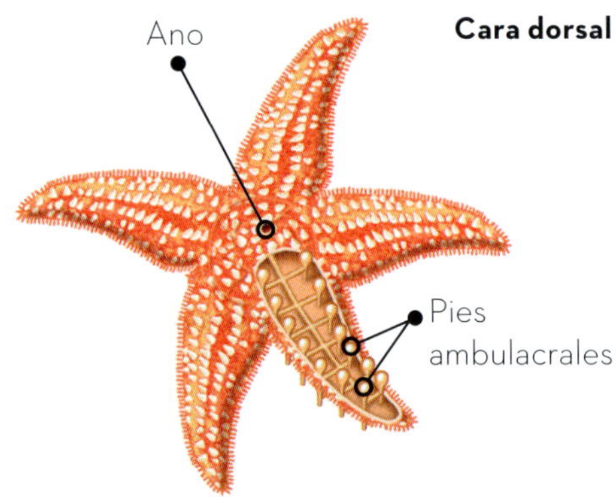

- No presentan el cuerpo segmentado y tienen formas variadas: algunos, como las estrellas de mar y las ofiuras, son **aplanados,** con forma de estrella; otros tienen forma **globosa,** como las holoturias y los erizos.

Actividades

13. Busca las diferencias entre el esqueleto interno de los equinodermos y el de los vertebrados e indica qué diferencias existen entre ambos.

14. Haz un dibujo en tu cuaderno del mecanismo de fragmentación por el cual se pueden regenerar las estrellas de mar y trata de explicar con tus propias palabras en qué consiste.

15. A partir de la descripción de la forma de los equinodermos, identifica los animales que aparecen en las fotos.

Mapa conceptual

Completa en tu cuaderno el mapa conceptual con algunos de los contenidos clave del tema y, a partir de él, realiza un mapa mental sobre los invertebrados.

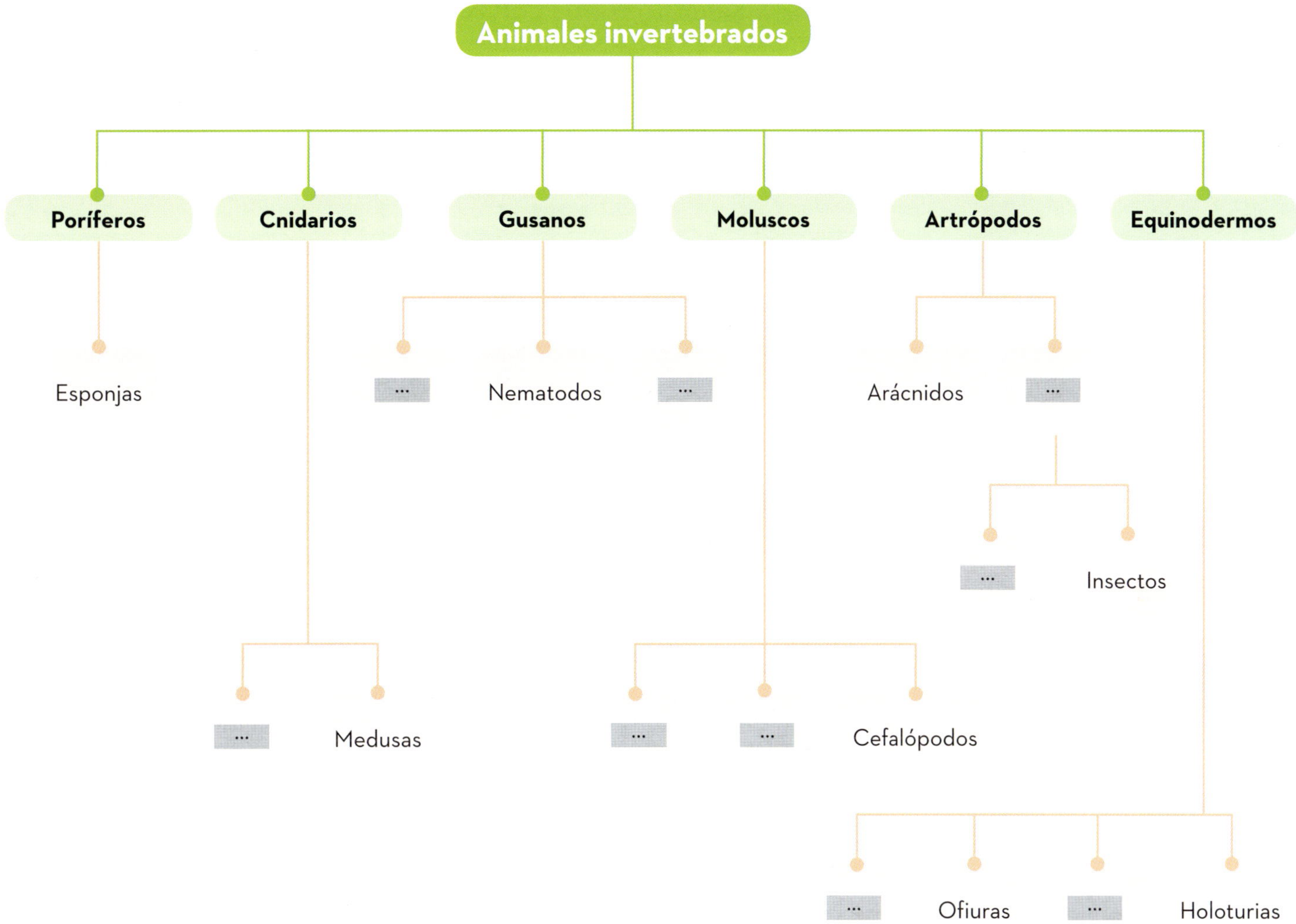

Investigamos

Para averiguar si somos capaces de reconocer y clasificar los distintos animales invertebrados en su grupo correspondiente, trabajaremos en grupos de cuatro el siguiente reto:

El docente planteará una lista de 20 animales invertebrados a todos los grupos. Cada persona buscará una foto de cada animal y mediante el estudio de las características morfológicas de este lo situará en el grupo de invertebrados que corresponda.

Después, dentro del grupo, los cuatro integrantes se dividirán en parejas y cada pareja comparará los grupos en los que ha clasificado a los distintos animales y debatirán hasta llegar a un consenso. Una vez terminado, se repetirá el procedimiento, pero ahora debatirá todo el equipo hasta tener la clasificación definitiva de los 20 animales.

Para finalizar, todos los grupos pondrán en común su clasificación y comprobarán, con la ayuda del docente, si es acertada.

Si necesitas ayuda a la hora de clasificar los animales, puedes construir una clave dicotómica como la que hay en el enlace que aparece a continuación, que te ayude en el proceso de clasificación:

bit.ly/Guia_invertebrados

Actividades finales

Invertebrados

1. Nombra tres características comunes a todos los invertebrados.

¿Cuál es la principal diferencia entre vertebrados e invertebrados?

2. Di si son ciertas estas afirmaciones. Corrige las incorrectas.

a) Los animales invertebrados no tienen simetría corporal.

b) Todos los invertebrados son heterótrofos.

c) Todos los invertebrados son carnívoros.

d) Los invertebrados son organismos sésiles.

e) Todos los invertebrados se reproducen asexualmente.

Poríferos y cnidarios

3. Completa el dibujo en tu cuaderno, identifica las estructuras señaladas y responde a las preguntas:

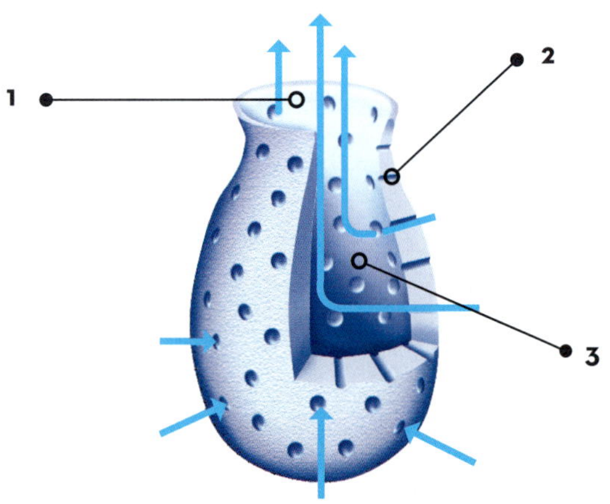

a) ¿Cómo se alimentan los poríferos?

b) ¿Qué es el ósculo y para qué sirve?

c) ¿Son sésiles o móviles?

d) ¿Cómo se reproducen?

4. Realiza un dibujo sencillo de los dos tipos de cnidarios y explica sus diferencias.

¿Cuál de ellos tiene reproducción asexual? ¿Por qué?

Dibuja y describe el ciclo de vida de un pólipo.

Platelmintos, nematodos y anélidos

5. Completa el siguiente texto en tu cuaderno:

Los gusanos son animales invertebrados de ··· y ··· . En todos ellos se diferencian una ··· en la que se localizan los órganos sensoriales y ··· .

Tienen simetría ··· y no poseen ni esqueleto ··· ni esqueleto ··· .

6. Menciona tres semejanzas entre nematodos, platelmintos y anélidos. ¿En qué se diferencian?

Moluscos

7. ¿ Qué es la respiración branquial? ¿Qué grupos tienen este tipo de respiración?

¿Un invertebrado terrestre podría tener este tipo de respiración? Razona la respuesta.

8. Ordena los siguientes invertebrados en función de su complejidad, del más simple al más complejo.

Estrella de mar, caracol, coral, esponja, araña, medusa, lombriz, pulpo y sanguijuela.

¿A qué grupo taxonómico pertenece cada uno?

9. Nombra las características comunes de los moluscos.

10. Observa y responde:

¿A qué grupo pertenece cada uno? ¿En qué característica morfológica te has fijado?

¿Cuál de ellos es el más complejo?

Artrópodos

11. Explica por qué es necesario que los artrópodos sufran el proceso de muda.

12. ¿Qué características presentan la araña y el escorpión que les diferencien de otros artrópodos?

13. Observa las siguientes imágenes y responde a las preguntas:

a) ¿A qué grupo de artrópodos corresponde cada uno de ellos?

b) ¿En qué característica morfológica te has fijado para clasificarlos?

c) A partir de lo observado, completa la siguiente tabla en tu cuaderno:

Grupo de artrópodos	Pares de patas	Partes en que se divide el cuerpo
...	...	...
...	...	...
...	...	...
...	...	...

14. Busca en Internet dos especies de arácnidos cuya picadura sea mortal, una perteneciente al grupo de arañas y la otra, al de escorpiones. ¿Existen en nuestro territorio? ¿Son comunes? ¿En qué lugar del mundo se pueden localizar muchas especies?

15. Seguramente hayas oído hablar de los bichos bola. Busca una imagen en Internet e indica a qué grupo de artrópodos crees que pertenece.

16. ¿Qué diferencias y semejanzas encuentras entre la morfología de los miriápodos y la de los anélidos?

17. ¿Por qué crees que los insectos son los animales que más hábitats distintos han colonizado?

18. Observa el ciclo de vida de los saltamontes y contesta:

a) ¿Cómo se denomina este proceso?

b) ¿Qué diferencias observas entre este ciclo de vida y el de la mariposa monarca?

Equinodermos

19. ¿En cuántos planos simétricos puedes dividir una estrella de mar? ¿A qué se debe esto?

20. Clasifica los distintos grupos de equinodermos según tengan forma aplanada o forma globosa.

21. Busca información sobre cómo funciona el sistema ambulacral e intenta explicarlo con tus palabras.

Escribe dos ideas que tengas claras y que sean fundamentales.

Realiza dos preguntas sobre aspectos que no te han quedado claros.

Escribe dos aspectos sobre los que te gustaría profundizar.

Tras el estudio de los distintos grupos de invertebrados, te proponemos la siguiente clave dicotómica para identificarlos. En ella aparecen las características más representativas de cada uno de los grupos. Obsérvala detenidamente y después contesta a las preguntas que se plantean:

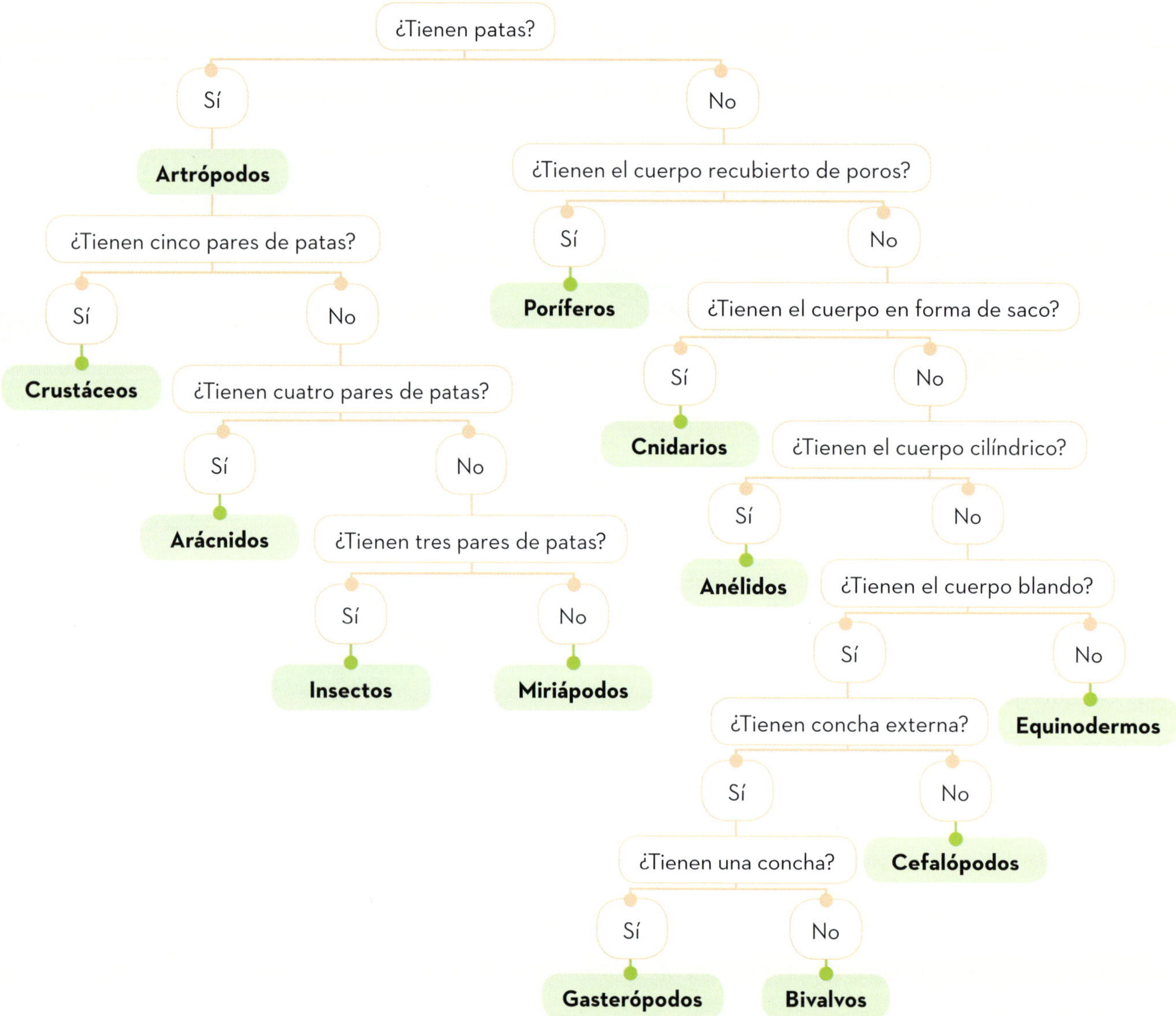

Pregunta 1

Indica a qué grupo de invertebrados pertenecen los animales que aparecen en las siguientes fotografías. Escribe el camino que has seguido hasta identificarlos.

Pregunta 2

Responde si las siguientes afirmaciones son verdaderas o falsas. Corrige las que sean falsas:

a) Los cefalópodos son un tipo de artrópodo que no tiene caparazón duro.

b) Los cnidarios son invertebrados que presentan células urticantes.

c) Los gusanos son invertebrados con el cuerpo duro y carecen de patas.

d) Los bivalvos son un tipo de molusco que presenta dos conchas.

Hicieron ciencia

Las abejas y la miel

Las abejas son las mayores polinizadoras del planeta, y se encuentran en peligro de extinción debido, en parte, a la acción del hombre. Estos animales no solo se encargan de transportar el polen de un lugar a otro y permitir así la germinación de nuevas flores, sino que además fabrican miel. La **miel** es uno de los pocos productos que aún hoy se obtienen de forma natural gracias al trabajo que realizan estos animales.

¿Cómo fabrican la miel?

1. La abeja absorbe el néctar de las flores y lo almacena en el interior del tórax, donde unas enzimas comienzan a descomponerlo en azúcares más simples.
2. Lo traslada hasta la colmena, donde lo intercambia con abejas jóvenes que comienzan un proceso de regurgitación por el cual las abejas se irán transfiriendo el líquido.
3. Cuando el néctar ha alcanzado los estados de pH y humedad adecuados, lo depositan en las celdas de la colmena y lo cubren con una cera segregada por ellas mismas.
4. La cera protege la miel del aire y la humedad, por lo que estará perfectamente conservada hasta su comercialización.

Actividades

1. Investiga las propiedades nutricionales y terapéuticas de la miel. Puedes consultar este enlace: **bit.ly/Miel_nutritiva**
2. Investiga y dibuja en tu cuaderno la vestimenta y las herramientas características de un apicultor.

El desafío

En este desafío cada miembro del grupo cooperativo diseñará cinco cartas, cada una de las cuales se centrará en un ser vivo perteneciente a un filo de invertebrados, el que cada uno elija, y deberá contener la siguiente información:

Cara A

- Nombre del ser vivo

Cara B

- Filo al que pertenece
- Grupo al que pertenece
- Característica representativa de este filo o grupo

Una vez que tengamos todas las cartas, las mezclaremos y cada persona escogerá una, mirará la cara A y, a partir del nombre del organismo, tendrá que responder a las preguntas. Cada pregunta acertada sumará un punto. Gana quien más puntos consiga.

Cara A

Estrella de mar

Cara B

Equinodermos
Asteroideos
Sistema ambulacral

9 Los animales vertebrados

Sumario

Marcos Rodríguez Pantoja es uno de los pocos casos en el mundo de seres humanos criados por animales. En los años cincuenta, con apenas siete años, sus padres lo dejaron con un anciano pastor. Tras la muerte de este, fue acogido por una manada de lobos, que aceptaron a este nuevo miembro, le protegieron y le alimentaron.

«Un día oí ruido detrás de unas rocas. Me acerqué y había unos lobeznos. Fui a darles comida, a revolcarme con ellos... Vino la loba y lanzó un mordisco... Me fui... Otro día estaba en la cueva y entró la loba. Yo me fui al fondo... Creía que me iba a comer... ¡Como antes me había atacado...! Pero me dejó un trozo de carne... Me lo iba acercando... Y al final se acercó y la abracé... Y fueron confiando en mí.»

Al pequeño salvaje de Sierra Morena no le gustan nada los cuentos infantiles en los que los lobos son una amenaza y siempre tienen las de perder. «Prohibiría totalmente esas leyendas... Los mayores asustan sin razón a los niños, y eso no está nada bien.»

Modificado de bit.ly/entre_lobos

Descubre

En el siguiente dibujo puedes observar algunos esqueletos de animales. ¿Podrías identificar a qué animales pertenecen?

Todos estos animales pertenecen a un grupo taxonómico llamado *vertebrados*, cuya principal característica es que presentan un esqueleto interno.

¿Sabrías decir para qué sirve el esqueleto? ¿Qué ventajas les proporciona a estos animales frente a los invertebrados?

Aunque similares en patrón, el esqueleto de cada especie de vertebrado se diferencia claramente del de las demás, ajustándose a las necesidades de cada animal. Tal y como ocurre en los medios de transporte, no es lo mismo la estructura de un submarino que la de un avión.

¿Qué adaptaciones ha sufrido el esqueleto de un gorrión para poder volar? ¿Y el de un pez vela para surcar los mares como un torpedo? ¿Necesita las mismas estructuras un gorila que un guepardo?

En grupos cooperativos, elaborad un mural con los esqueletos de la imagen superior, intentando descubrir las diferencias más evidentes. Completad este mural a medida que avancéis en la unidad.

¿Qué sé sobre los vertebrados?

¿Qué quiero aprender sobre estos seres vivos?

Identifico los diversos grupos de vertebrados.

Conozco cómo se nutren, reproducen y relacionan los vertebrados.

Sé por qué los anfibios viven en la tierra y en el agua.

Identifico el ser humano como un animal vertebrado mamífero.

Características de los vertebrados

Dentro del reino animal, los vertebrados son el grupo que presenta una organización más compleja y sofisticada. Pese a su complejidad, los vertebrados son un grupo relativamente homogéneo y comparten muchas características. Veamos cuáles:

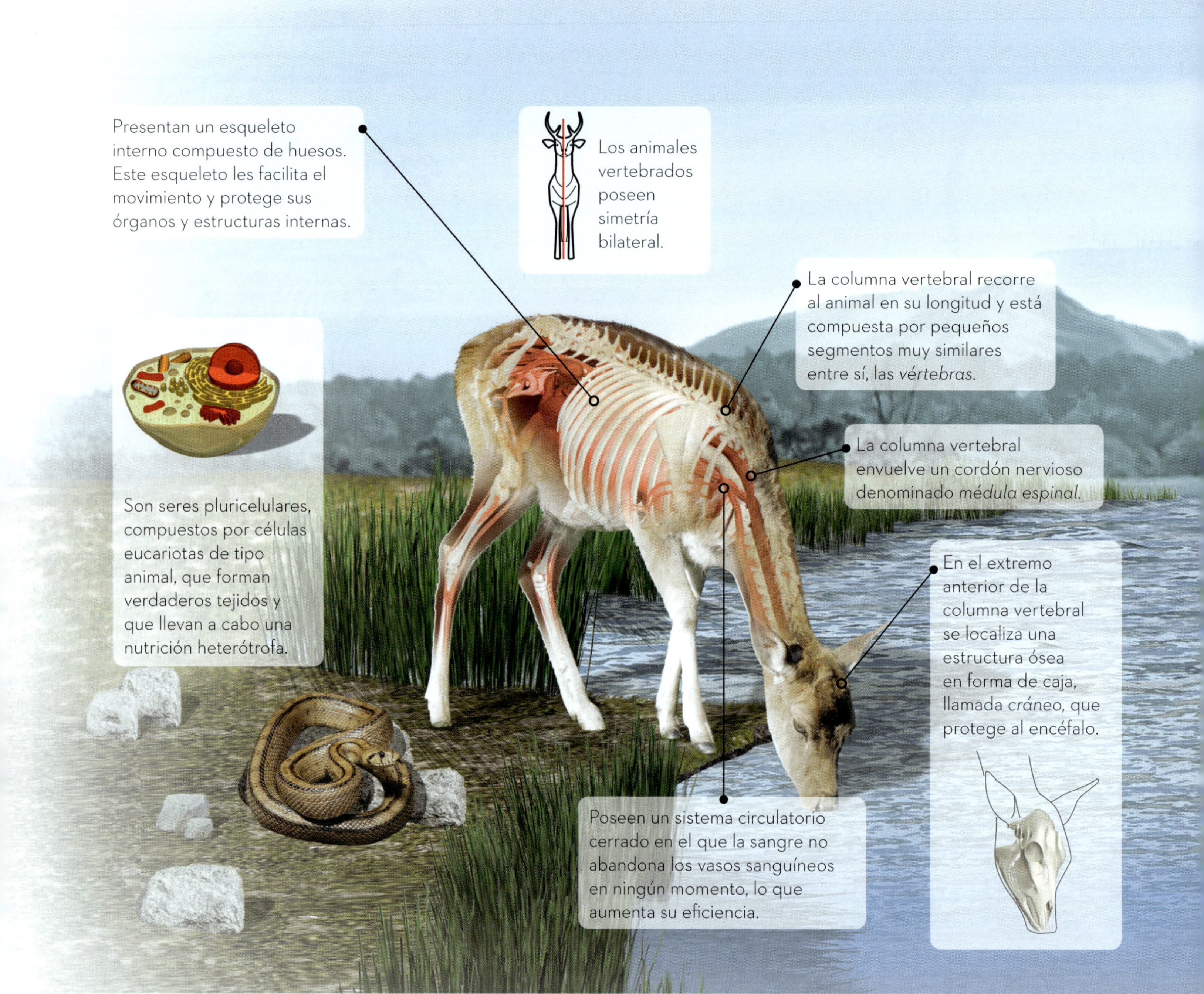

Te proponemos un reto

Investiga sobre los cordados, el filo al que pertenecen los vertebrados. Visita la página sugerida en la mochila digital y contesta a las siguientes preguntas:

¿Son todos los cordados organismos vertebrados? ¿Son todos los vertebrados organismos cordados?

¿Qué características tienen todos los cordados?

Si el ser humano es un organismo cordado, ¿por qué no tenemos notocorda o faringotremas?

Puedes obtener información en el enlace **bit.ly/animales_cordados**

Desde los fríos polos a los cálidos desiertos, los animales vertebrados han sabido conquistar todas las regiones del planeta. El desarrollo de diferentes mecanismos adaptativos les ha permitido conquistar agua, tierra y aire, y ha dotado a este grupo de una extraordinaria diversidad. Por este motivo, estas características generales no se cumplen en todas y cada una de las 60 000 especies de vertebrados que actualmente conocemos.

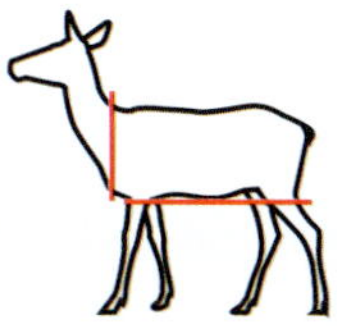

Normalmente su cuerpo se divide en tres partes diferenciadas: cabeza, tronco y extremidades.

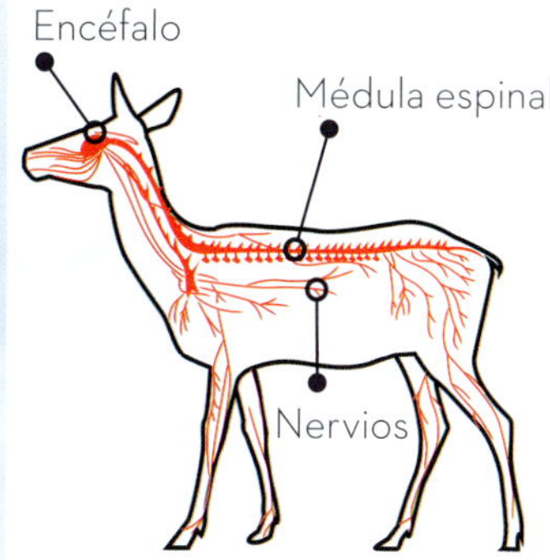

Su sistema nervioso es extremadamente avanzado, con estructuras como el encéfalo, la médula espinal y los órganos de los sentidos.

Llevan a cabo reproducción sexual.

La fecundación es interna (en el interior del cuerpo de la hembra) o externa (fuera del cuerpo de la hembra).

Presentan un aparato digestivo y excretor complejos con el que procesan alimentos, obtienen los nutrientes y eliminan los desechos generados.

Los embriones se desarrollan en el vientre materno (vivíparos), en un huevo (ovíparos) o en una combinación de ambos (ovovivíparos).

Muestran diferentes tipos de sistemas respiratorios (pulmones, branquias o cutáneo) que se adaptan perfectamente al hábitat del animal.

Existen cinco grandes grupos de vertebrados: peces, anfibios, reptiles, aves y mamíferos. Se tratarán a lo largo de los siguientes epígrafes.

Actividades

1. ¿Para qué sirve el esqueleto de los vertebrados?
2. ¿Qué tipo de reproducción llevan a cabo los vertebrados? ¿Dónde se produce el desarrollo y la formación de sus embriones?

Sabías que...

El estudio de fósiles sugiere que los primeros vertebrados del planeta fueron los ostracodermos, unos peces acorazados y sin mandíbulas y de movimiento lento y torpe.

Los peces

Ciencia 2.0

Descubre más sobre los peces en este enlace:

bit.ly/los_peces

Los peces son vertebrados acuáticos, poiquilotérmicos y ovíparos, con un cuerpo recubierto de escamas y que habitan tanto en aguas dulces como en salobres.

Características de los peces

Los peces fueron los primeros vertebrados que poblaron el planeta hace más de 400 millones de años. Tras un largo proceso evolutivo, la mayoría de los peces comparten estas características:

Además, los peces:

Son animales **poiquilotermos,** es decir, que la temperatura de su cuerpo depende de la del medio.

Su **reproducción** es **sexual** y, en la mayoría de los casos, la **fecundación** es **externa:** la hembra deposita sus huevos en el agua y el macho vierte su esperma para fecundarlos. Son animales **ovíparos.**

En general, son animales **carnívoros,** aunque existen especies herbívoras.

Ciencia 2.0

Conoce más sobre la reproducción del salmón:

bit.ly/reproduccion_salmon

Actividades

3. ¿Qué características de los peces facilitan su desplazamiento en el agua?

Clasificación de los peces

Todas las especies de peces, por diferente que sea su aspecto, se clasifican en uno de estos dos grupos: óseos o cartilaginosos.

Peces óseos u osteíctios	Peces cartilaginosos o condrictios

De forma aplanada lateralmente, su esqueleto es óseo; el cuerpo está cubierto de **escamas convencionales.** Tienen una aleta caudal simétrica (homocerca), opérculos y vejiga natatoria. Su fecundación es externa y son principalmente ovíparos. Ejemplos: la mayoría de los peces (merluza, salmón, sardina...).	De forma aplanada por el vientre, su esqueleto es de cartílago muy flexible; el cuerpo está recubierto de **dentículos dérmicos.** Tienen una aleta caudal asimétrica (heterocerca) y no poseen vejiga natatoria ni opérculos, pero sí surcos o hendiduras branquiales. Su fecundación es interna y pueden ser ovíparos, vivíparos u ovovivíparos. Ejemplos: tiburones, mantas y rayas.

Experimenta

Materiales: un jurel *(Trachurus murphyi)*, guantes, tijeras, pinzas y lupa.

Procedimiento:

Anatomía externa:

- Identifica la cabeza, el tronco y las aletas. Observa, en diferentes posiciones, los distintos tipos de aletas: dorsal, caudal o cola, aletas ventrales y aletas pectorales. Observa el cuerpo recubierto de escamas.
- En ocasiones se puede adivinar la línea lateral que recorre de delante atrás al animal.
- En la cabeza, localiza los ojos, la boca, los dientes, la lengua y los opérculos.

Anatomía interna:

- Retira los opérculos y observa las branquias y los filamentos branquiales.
- Corta desde la aleta caudal desde el orificio anal hasta las mandíbulas. Retira las vísceras e identifica la vejiga natatoria, que se encuentra encima del tubo digestivo.
- Observa el hígado, grande y de color marrón oscuro, y, cerca de él, el corazón, un órgano pequeño de color rojo intenso o marrón.

  a) ¿Qué órganos sensoriales eres capaz de identificar?

  b) ¿Qué forma tienen las diferentes aletas de los peces? ¿Concuerda con la función que realizan?

  c) Si un pez nadara con la boca cerrada, ¿podría sobrevivir?

Visita la biblioteca digital de peces de la Universidad de San Diego, donde se han realizado resonancias magnéticas de cientos de especies de peces:

bit.ly/peces_sandiego

Los anfibios

Sabías que...

Para realizar la respiración cutánea, la piel de los anfibios debe estar húmeda. Por eso viven cerca del agua y presentan glándulas cutáneas que humedecen su piel.

Los anfibios son vertebrados poiquilotérmicos, con cuatro extremidades y la piel muy fina. Son ovíparos y a menudo adquieren su forma adulta tras un proceso de metamorfosis. Dependiendo de si se encuentran en fase larvaria o adulta, viven, respectivamente, en el medio acuático o terrestre.

Características de los anfibios

Una vez que los primeros peces abandonaron el medio acuático, los anfibios fueron los primeros animales que se adaptaron a una vida terrestre. Como resultado, los anfibios presentan estas características:

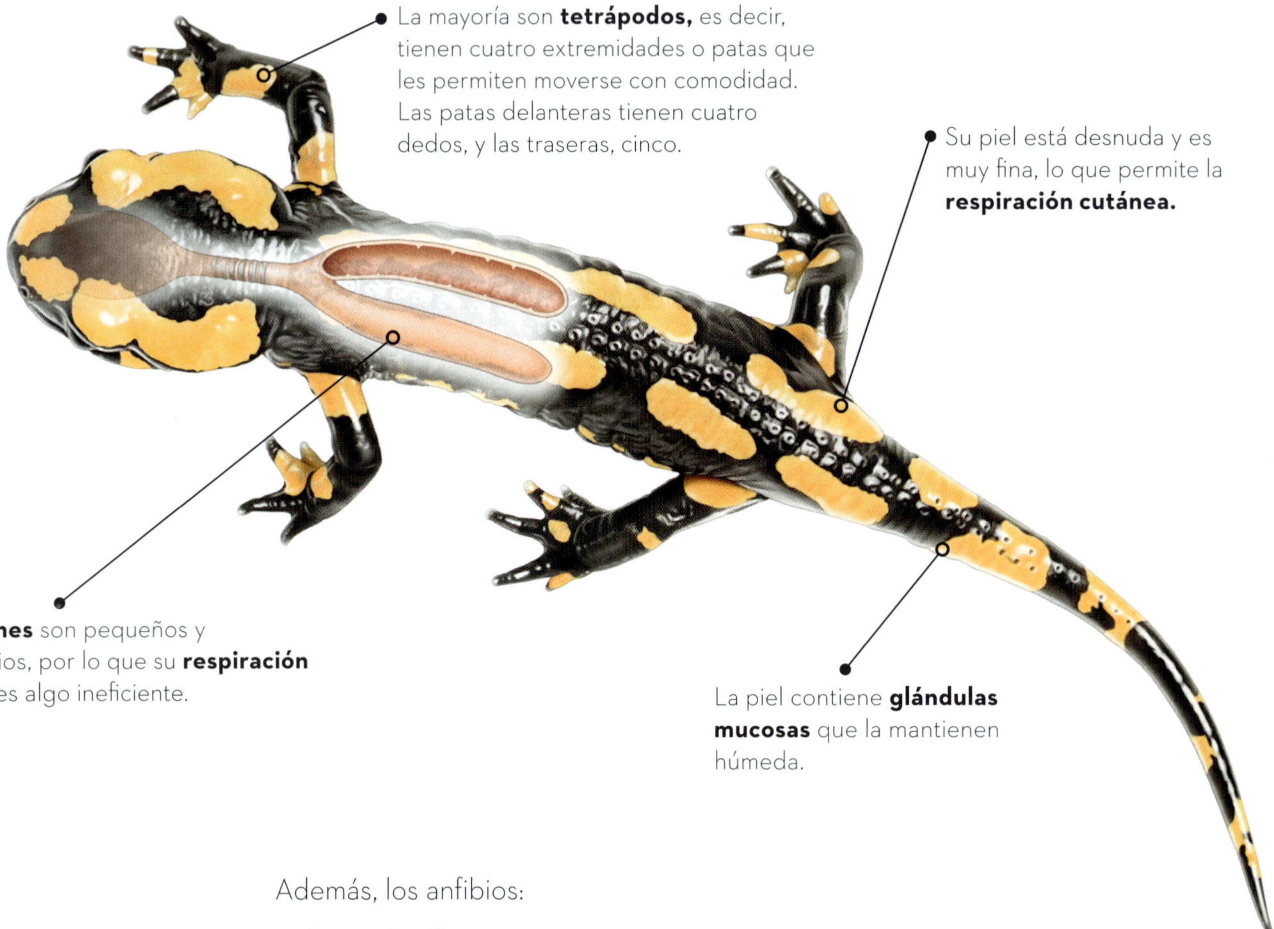

Además, los anfibios:

- Son **poiquilotermos.**
- Se reproducen **sexualmente** y la **fecundación es externa.** Los nuevos individuos se desarrollan en huevos, por lo que son animales **ovíparos.** Una vez que salen del huevo, pasan por una fase larvaria y, posteriormente, por una fase adulta. Los cambios morfológicos que sufren al pasar de una fase a otra se denominan **metamorfosis.**
- Su alimentación varía según la fase en la que se encuentren: las larvas suelen ser herbívoras u omnívoras y los adultos son siempre **carnívoros.**
- Los anfibios suelen habitar lugares de temperaturas moderadas. Los que habitan en regiones con cambios térmicos más drásticos a menudo pasan por una fase de aletargamiento o hibernación cuando llega el invierno.

Ciencia 2.0

Observa la disección virtual de una rana.

bit.ly/Disección_virutal_rana

La metamorfosis

Los anfibios atraviesan un conjunto de cambios anatómicos y fisiológicos para pasar de la fase de renacuajo, que es acuática, a la fase adulta, que es terrestre. A este proceso se le llama **metamorfosis** y tiene diferentes etapas:

1. Tras la fecundación, el nuevo individuo se desarrolla en el interior de un huevo de aspecto gelatinoso que ha sido depositado en el agua.
2. Transcurrido el tiempo necesario, de este huevo sale una larva o renacuajo que respira por branquias, presenta una larga cola y carece de extremidades. Vive en el agua y se alimenta de partículas disueltas y de algas.
3. Comienza la desaparición de la cola y la aparición de las patas posteriores. Las branquias van reduciéndose.
4. Comienzan a formarse las extremidades anteriores y se desarrollan totalmente las posteriores. Unos pequeños pulmones van reemplazando a las branquias. La respiración branquial pasa a ser pulmonar.

Clasificación de los anfibios

Existen unas 6 500 especies de anfibios, que se agrupan en dos órdenes:

Anfibios anuros	Anfibios urodelos

De cuerpo ensanchado, carecen de cola en la etapa adulta y sus patas traseras están más desarrolladas que las delanteras. Son carnívoros en fase adulta, con lengua pegajosa. Ejemplos: ranas y sapos.	De cuerpo alargado, presentan cola en etapa larvaria y adulta, y cuatro extremidades de igual longitud. Son carnívoros en fase larvaria y adulta. Ejemplos: tritones y salamandras.

Actividades

4. Por parejas, elaborad una tabla con las principales diferencias entre un renacuajo y una rana.

Ciencia 2.0

Descubre la metamorfosis de una rana en este enlace:

bit.ly/metamorfosis_rana

Y en este enlace a otro grupo de anfibios, las cecilias:

bit.ly/Cecilias

Qué piensas sobre...

Un 30% de los anfibios están en peligro de extinción debido a la destrucción y contaminación de sus hábitats y al tráfico ilegal de mascotas. Imagina que eres mandatario de algún país.

¿Qué medidas tomarías para evitar esta situación?

Los reptiles

Los reptiles son vertebrados con la piel recubierta de escamas, cuya adaptación al medio terrestre es total, aunque ciertamente existen algunas especies acuáticas.

Características de los reptiles

Los reptiles muestran las siguientes características:

Además, los reptiles:

- Son animales **poiquilotermos.** Por este motivo, cuando la temperatura es alta, se resguardan en lugares frescos, mientras que cuando hace frío, se exponen al sol para captar su calor. Si el frío es intenso, pueden **aletargar o hibernar.**
- Generalmente, habitan lugares cálidos.
- Su alimentación es básicamente **carnívora,** aunque algunas especies son **herbívoras** (tortugas terrestres o iguanas) u **omnívoras** (tortugas acuáticas o algunos lagartos).
- Realizan **reproducción sexual** con **fecundación interna.** Son animales **ovíparos** y sus huevos se asemejan a los de las aves, son mucho más sofisticados que los de los anfibios. Excepcionalmente, hay reptiles **ovovivíparos,** como las víboras.

Sabías que...

Los reptiles llevan habitando nuestro planeta desde hace 300 millones de años. De hecho, hace unos 100 millones de años representantes de este grupo dominaban la Tierra; era la época de los dinosaurios.

Clasificación de los reptiles

Existen cuatro órdenes de reptiles:

Reptiles crocodilianos	Reptiles quelonios	Reptiles saurios	Reptiles ofidios

De vida semiacuática, tienen una cola adaptada para la natación. Su piel es muy dura, con escamas resistentes. Poseen fuertes mandíbulas provistas de dientes. Ejemplos: caimanes, cocodrilos y gaviales.	De vida terrestre o acuática, su cuerpo está protegido por un caparazón óseo. Carecen de dientes, pero poseen pico córneo. Poseen patas o aletas dependiendo del medio que habitan. Ejemplos: tortugas y galápagos.	De vida terrestre, su cuerpo es alargado, con larga cola. Tienen párpados móviles. Ejemplos: iguanas, lagartos, varanos, lagartijas, camaleones y gecos.	De cuerpo cilíndrico, muy alargado y sin extremidades, se desplazan mediante ondulaciones de su cuerpo. Su mandíbula tiene mucha movilidad para ingerir presas, y algunas tienen glándulas venenosas. Ejemplos: serpientes y culebras.

Actividades

5. ¿Qué tipo de fecundación es la más característica en los reptiles?

6. ¿Para qué sirve la lengua de los reptiles? ¿Qué es el órgano de Jacobson?

7. Crea una clave dicotómica que te ayude a clasificar las siguientes especies de anfibios y reptiles. Realiza esta actividad con tu grupo cooperativo. Utilizando el mismo documento y por turnos, cada miembro del grupo hace una aportación a la clave dicotómica.

Cocodrilo marino australiano

Rana de ojos rojos

Tortuga gigante de las Galápagos

Boa constrictor

Tritón pirenaico

Dragón de Komodo

Las aves

Las aves son vertebrados terrestres, homeotermos, con la piel cubierta de plumas y capacidad de vuelo.

Características de las aves

Aunque existen algunas excepciones, las aves son muy buenas voladoras. Muchas de las estructuras de su cuerpo están adaptadas al vuelo.

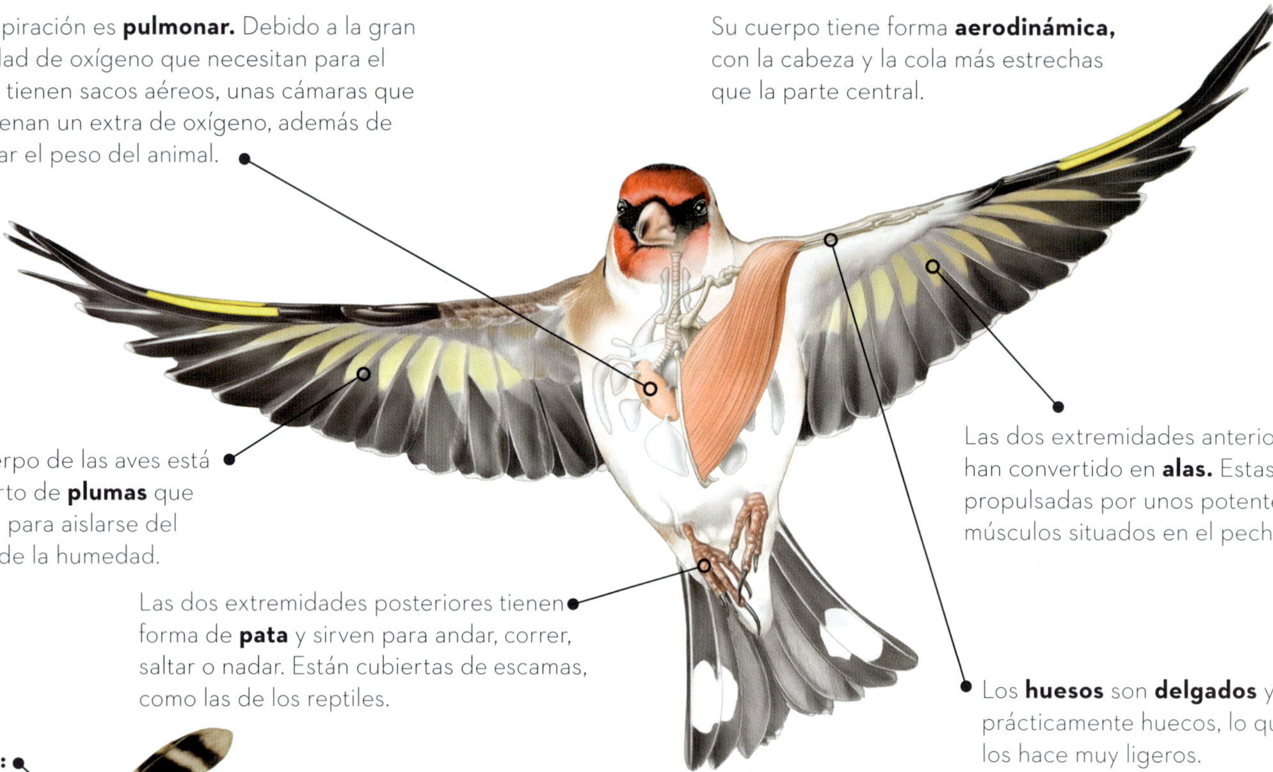

Además, las aves:

- Son vertebrados **homeotermos,** capaces de mantener su temperatura corporal con independencia de la temperatura del medio que les rodea.
- Para conseguirlo, recubren su cuerpo de **plumas,** unas estructuras que les permiten aislarse del frío o de la lluvia. Algunas aves realizan grandes viajes o **migraciones.**
- Llevan a cabo una reproducción **sexual,** con **fecundación interna.** Son **ovíparas.** Los progenitores alimentan y crían a sus polluelos hasta que estos pueden sobrevivir por sus propios medios.
- En lugar de boca y dientes, las aves tienen un **pico córneo,** con diferentes formas y tamaños adaptados a su alimentación.
- Como las aves ingieren la comida sin masticar, presentan **buche y mollejas,** órganos dedicados a ablandar y triturar los alimentos.
- Las aves tienen una dieta muy variada: pueden ser carnívoras, herbívoras u omnívoras.

Ciencia 2.0

El canto de las aves está implicado en la alimentación de los polluelos y el cortejo. Si quieres escuchar el canto de más de 250 aves, visita esta web:

bit.ly/canto_pajaros

Clasificación de las aves

Existen muchos órdenes de aves. Destacamos estos grupos:

Corredoras. Son de gran tamaño e incapaces de volar. Ejs.: avestruz y casuario.

Gallináceas. De aspecto rechoncho, son malas voladoras. Ejs.: gallina, pavo y perdiz.

Palmípedas. Los dedos de las patas están unidos con membranas. Ejs.: pato y oca.

Zancudas. Poseen largas patas. Ejs.: garza, cigüeña o flamenco.

Rapaces. Son cazadoras de pico y garras afiladas. Ejs.: águila, halcón y buitre.

Pájaros. Es el grupo más numeroso e incluye aves de pequeño tamaño. Ejs.: jilguero, gorrión o golondrina.

Analiza y reflexiona

Relaciona los picos de estas aves con su forma y alimentación.

a) Corto y fuerte. Frutos y semillas.

b) Puntiagudo. Insectos.

c) Largo y afilado. Néctar de flores.

d) Hueco a modo de red. Peces.

e) Largo y afilado, a modo de arpón. Peces.

f) Fuerte y afilado. Roedores.

Actividades

8. ¿Cuáles son las adaptaciones más importantes que han facilitado el vuelo de las aves?

9. ¿Qué función tienen el buche y las mollejas?

Los mamíferos

Los mamíferos son vertebrados terrestres, homeotermos, con la piel cubierta de pelo y cuyas hembras alimentan a sus crías con leche producida en sus glándulas mamarias.

Características de los mamíferos

Los mamíferos son el grupo de animales que mejor conocemos. Su diversidad es extraordinaria, pero comparten una serie de características:

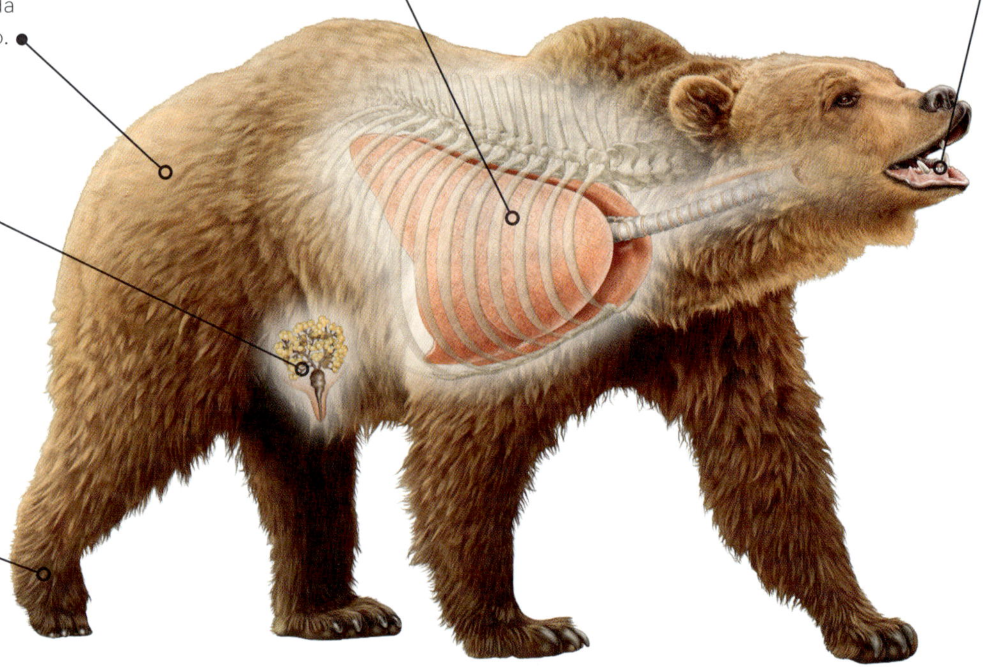

Además, los mamíferos:

- Tienen un tamaño y una forma del cuerpo muy variados y dependen en gran medida de su estilo de vida.
- Aunque la mayoría de estos animales son terrestres, hay especies marinas y aéreas.
- Son organismos **homeotermos.**
- La alimentación de los mamíferos es muy variada; pueden ser carnívoros, herbívoros y omnívoros.
- Tienen **reproducción sexual** con **fecundación interna.** El desarrollo del embrión se llama **gestación** y en la mayoría se produce en el útero de la madre. Al finalizar, el nuevo individuo sale al exterior, fenómeno conocido como parto. A partir de ese momento los progenitores cuidarán de la cría, la alimentarán y la protegerán hasta que esté preparada para valerse por sí misma.

Clasificación de los mamíferos

Las 4300 especies de mamíferos que actualmente se conocen se clasifican en tres grupos según el lugar donde se produzca el desarrollo del embrión:

Mamíferos monotremas	Mamíferos marsupiales	Mamíferos placentarios

Son animales muy primitivos, **ovíparos** y que amamantan a sus crías al nacer. Poseen pelo y pico córneo. Ejemplos: ornitorrinco y equidna.	Son vivíparos, pero el embrión sale del útero materno tempranamente. Los embriones terminan de desarrollarse en una bolsa o **marsupio** que las hembras tienen en el abdomen. Viven en Oceanía y América del Sur. Ejemplos: canguros y koalas.	Son los más evolucionados. Son vivíparos y las hembras desarrollan la **placenta**, un órgano destinado a alimentar al embrión en el interior del útero. Poseen párpados móviles. Ejemplos: cetáceos, simios, roedores, felinos...

Actividades

10. En grupos cooperativos, realiza una comparación, indicando las semejanzas y las diferencias entre un atún y un delfín. Dejaremos los bolígrafos en el centro de la mesa y discutiremos una solución a esta actividad. Solo escribiremos cuando tengamos una respuesta grupal consensuada.

11. ¿Cuál es la clase de mamíferos más primitiva evolutivamente? ¿Qué tipo de desarrollo llevan a cabo sus embriones? ¿Piensas que estos dos hechos tienen relación?

12. ¿Cuál es la mayor diferencia entre un marsupial y un mamífero placentario?

13. ¿Qué podemos encontrar en la boca de los mamíferos? ¿Qué funciones tienen estas estructuras?

14. Examina las extremidades de los siguientes mamíferos y trata de relacionar su morfología con la función que desempeñan.

Qué piensas sobre...

Muchos grupos ecologistas defienden que no deberíamos utilizar las pieles para la industria de la moda.

- ¿Tienes ropa realizada con pieles de animales?
- ¿Crees que existen tejidos alternativos?

bit.ly/pieles_si_no

Sabías que...

La comparación del material genético humano con el de otras especies animales revela nuestro parentesco con los primates.

Porcentaje de material genético compartido:

Otro humano: 99,9%; un chimpancé: 99%; un gorila: 97%; un gato: 90%; una mosca: 60%; un gusano: 40%.

Qué piensas sobre...

Dian Fossey fue una investigadora que dedicó su vida al estudio de los gorilas en las selvas de Ruanda, donde falleció asesinada por un cazador furtivo. ¿Cómo puede, la investigación científica, ayudar a salvar a estos primates? ¿Conoces el nombre de otra famosa primatóloga dedicada al estudio de los chimpancés? Averigua cuál es.

El ser humano

El ser humano es un mamífero placentario, ya que cumple todos y cada uno de los requisitos para pertenecer a este grupo. Dentro de los mamíferos, las personas somos del orden primates, al que pertenecen algunos de nuestros parientes más cercanos, como el chimpancé o el gorila.

Aunque la similitud con el resto de los mamíferos es evidente, el ser humano presenta características que le convierten en un organismo muy especial:

Presentan mucho **menos pelo** en el cuerpo que la mayoría de mamíferos; aun así se conserva en regiones como la cabeza, las axilas o el pubis.

Es el único animal **bípedo,** que camina sobre sus dos patas posteriores y erguido de manera continuada. Esto es posible gracias a adaptaciones en su esqueleto.

Al desplazarse con las extremidades posteriores, las **extremidades anteriores** quedan libres, lo que permite emplearlas para otras funciones: transporte de objetos, fabricación de utensilios, etc.

El **sistema nervioso** es muy complejo y el **encéfalo** es el más sofisticado de todos los animales. Esto ha permitido desarrollar un intelecto superior y adquirir habilidades sociales y culturales extraordinarias.

Actividades

15. Lee con atención la siguiente noticia científica sobre la inteligencia humana y el cuidado de niños y niñas:

bit.ly/bebes_indefensos

A continuación, indica si las siguientes afirmaciones son verdaderas o falsas. Corrige estas últimas.

a) Los bebés humanos aprenden a caminar antes que la mayoría de mamíferos.

b) Los bebés humanos tienen cabezas relativamente pequeñas y por eso nacen muy desarrollados y autónomos.

c) Según esta teoría, la inteligencia humana ha aumentado para atender las necesidades de nuestros bebés con mayor eficacia.

d) Los humanos tenemos una inteligencia muy especial para anticiparnos a las necesidades de otros seres humanos.

Mapa conceptual

Completa en tu cuaderno el siguiente mapa conceptual y realiza un mapa mental de todo lo que sabes sobre los vertebrados.

- **Vertebrados**
  - **Peces**
    - Osteíctios
    - ...
  - **Anfibios**
    - ...
    - Anuros
  - **Reptiles**
    - Crocodilianos
    - ...
    - Ofidios
    - Saurios
  - ...
    - Corredoras
    - Gallináceas
    - ...
    - Zancudas
    - Rapaces
    - Pájaros
  - **Mamíferos**
    - Monotremas
    - ...
    - ...
      - Ser humano

Investigamos

Lee con tu grupo el siguiente artículo utilizando la lectura compartida, en la que cada alumno lee un fragmento y entre todos se aclaran los conceptos que puedan ocasionar dudas.

bit.ly/especies_extintas

1. En grupo, contestad a las siguientes preguntas:
   - ¿Cuántos millones de animales se conocen en la actualidad, aproximadamente?
   - ¿Cuántas especies se estima que quedarán en 2100?
   - ¿Qué es la lista roja de especies amenazadas? ¿Quién se encarga de elaborar esta lista?
2. Recopila información sobre uno de los animales extintos por el ser humano en los últimos tiempos. Trata de contestar a las siguientes cuestiones:
   - ¿Qué tipo de vertebrado era?
   - ¿En qué región del planeta habitaba?
   - ¿Cuáles han sido las principales causas de su extinción?
   - ¿Qué medidas debe tomar el ser humano para evitar este tipo de extinciones?

Tomando todos estos datos elaborad un póster multimedia con la herramienta virtual Glogster para exponer tus conclusiones. Aquí tienes un tutorial para conocer esta herramienta: **bit.ly/Globster_tutorial**

Dodo, ave extinta.

Actividades finales

Características de los vertebrados

1. ¿Qué tipo de simetría encontramos en los animales vertebrados? ¿En qué consiste? ¿Es igual en los animales invertebrados?

2. Repasa las características de los hongos y los protozoos y compáralas con las de los animales vertebrados. ¿Qué diferencias y qué semejanzas encuentras entre los tres grupos? Para un resultado óptimo, realiza esta actividad en grupos cooperativos con la técnica del folio giratorio.

3. Indica el grupo de vertebrados al que pertenecen los siguientes animales: halcón peregrino, trucha arcoíris, caimán, ranita de San Antonio y perezoso tridáctilo.

4. ¿Qué significa que un animal sea homeotermo? ¿Qué ventajas tiene uno de estos animales frente a los animales poiquilotermos?

   Observa la gráfica y determina si cada especie es homeoterma o poiquiloterma.

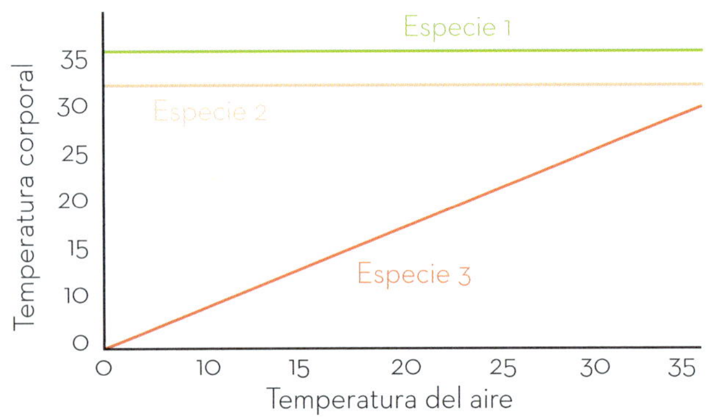

Los peces

5. ¿Qué estructuras recubren el cuerpo de los peces? ¿Son iguales en todos los peces?

6. Indica la función de las siguientes estructuras en los peces: opérculo, línea lateral, branquias y vejiga natatoria.

   Para esta actividad puedes realizar la técnica del rompecabezas en grupos cooperativos.

7. ¿A qué nos referimos cuando decimos que una aleta caudal es homocerca o heterocerca? ¿Qué grupos de peces suelen presentar estas aletas?

Los anfibios

8. Muchas veces utilizamos la expresión «cuando las ranas críen pelo» refiriéndonos a sucesos que no van a producirse. ¿Qué problemas podría desarrollar un anfibio con pelo por toda su piel?

9. Las ranas pasan un tiempo considerable fuera del agua. ¿Por qué ponen los huevos en el interior del agua y no lo hacen fuera?

10. ¿Qué tipo de respiración llevan a cabo los anfibios? ¿Es igual en todas las fases de su vida?

11. ¿Cómo se llama el proceso por el cual la larva de anfibio pasa a la fase adulta? ¿Conoces algún otro grupo de animales que lo realice? Indica cuáles. Puedes utilizar la técnica de lápices al centro para contestar a esta actividad.

12. En un estudio realizado en la cara occidental de la sierra de Gredos se han observado los siguientes datos:

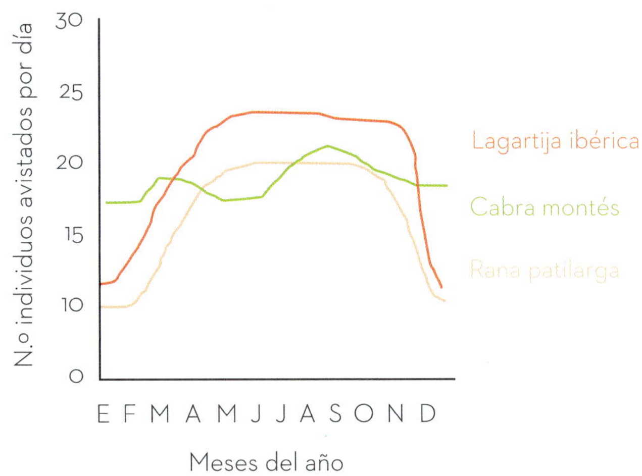

    ¿Por qué piensas que se observan menos ejemplares de lagartija y de rana en los meses más fríos?

Los reptiles

13. En 2003, algunos visitantes del embalse de Valmayor, en la Comunidad de Madrid, declararon haber visto un cocodrilo tropical de dos metros en sus aguas. Tras numerosas búsquedas, no se encontró ningún indicio de este animal. ¿Por qué los biólogos no se sorprendieron de que este animal no existiera? ¿Qué problemas podría tener este animal en invierno?

14. Algunos reptiles, como la lagartija, son capaces de desprenderse de su cola ante el ataque de un depredador. Investiga en este enlace por qué lo hacen, qué ventajas e inconvenientes tiene para el animal y prepara una respuesta oral a esta pregunta. **bit.ly/lagartijas_cola**

15. En cuanto a su desarrollo embrionario, ¿qué tienen en común peces, anfibios, reptiles y aves?

16. Observa este diagrama que muestra el proceso evolutivo de los vertebrados y contesta a estas preguntas.

a) ¿Qué adaptaciones sufrieron los peces para poder abandonar el medio acuático?

b) ¿Qué adaptaciones permitieron a los reptiles separarse de los anfibios y afianzarse en el medio terrestre?

c) ¿Tienen las aves y los reptiles un ancestro común? ¿Cuál?

Las aves

17. Realiza en tu cuaderno un dibujo de una pluma de un ave e indica las partes de las que se compone.

18. Al huevo de reptiles y aves se le denomina huevo amniota. Investiga sobre este tipo de huevos e indica para qué sirve cada una de sus partes.

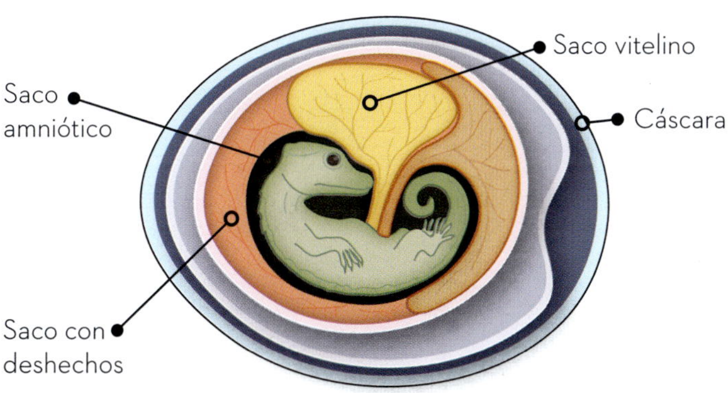

19. Escribe a qué grupo de aves pertenecen las siguientes especies: canario, buitre leonado, emú, codorniz y flamenco rosado.

Los mamíferos

20. ¿Qué tres tipos de mamíferos conoces? Indica cuáles son las principales diferencias y escribe algún ejemplo de cada uno.

21. Examina los siguientes cráneos de diferentes mamíferos e indica cuál de ellos corresponde a un animal carnívoro, herbívoro u omnívoro.

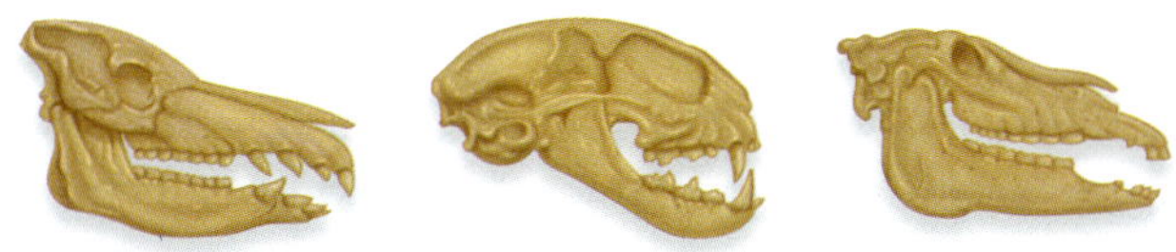

22. ¿Qué características hacen al ser humano diferente del resto de los mamíferos?

23. Copia y completa en tu cuaderno esta tabla sobre algunas características de los vertebrados:

Característica	Peces	Anfibios	Reptiles	Aves	Mamíferos
Piel	...	...	...	...	...
Control de temperatura	...	...	...	...	...
Respiración	...	...	...	...	...
Alimentación	...	...	...	...	...
Reproducción	...	...	...	...	...
Desarrollo embrionario	...	...	...	...	...
Tipos	...	...	...	...	...

Para un mejor resultado, realiza esta actividad en grupos cooperativos y utilizando la estructura 1-2-4.

Escribe dos ideas que tengas claras y que son fundamentales.

Realiza dos preguntas sobre aspectos que no te han quedado claros.

Escribe dos aspectos sobre los que te gustaría profundizar.

Lee la siguiente información sobre los ataques de tiburones:

Pese a ser uno de los animales más letales sobre el planeta, los tiburones solo han atacado a 2200 personas en el último medio siglo; de estos ataques, menos de 500 fueron mortales. Esta cantidad resulta ridícula si la comparamos con las 50 000 muertes que provoca el tabaco solo en España en un único año. Aun así, las personas siguen pensando en estos animales como feroces depredadores, con un ávido apetito por la carne humana.

La probabilidad de ser atacado por un tiburón varía según las distintas regiones del planeta. En este mapa podemos observar las zonas donde se han descrito un mayor número de ataques:

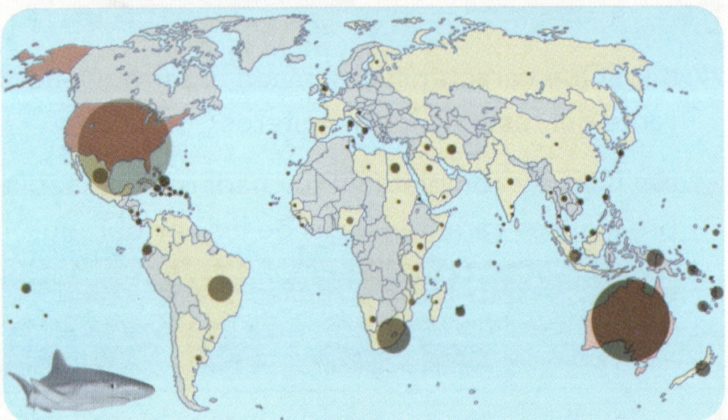

Pregunta 1

Contesta en tu cuaderno. ¿Qué países concentran el mayor número de ataques de tiburón?

¿Qué temperatura de agua crees que prefieren la mayoría de tiburones?

No existen medidas infalibles para evitar los ataques de tiburón; sin embargo, existen ciertas recomendaciones:

- No nadar en solitario, ya que tienden a atacar a presas aisladas.
- Evitar introducirse en el mar al amanecer o al atardecer, cuando los tiburones están más activos.
- No llevar objetos relucientes o brillantes que puedan confundirse con un pez.
- Evitar las aguas turbias.
- Alejarse del agua si se tiene una herida sangrante.

Pregunta 2

Observa la siguiente imagen, analiza la tabla posterior y contesta a las preguntas en tu cuaderno:

Diferentes siluetas observadas desde abajo.

Especie	Alimentación
Tiburón azul	Peces y moluscos.
Tiburón ballena	Plancton, peces pequeños.
Tiburón toro	Peces, crustáceos.
Tiburón blanco	Atunes, tortugas, focas.

De la lista anterior, ¿qué tipo de tiburón es el más propenso a atacar a surfistas?

¿Por qué el agua turbia puede ser un factor de riesgo?

Cineteca

Liberad a Willy

Liberad a Willy es una película que trata sobre la amistad entre Jesse, un chico de 12 años, y una orca llamada Willy, que vive en un parque acuático.

Preguntas para antes de la película:

- ¿Qué opinas de los delfinarios? ¿Has estado alguna vez en uno? ¿Qué te parecen los espectáculos con delfines y orcas?

Preguntas para después de la película:

- ¿Qué crees que tienen en común Jesse y Willy?
- En esta tabla aparecen los porcentajes de orcas y delfines que mueren anualmente en cautiverio (acuario) o en libertad. ¿Qué conclusión sacas?

	Tasa de mortalidad en cautiverio				Tasa de mortalidad en libertad
Especie	**Estudio 1**	**Estudio 2**	**Estudio 3**	**Estudio 4**	**Estudio 5 y6**
Delfín nariz de botella	7,0%	7,4%	5,6%	5,7%	3,9%
Orca	7,0%	-	6,2%	6,2%	2,3%

- Los animales que viven en acuarios tienen acceso a controles veterinarios y carecen de depredadores. ¿Cómo se explican entonces estos datos?

El desafío

El quiz de los vertebrados

El quiz es un típico juego de preguntas y respuestas. En este caso, vamos a jugar con cinco temas diferentes que corresponden a los cinco grupos de vertebrados. Asignaremos un color y un número a cada tema.

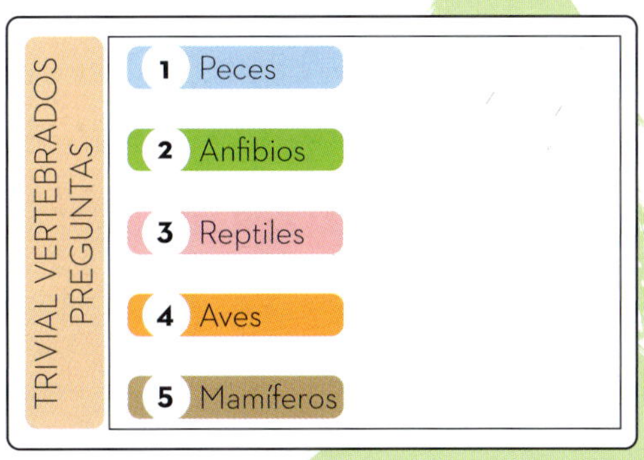

Cada grupo cooperativo elabora 20 cartas con el formato que aparece en la imagen, colocando una pregunta referente a cada grupo de animales en una cara de la tarjeta y las respuestas en la cara contraria.

Una vez realizadas las tarjetas, las mezclamos y podemos empezar a jugar.

Comenzará a responder uno de los grupos cooperativos, mientras que el grupo situado a su izquierda realizará las preguntas.

El lanzamiento de un dado determinará el tema de la pregunta a realizar. Si sale un seis, se volverá a tirar. Cada pregunta acertada sumará un punto y permitirá que el equipo siga jugando, mientras que una respuesta incorrecta provocará que el equipo pierda el turno. Una vez contestadas las preguntas de una tarjeta, esta se devolverá al mazo. El juego terminará al finalizar la clase o al usar todas las tarjetas. El equipo que haya sumado un mayor número de puntos será el campeón.

10 Los ecosistemas

Sumario

1 Los ecosistemas
2 Dinámica de los ecosistemas
3 Ecosistemas terrestres
4 Ecosistemas acuáticos
5 Biodiversidad

Todos los seres vivos necesitamos encontrar nuestro lugar en el mundo, aquel donde las condiciones del medio y los seres vivos que habitan en él nos hagan sentir cómodos. Algunos seres vivos son capaces de adaptarse a prácticamente cualquier cambio; sin embargo, otros necesitan unas condiciones constantes para poder sobrevivir.

La mariposa monarca viaja más de 4000 kilómetros cada año para poder encontrar esas condiciones que tanto necesita. Esta especie reside en los bosques de Canadá, aunque, durante los meses de septiembre y octubre, viaja miles de kilómetros en busca de temperaturas cálidas y bosques de eucalipto en el sur de California y México. Tras el invierno, vuelve a batir sus alas para cruzar Estados Unidos de vuelta a su hogar, donde pasa los meses de verano.

Descubre

Todos los seres vivos interactúan de alguna manera con aquello que les rodea. Esta es la manera que tienen de conseguir alimento o protección. Di de qué manera podrían relacionarse los seres vivos que aparecen en las imágenes e indica si esas relaciones son beneficiosas para ellos o no y por qué.

Ahora, reflexiona un momento y piensa qué papel tiene el ser humano en el medio ambiente y qué tipo de relaciones establece con los distintos seres vivos. ¿Crees que la presencia del ser humano ha modificado los hábitats donde se desarrollan los distintos seres vivos? ¿De qué manera?

¿Qué sé sobre la biodiversidad y sobre los ecosistemas?

¿Qué quiero saber sobre ellos?

Valoro la importancia de conservar la biodiversidad.

Reconozco las adaptaciones al medio acuático y al medio terrestre que presentan algunos seres vivos.

Identifico las relaciones que establecen los distintos seres vivos entre sí.

Los ecosistemas

El único astro conocido hasta el momento capaz de albergar vida es la Tierra. En ella los distintos organismos interaccionan entre sí y con el medio físico que les rodea, dando lugar a distintos ecosistemas.

> Los **ecosistemas** son sistemas biológicos formados por el conjunto de seres vivos que viven en un determinado lugar, el medio en el que habitan y las relaciones que se establecen entre ellos.

El conjunto de seres vivos que forman parte de un ecosistema se conoce como **biocenosis,** y el lugar en el que habitan, cuyas condiciones ambientales son las adecuadas para su desarrollo, se llama **biotopo.**

Factores ambientales

Dentro de un ecosistema se distinguen dos componentes fundamentales que condicionan las características del mismo: los **factores abióticos** y los **factores bióticos**.

Factores abióticos

Los **factores abióticos** de un ecosistema son aquellos que determinan el biotopo y las condiciones físico-químicas de este, como el suelo, la humedad, la temperatura, la luz...

Estos componentes determinan directamente la presencia y las características de los seres vivos en los distintos medios.

La **luz** es un factor fundamental, sobre todo para aquellos organismos que realizan la fotosíntesis, y también es determinante en los medios acuáticos. Un ejemplo de ello es el crecimiento vertical de los árboles en busca de luz.

La mayoría de los seres vivos se desarrollan en un intervalo de **temperaturas** que oscila entre los 0° y los 50°C. Algunos organismos serán capaces de regular su temperatura corporal **(endotermos);** para otros, sin embargo, la temperatura corporal variará en función de la del medio **(ectotermos)**.

El **agua** es el componente esencial de todos los seres vivos; su presencia o ausencia y la salinidad determinarán la vida en los distintos ecosistemas.

Factores bióticos

Los **factores bióticos** incluyen a todos los seres vivos que habitan en un ecosistema y las relaciones que se establecen entre ellos y con el medio.

Todo ello hace que se modifiquen los paisajes y que exista una gran diversidad de ecosistemas.

Los seres vivos, además, cumplen una función fundamental porque son los encargados de distribuir la energía y la materia a través de los ecosistemas.

Así, se clasifican en los distintos **niveles tróficos:**

Vocabulario

Al conjunto de organismos de la misma especie que comparte un mismo hábitat se le denomina **población**.

Los **consumidores terciarios** son organismos heterótrofos situados en la cima de la cadena alimentaria. Pueden ser carnívoros u onmívoros; en este caso se alimentan de todos los niveles inferiores.

Los **consumidores primarios** son organismos heterótrofos que se alimentan de los productores. Son herbívoros.

Los **productores** son organismos **autótrofos**, es decir, que son capaces de transformar la materia inorgánica en materia orgánica. La mayoría son fotosintéticos y se encargan de introducir la energía solar en el ecosistema.

Los **descomponedores** son organismos heterótrofos que se encargan de degradar la materia orgánica a materia inorgánica, disponible para los productores.

Los **consumidores secundarios** son organismos heterótrofos que se alimentan de consumidores primarios. Son carnívoros.

El flujo de materia y energía que se da entre distintos organismos se representa mediante **cadenas tróficas,** que definen la relación que existe entre productores, consumidores y descomponedores. El conjunto de las distintas cadenas tróficas que se pueden dar en un ecosistema se denomina **red trófica.**

Analiza y reflexiona

Según la red trófica que hay en el margen, identifica:

a) Tres posibles cadenas tróficas que se establezcan entre distintos individuos.

b) Dos individuos de cada nivel trófico.

c) ¿Qué crees que pasaría si desapareciesen todos los organismos del segundo nivel trófico?

d) ¿Qué función tienen los descomponedores en una cadena trófica?

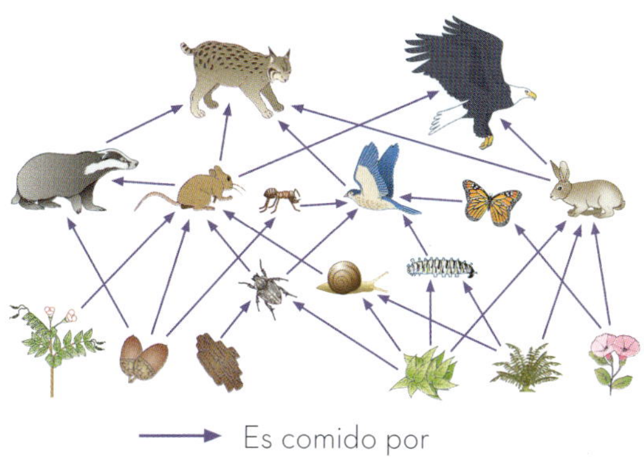

Relaciones en el ecosistema

Cuando los seres vivos conviven en un mismo espacio, es inevitable que se creen relaciones entre ellos. Estas relaciones se clasifican en:

- **Intraespecíficas.** Cuando se establecen entre miembros de la misma especie que, además, pertenecen a una misma población.
- **Interespecíficas.** Si se dan entre individuos de especies distintas que comparten espacio. Pueden ser perjudiciales o beneficiosas.

Relaciones intraespecíficas

Asociaciones familiares. Se agrupan individuos de la misma familia para proteger a las crías y reproducirse.

Asociaciones gregarias. Los individuos se asocian, colaboran y se desplazan juntos para protegerse.

Asociaciones estatales. Los individuos se reparten el trabajo; cada uno cumple una función concreta y fundamental.

Asociaciones coloniales. Se agrupan individuos que proceden de un mismo progenitor, normalmente unidos a él.

Relaciones interespecíficas

Competencia. Individuos de especies distintas compiten por los mismos recursos de un ecosistema. Todos salen perjudicados.

Depredación. Interacción en la que un individuo, depredador, mata a otro, denominado presa, para alimentarse de él.

Parasitismo. Tipo de interacción en la que un individuo vive a costa de otro, al que perjudica.

Mutualismo. Tipo de interacción en la que dos individuos se benefician el uno del otro.

Simbiosis. Asociación mutualista en la que ambos individuos se benefician, pero no podrían vivir de manera independiente el uno del otro.

Comensalismo. Interacción a partir de la cual un individuo se beneficia, mientras que el otro no sale ni beneficiado ni perjudicado.

Coopera y aprende

En 1944, durante la Segunda Guerra Mundial, a un grupo de soldados se les asignó la misión de proteger una estación de radio en la isla de Saint Matthew, en el mar de Bering, y atender sus instalaciones. Al estar totalmente deshabitada, se les proporcionó el cargamento necesario para una estancia prolongada. Entre ese cargamento había 29 renos que les servirían para aprovisionamiento e incluso, en caso de necesidad, como alimento. Sin embargo, la guerra no se prolongó mucho más y, al cabo de unos meses, los soldados abandonaron la isla, dejando atrás los renos, que camparon libremente por la isla.

La isla presentaba unas características idóneas para el crecimiento de los renos: suelo fértil, una vegetación abundante y un clima adecuado para su desarrollo. En ausencia de humanos y, sobre todo, de depredadores naturales, los renos se hicieron dueños y señores del lugar.

En 1957, un grupo de investigadores volvió a la isla y se sorprendió al ver que el número de renos había aumentado a 1 350 ejemplares. En una nueva expedición en 1963, se contabilizaron hasta 6 000 ejemplares. Sin embargo, en 1966 el asombro fue aún mayor cuando en una nueva visita se comprobó que solo quedaban 41 hembras y un macho infértil, y la isla estaba ahora cubierta de huesos y esqueletos.

A partir de la noticia que acabas de leer sobre la isla de los renos, observa la gráfica y contesta en tu cuaderno a las siguientes preguntas. Después, agrupaos por parejas, discutid las respuestas y ponedlas en común ante la clase.

a) Explica razonadamente qué representa la gráfica.

b) ¿Qué factores bióticos y abióticos hicieron que la población de renos aumentara tan rápidamente?

c) ¿Qué factores bióticos y abióticos hicieron que la población de renos disminuyera tan drásticamente?

d) ¿Qué tipo de relación crees que se dio entre la población de renos?

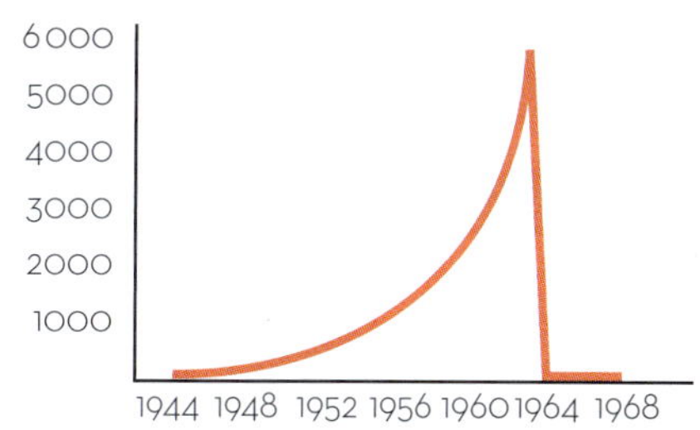

Actividades

1. ¿Qué diferencia existe entre las asociaciones familiares y las asociaciones gregarias? ¿Y entre la depredación y el parasitismo?

2. Analiza las semejanzas y diferencias que presentan el mutualismo, la simbiosis y el comensalismo.

3. Indica si las siguientes afirmaciones son verdaderas o falsas. En caso de ser falsa, escríbela de forma correcta:

a) El tipo de relación que se establece entre un águila y un conejo se denomina *asociación gregaria*.

b) En el *parasitismo*, un individuo se beneficia, mientras que el otro no se ve afectado ni positiva ni negativamente.

c) La competencia se establece entre individuos de la misma especie e individuos de especies distintas.

Dinámica de los ecosistemas

La supervivencia de los seres vivos depende de las relaciones que se establecen entre ellos y el medio que les rodea. Así, los ecosistemas se mantienen gracias al perfecto equilibrio entre los elementos que los componen.

Se denomina **equilibrio ecológico** a la situación de estabilidad y armonía que se da en los ecosistemas y asegura la supervivencia de los seres vivos que habitan en él.

Cualquier cambio que altere las condiciones ambientales o modifique el número de individuos de un determinado nivel trófico en un ecosistema puede generar un **desequilibrio ecológico** que afecte a las distintas poblaciones que lo habitan.

Algunas de las causas de este desequilibrio tienen su origen en el calentamiento global, la deforestación o la contaminación ambiental.

Calentamiento global
Aumento de la temperatura media global del planeta como consecuencia de la actividad industrial. Esto da lugar a fenómenos meteorológicos más extremos y frecuentes, como, por ejemplo, episodios de sequía y de inundaciones más severos.

Cambio climático
La modificación del clima puede ser provocada por causas naturales, como las glaciaciones que sufrió la Tierra hace millones de años, o por causas artificiales, debidas a la acción del ser humano. Esta alteración afecta directamente a la diversidad de seres vivos que hay en el planeta.

Contaminación ambiental
Se debe a la acción humana y afecta al aire, con la emisión de gases por procesos industriales, al suelo, con los fertilizantes químicos, y al agua, con el vertido de petróleo, entre otras cosas.

Deforestación
Se refiere a la tala de bosques de manera indiscriminada para el aprovechamiento de la madera, o al cambio de uso para destinar las áreas deforestadas a la agricultura o a la construcción de nuevas infraestructuras.

Los ecosistemas se autorregulan

A pesar de todos los factores que alteran el equilibrio de los ecosistemas, estos funcionan como sistemas dinámicos que tienen la capacidad de autorregularse y contrarrestar así algunos de los cambios que sufren.

Aunque es complicado para los seres vivos hacer frente a las variaciones de las condiciones ambientales, sí existen mecanismos que sirven a ese propósito, como, por ejemplo, los que regulan las alteraciones que afectan directamente a los factores bióticos del ecosistema, como las **migraciones** o la interacción **depredador-presa.**

Migraciones

Un gran número de especies realizan largos desplazamientos hacia lugares con condiciones ambientales óptimas. Por ejemplo, muchas aves migran a zonas del sur en épocas de frío para conseguir temperaturas cálidas y fuentes de alimento constante.

Interacción depredador-presa

Una población de depredadores dependerá siempre del número de presas de que disponga, y viceversa.

1. Hay interrelación entre el número de conejos y el de zorros.	2. Si la vegetación es abundante, aumenta la población de conejos.	3. Si hay más presas, aumentará el número de depredadores.	4. Un mayor número de depredadores reduce la población de presas.	5. Entre depredadores y presas se establece una relación cíclica.

Actividades

4. Observa la infografía anterior y contesta a las siguientes preguntas:

   a) ¿Qué tipo de interacción crees que se establece entre los zorros y los conejos?

   b) ¿Cuál de las dos poblaciones crece en segundo lugar? ¿A qué crees que se debe?

   c) Si de repente se extinguiese la población de conejos, ¿qué les ocurriría a los zorros?

5. Aparte de los factores que alteran el equilibrio ecológico mencionado, ¿qué otros factores crees que podrían afectar a este de manera negativa?

6. Explica algún impacto ambiental que se produzca en la zona en la que vives.

Ecosistemas terrestres

Sabías que...

El humus es el resultado de la descomposición de la materia orgánica. Se consigue tras un proceso denominado *humificación,* que lleva a cabo la microbiota del suelo.

Se entiende por ecosistema terrestre aquel que no está cubierto por agua y se encuentra condicionado por los elementos del clima, como la temperatura o las precipitaciones, y las características del suelo sobre el que se asienta.

El suelo como ecosistema

Quizás nunca te hayas parado a pensar en la importancia que tiene para la vida el terreno que pisas cada día. El suelo es una capa que, además de sostenernos, presenta unas características únicas que lo convierten en ecosistema.

> El **suelo** constituye la capa más superficial de la corteza terrestre y es el resultado de la interacción de los distintos sistemas de la Tierra: atmósfera, hidrosfera, geosfera y biosfera.

Composición del suelo

Cuando hablamos del suelo, utilizamos normalmente la palabra *tierra;* sin embargo, y aunque no podamos verlo, el suelo está compuesto de agua, aire, materia orgánica e inorgánica.

Materia orgánica. Constituida por organismos vivos y restos vegetales y animales que evolucionan dando lugar al **humus.**

Agua. Procedente de lluvias o del deslizamiento superficial, constituye el medio de transporte de las sustancias.

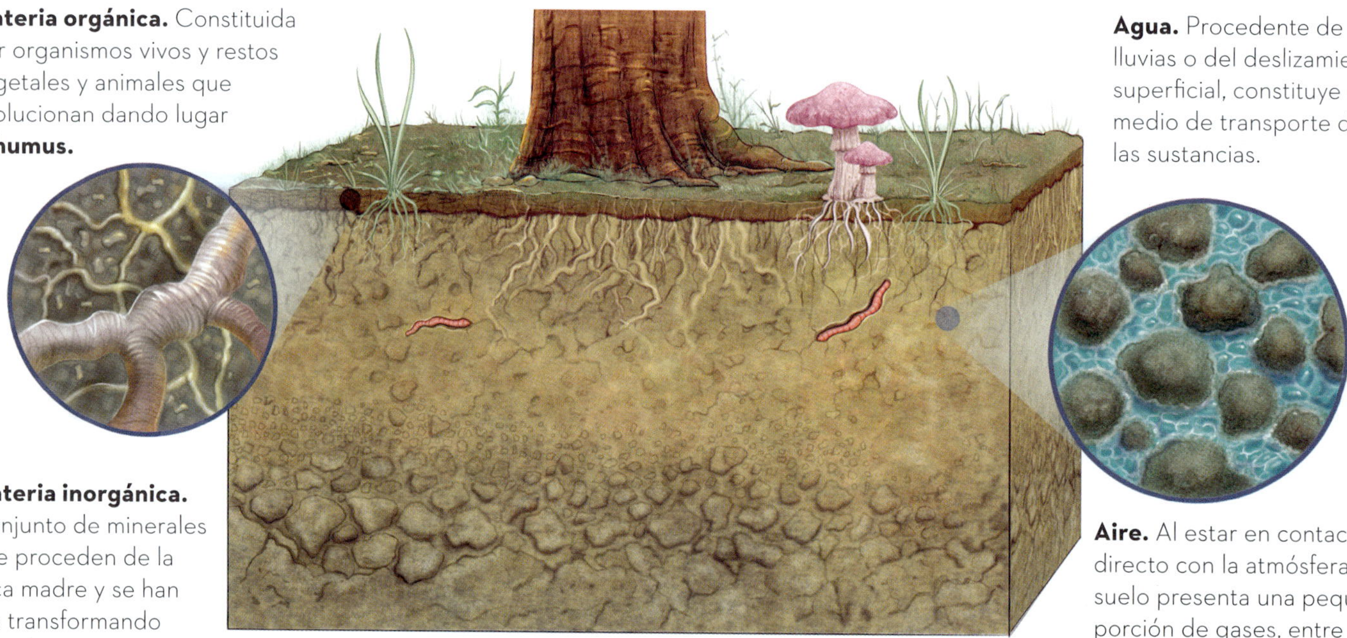

Materia inorgánica. Conjunto de minerales que proceden de la roca madre y se han ido transformando con el tiempo.

Aire. Al estar en contacto directo con la atmósfera, el suelo presenta una pequeña porción de gases, entre los que destaca el CO_2.

Actividades

7. ¿Por qué crees que el suelo se considera un ecosistema? Justifica la respuesta.

8. ¿Crees que la superficie de la Luna puede considerarse suelo? Justifica la respuesta y explica qué diferencias presenta con respecto al suelo terrestre.

Origen del suelo

El suelo no es una capa estática, sino que está en un proceso constante de formación, destrucción y renovación. Este ecosistema es el resultado de la interacción constante de los factores bióticos y abióticos, en la cual los agentes meteorológicos desempeñan un papel importantísimo a la hora de establecer las características de este.

Los cambios de temperatura, las lluvias y el viento modifican las características de la roca madre en un proceso denominado meteorización. Comienzan a asentarse los primeros signos de vida, como los líquenes y algunos microorganismos.

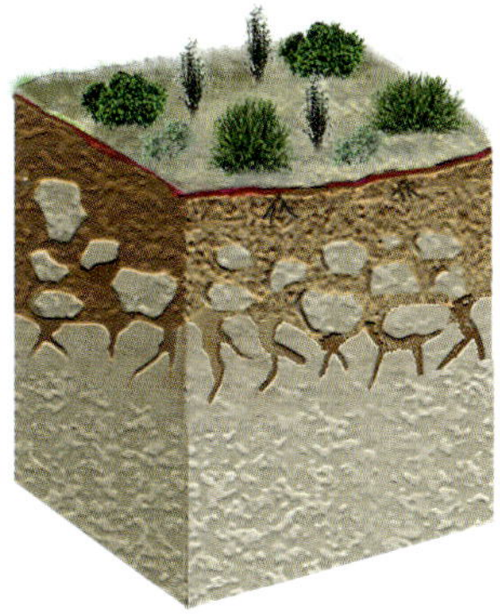

Tras cientos de años, se empieza a observar una evolución en la vegetación, y las hierbas, los matojos y los matorrales son las primeras plantas en conformar el suelo joven y hacen que aumente su grosor.

Con el paso del tiempo, los seres vivos se van asentando y el suelo se ve enriquecido por la aportación de materia orgánica, formándose así lo que se conoce como suelo maduro. En él se desarrollarán distintos tipos de ecosistema.

Experimenta

Tras ver cuál es la composición del suelo, puedes realizar la siguiente experiencia para comprobar que, verdaderamente, hay cosas que, aun siendo invisibles a nuestros ojos, no pueden escapar a la ciencia.

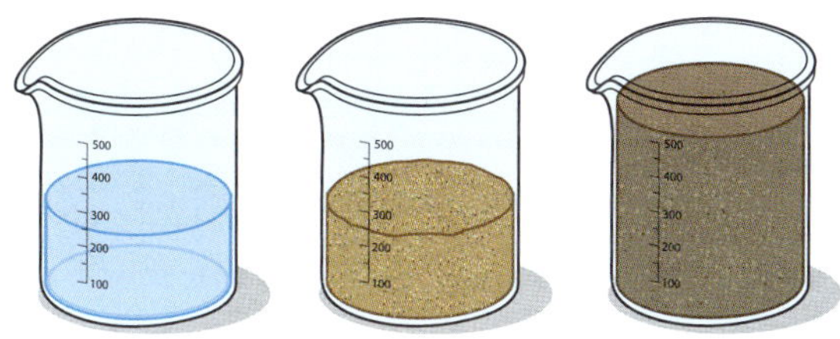

Material: dos probetas de 500 mL, tierra, agua, un mechero y una balanza.

Procedimiento:

1. Coloca 250 mL de tierra en una probeta y 250 mL de agua en otra.
2. Ahora junta la tierra y el agua en una sola probeta. Comprobarás que al sumar los dos volúmenes, el resultante no es de 500 mL, como cabría esperar. ¿A qué crees que se debe?
3. Ahora, pesa 50 g de tierra y colócala sobre la llama de un mechero durante unos minutos. Vuelve a pesarla y comprobarás que ahora la medida es menor. ¿Qué explicación le encuentras a esto?

Actividades

9. Investiga las diferencias que existen entre el suelo de un bosque caducifolio y el de un bosque tropical. ¿A qué crees que pueden deberse?

bit.ly/Tipos_suelos_bosques

Características del suelo

El suelo funciona como un ecosistema autónomo, ya que está formado por un conjunto de seres vivos que conforman una biocenosis propia y un biotopo que dependerá del tipo de roca que haya originado el suelo y de las características ambientales de la zona.

Horizonte O. Es la capa más superficial del suelo. Está cubierta por materia orgánica y formada por seres vivos de los distintos niveles tróficos.

Horizonte A. Es una capa oscura formada por la mezcla de raíces, humus y materia inorgánica.

Horizonte B. Es una capa intermedia caracterizada por la presencia de materia inorgánica y restos de nutrientes que provienen de la materia orgánica descompuesta.

Horizonte C. Es la capa más antigua y deriva directamente de la roca madre, que es el sustrato sobre el que se asienta el suelo.

Con todo ello, el suelo es imprescindible para el desarrollo de la vida y cumple varias funciones esenciales:

- Proporciona el terreno que **sustenta** a los distintos **seres vivos.**
- Es el medio en el que **viven** distintas comunidades de **organismos.**
- Da **soporte** a las **plantas** y les proporciona los nutrientes necesarios para realizar sus funciones; después, pasarán a participar del resto de la cadena trófica.
- Es la base donde se asientan las distintas **infraestructuras humanas** y proporciona, además, materiales para la construcción.

Ciencia 2.0

Si quieres descubrir qué tipo de suelo es el ideal para cultivar plantas, échale un vistazo al siguiente experimento:

bit.ly/Tipos_suelos

¿Cuál crees que será el mejor? Razona la respuesta.

Actividades

10. ¿Crees que el horizonte A del suelo de una selva tropical será igual al del suelo del desierto? Justifica la respuesta.

11. ¿Cómo crees que puede influir la acción del ser humano en la evolución del suelo? Piensa tres actividades humanas que puedan dar lugar a la evolución o destrucción del suelo.

Adaptaciones al medio terrestre

La presencia de los seres vivos en los distintos ecosistemas viene determinada por los factores abióticos. Por eso, los seres vivos han desarrollado estrategias que les permiten adaptarse mejor a las condiciones que presenta un ecosistema concreto. Veamos algunos ejemplos.

Temperatura

Durante el invierno, algunos animales tienden a reducir su metabolismo para así adaptarse a condiciones extremas; entran así en estado de hibernación.

Durante el frío muchas plantas pierden las hojas para evitar congelarse o esperan la llegada del calor en forma de semillas, bulbos, etc.

Escasez de agua

Las plantas de ambientes áridos suelen carecer de hojas y desarrollan espinas para evitar la pérdida de agua por transpiración.

Algunos animales tienen un esqueleto duro o plumas para evitar la desecación.

Ausencia de luz

Muchos animales que viven en el suelo excavando galerías carecen de visión.

En zonas frondosas, los árboles tienden a crecer hacia arriba para alcanzar los rayos de sol.

Escasez de nutrientes

Las plantas carnívoras han desarrollado un sistema distinto para obtener nutrientes, puesto que viven en suelos muy pobres.

Algunos organismos pueden obtener el oxígeno de manera más fácil, mediante la respiración cutánea, como en los gusanos.

Vocabulario

Endemismo: término que se utiliza para designar las especies que son características de una región concreta.

Biomas terrestres

Los ecosistemas terrestres son muy variados y dependen, sobre todo, del tipo de clima.

Al conjunto de todos los ecosistemas que, a pesar de estar situados en distintos puntos de la Tierra, comparten clima, flora y fauna, se les denomina **bioma.**

Los principales biomas son los siguientes:

Estepa. Se localiza en zonas con climas semiáridos, en latitudes medias y en el interior de los continentes. Predomina la vegetación herbácea.

Tundra. Se localiza en zonas con climas fríos, alrededor de los círculos polares. Predominan los musgos, las matas y las hierbas.

Taiga. Se localiza en zonas con clima continental de la parte alta del hemisferio norte. Predominan los bosques de coníferas.

Sabana. Se localiza en zonas con climas semiáridos, en el hemisferio sur. Predomina la vegetación herbácea, con arbustos y árboles.

Desierto cálido. Se localiza en zonas con climas áridos, con pocas precipitaciones y gran oscilación térmica entre el día y la noche. Presenta poca biodiversidad.

Desierto frío. Se localiza en zonas con climas muy fríos y precipitaciones escasas, en los polos. Presenta poca biodiversidad.

Bosque templado. Se localiza en zonas de clima templado con abundantes precipitaciones. Flora y fauna adaptada a la época de frío.

Bosque ecuatorial. Se localiza en zonas con climas cálidos y con abundantes precipitaciones, situadas alrededor del ecuador. Gran biodiversidad.

Bosque mediterráneo. Se localiza en zonas con clima mediterráneo, en las que se dan cuatro cambios de estaciones. Abundan los endemismos.

Ecosistemas terrestres en España

Debido al clima, en España pueden distinguirse dos ambientes muy diferenciados que se distribuyen a lo largo de toda la península ibérica e islas Baleares: el **mediterráneo** y el **atlántico.**

En el archipiélago canario, sin embargo, nos encontramos con unas características particulares, que responden a su clima subtropical y permiten la aparición de la **laurisilva.**

Bosque atlántico. Se localiza en toda la zona norte de la península ibérica, donde las lluvias son abundantes durante todo el año. Predominan neyedos y robledales, árboles de hoja caduca. En cuanto a la fauna no es muy abundante pero si variada, destacando el ojo pardo.

Laurisilva. Se localiza concretamente en el archipiélago canario, donde las temperaturas son suaves durante todo el año y hay una elevada humedad. Todo ello permite que se desarrollen bosques húmedos donde abundan los edemismos, como el laurel canario y la paloma rabiche.

Bosque mediterráneo. Se extiende prácticamente por toda la península, donde el clima mediterráneo permite el desarrollo de árboles de hoja perenne como la encima y el alcornoque. En cuanto a su fauna destacan el lince ibérico, el zorro y el águila imperial.

Matorral mediterráneo. Se localiza en la costa este de la península y en alguna zonas de las islas Baleares, donde hay un clima arido que no permite a penas que se desarrollen bosques, por lo que predominan los matorrales aromáticos, como la lavanda y el tomillo. Su fauna no es muy abundante y destacan, sobre todo, conejos.

Actividades

12. ¿A qué crees que se debe la diferencia entre la vegetación del matorral mediterráneo y el bosque atlántico?

13. Las hojas de los matorrales aromáticos tienen su superficie recubierta con una sustancia impermeabilizante similar a la cera. Investiga cuál puede ser su función teniendo en cuenta el clima que predomina en la costa este.

14. Atendiendo al clima subtropical que caracteriza las islas Canarias, ¿qué tipo de hoja presentarán los árboles de la laurisilva, caduca o perenne? Justifica tu respuesta.

15. En grupo, investigad cuál es el ecosistema característico de vuestro territorio. Realizad un breve informe de las características del clima, de la fauna y de la flora. Lo podéis ilustrar con algunas fotografías del paisaje.

Ecosistemas acuáticos

Se entiende por **ecosistemas acuáticos** aquellos que están totalmente cubiertos por una masa de agua, ya sea esta dulce o salada. Los factores que determinan las características de estos ecosistemas son, sobre todo, la salinidad, la luz y la temperatura.

Los seres vivos que habitan en ecosistemas acuáticos muestran una serie de adaptaciones a la luz y a la presencia de corrientes:

Las **algas** se distribuyen en distintos niveles de profundidad según la cantidad de luz que necesiten.

Los animales que viven en zonas donde prácticamente no llega la luz del sol han desarrollado la capacidad de la **bioluminiscencia.**

La mayoría de las plantas que viven en ambientes acuáticos desarrollan **órganos flexibles** que les permiten adaptarse mejor a las corrientes de agua.

Los peces presentan un cuerpo **hidrodinámico,** que les permite desplazarse con facilidad a través de las corrientes.

Biomas de agua salada

Los **ecosistemas marinos** son más uniformes que los terrestres, ya que las condiciones ambientales no varían tanto ni de manera tan brusca; dependen, sobre todo, de la distancia a la costa y de la presencia de luz.

Zona de litoral. Se sitúa encima de la plataforma continental. En ella se encuentran el 90 % de las especies marinas, por lo que la biodiversidad es muy elevada.

Zona oceánica. Es la zona situada fuera de la plataforma continental; abarca el 90 % de los ecosistemas marinos.

Zona eufótica. Es la zona iluminada donde se encuentran los organismos fotosintéticos.

Zona batial. Apenas llega luz; aquí se encuentran los grandes mamíferos marinos.

Zona abisal. La oscuridad es total; las especies que viven aquí soportan unas condiciones de presión extremas.

Biomas de agua dulce

El agua de los continentes proviene de la lluvia y del deshielo y forma las **aguas superficiales.** Estas pueden estar en movimiento, como los ríos y arroyos, o ser aguas tranquilas, como los lagos y humedales.

Aguas en movimiento

Los ríos y los arroyos son aguas en movimiento que se caracterizan por poseer mayor cantidad de oxígeno disuelto y menor cantidad de nutrientes. Entre los peces que habitan estas aguas están las truchas y los salmones.

Sabías que...

Los humedales están entre los lugares más productivos del mundo, debido a su gran diversidad biológica.

Ciencia 2.0

En los ecosistemas de agua salada hay una gran diversidad de organismos. Los más sorprendentes son aquellos que se encuentran en la zona batial. Descubre diez animales increíbles en este vídeo:

bit.ly/Animales_increibles

Aguas tranquilas

Las aguas tranquilas pueden dividirse en dos tipos: los lagos y los humedales. A pesar de presentar características similares, constituyen dos ecosistemas muy diferentes.

Lagos. En ellos se distinguen dos zonas: una primera iluminada, donde se encuentran los seres vivos y la mayoría de los nutrientes, y una zona oscura a mayor profundidad, donde apenas llega la luz y en la que se encuentran los descomponedores.

Humedales. Son zonas de transición entre el medio acuático y el terrestre, que no tienen una gran profundidad. Encontramos plantas adaptadas a medios muy húmedos, como los juncos, y peces, anfibios, reptiles y aves, como los flamencos.

Actividades

16. Busca ejemplos de peces, anfibios y reptiles característicos de humedales españoles.

17. Los salmones nacen en los ríos y allí pasan las primeras etapas de su vida. Sin embargo, durante su etapa adulta, migran al mar, donde crecen en tamaño, para después regresar adonde nacieron. ¿A qué crees que se debe esta migración? Busca información sobre ello y justifica la respuesta.

Biodiversidad

Sabías que...

Los científicos estiman que debe de haber alrededor de 8,7 millones de especies, de las cuales, hasta el momento, solo se conocen 1,3 millones.

La cantidad de seres vivos con los que compartimos el planeta es verdaderamente impresionante. De hecho, los científicos estiman que aún quedan millones de especies por descubrir.

Se denomina **biodiversidad** a todas las especies de seres vivos que habitan el planeta. Este concepto no solo hace referencia al número de especies, sino a la variabilidad genética que hay entre ellas y a la variabilidad que existe entre los diferentes ecosistemas.

La biodiversidad es imprescindible para la presencia de los seres humanos porque proporciona una gran cantidad de recursos naturales:

Alimentos. La agricultura, la ganadería, la pesca o la caza nos proporcionan los alimentos necesarios para tener una dieta completa y equilibrada.

Materias primas. La madera, el corcho o el papel provienen de los bosques, y algunos tejidos, como la lana, tienen origen animal.

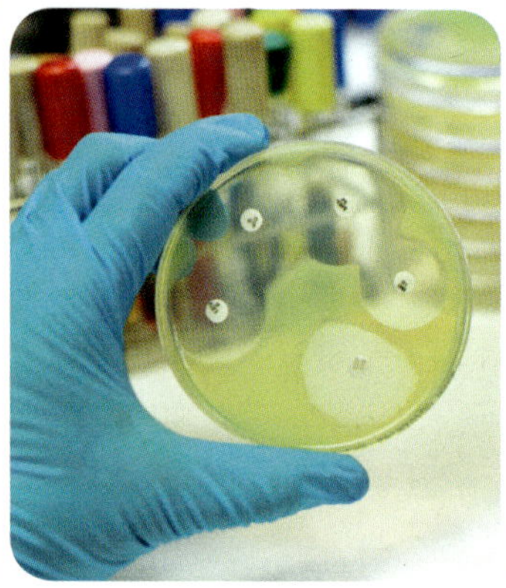

Medicamentos. Existen hongos y distintos tipos de vegetales que liberan sustancias con acción antibiótica y terapéutica.

Energía. Los restos orgánicos que sedimentan se convierten, con los años, en residuos fósiles que utilizamos para obtener energía, como el petróleo.

La biodiversidad también juega un papel esencial en la regulación de los ecosistemas:

Control de plagas. La biodiversidad permite que haya un número idóneo de depredadores que reduzcan el número de individuos de las especies que presenten un crecimiento desmedido.

Purificación del agua. La diversidad de microorganismos facilita la absorción de los contaminantes del agua, por lo que se filtra y recupera su pureza.

Regulación del clima. Los seres vivos son capaces de almacenar o liberar carbono en forma de CO_2, regulando así la cantidad de gases de efecto invernadero que se liberan a la atmósfera.

Pérdida de la biodiversidad

Desde que comenzó la Revolución Industrial hasta ahora, el ritmo al que se produce la alteración de los ecosistemas se ha acelerado de manera asombrosa. Tanto es así que la extinción de especies animales y vegetales supone una amenaza para la sostenibilidad de la especie humana.

La **pérdida de la biodiversidad** conlleva un deterioro de los recursos que los distintos ecosistemas generan e impide conservar las condiciones que permiten la vida en la Tierra.

Sabías que…

Gracias al trabajo de divulgación de científicos y científicas como Rachel Carson, en las últimas décadas ha cambiado la percepción sobre que los seres humanos seamos dueños de la naturaleza, sino que formamos parte de ella, como el resto de las especies.

Esta pérdida de biodiversidad se debe, sobre todo, a la destrucción de los ecosistemas y a la sobreexplotación de las especies que forman parte de ellos.

Destrucción de ecosistemas

La modificación del terreno para convertirlo en tierras aptas para la **agricultura,** la **ganadería** o **medios urbanos** ha dado lugar a la alteración de muchos ecosistemas. Esto conlleva la extinción de cientos de especies, pues pone en riesgo su supervivencia.

La **introducción de especies exóticas** en un ecosistema provoca la pérdida de biodiversidad, ya que modifican los hábitats, pues se convierten en invasoras y compiten con las especies nativas por los diferentes recursos. Un ejemplo es la rana toro, que constituye una amenaza para las especies autóctonas.

Sobreexplotación de especies

La **caza masiva,** para la posterior comercialización de especies en distintos sectores (alimentación, textil…), y la **pesca excesiva,** sobre todo de ejemplares de pequeño tamaño, llevan a situar en peligro de extinción a muchas especies. En 2017, por ejemplo, se declaró extinto el rinoceronte negro africano debido a su caza furtiva para la venta de la piel y los cuernos.

La **tala de árboles** para satisfacer las demandas humanas acaba con muchas de las especies vegetales y animales que habitan en los bosques. La deforestación masiva, para obtener grandes cantidades de madera, tiene lugar en distintas zonas del planeta. En el Amazonas, por ejemplo, en los últimos 40 años se ha perdido el 20 % de la superficie de la selva.

Actividades

18. Los *hotspots* son áreas del planeta en los que la biodiversidad es muy elevada, pero están amenazados. Consulta este enlace para ampliar conocimientos sobre este tema: **bit.ly/Biodiversidad_planeta**. Observa el mapa y anota cinco áreas donde la pérdida de biodiversidad sea una amenaza. Escoge un país de los citados anteriormente e investiga qué causas son las que determinan que sea considerado un *hotspot*.

19. Piensa en un par de ejemplos reales en los que los seres vivos contribuyan a regular el funcionamiento de los ecosistemas.

Conservación de la biodiversidad

Los beneficios que nos aporta la diversidad biológica son innumerables, por lo que preservar los distintos ecosistemas en las condiciones adecuadas es vital para su desarrollo.

Para ello es necesario, primero, ser conscientes del impacto que tiene en nuestro día a día. Cada uno de nosotros tiene la responsabilidad de cuidar y conservar su medio.

Entre las medidas que pueden adoptarse para evitar la destrucción de ecosistemas y prevenir la desaparición de especies, están las siguientes:

Crear **espacios protegidos,** como parques naturales o reservas de la biosfera, para asegurar la supervivencia de especies en peligro de extinción. Un ejemplo es el Parque Nacional de Doñana, donde más de 300 especies de aves acuden en busca de climas cálidos.

Explotar los recursos naturales de forma sostenible, ya que la sobreexplotación provoca que a la naturaleza no le dé tiempo a regenerarse, lo que supone una amenaza para la supervivencia de los seres vivos.

Reducir la contaminación a todos los niveles, es decir, tanto la emisión de gases que aumentan el efecto invernadero o producen lluvia ácida como el vertido de plásticos en ecosistemas acuáticos, que puede poner en riesgo la vida de su fauna.

Prevenir incendios en ecosistemas terrestres. Para ello será necesario hacer un uso prudente del fuego, evitar hogueras en lugares con mucha vegetación o pedir autorización para la quema de rastrojos o restos vegetales.

Actividades

20. Cita tres acciones del ser humano que pongan en peligro la biodiversidad del planeta y tres acciones que contribuyan a resolver los problemas generados por ellas.

21. Aunque el problema de la pérdida de biodiversidad es global, cada uno de nosotros podemos actuar de manera individual para intentar reducir el número de especies amenazadas. Bajo el lema «piensa global, actúa local», realiza una lista de cinco acciones que puedas llevar a cabo y que contribuyan a la conservación de la biodiversidad.

Mapa conceptual

Rellena en tu cuaderno el mapa conceptual, complétalo y crea un mapa mental con todo lo que has aprendido de los ecosistemas.

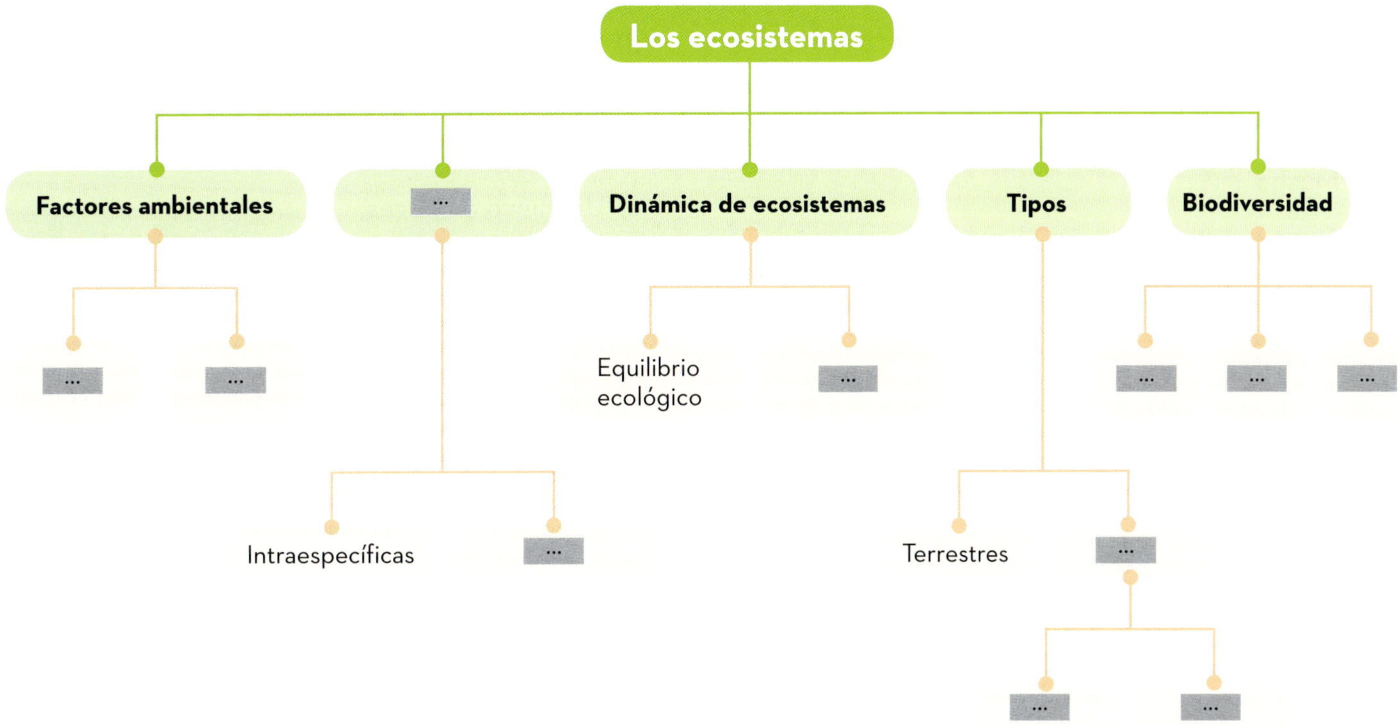

Investigamos

En este enlace se pueden consultar los ecosistemas más amenazados del mundo:

bit.ly/Ecosistemas_amenazados

Se asignará un ecosistema a cada uno y, por equipos, llevaréis a cabo la siguiente investigación:

Parte 1. Análisis individual

Analiza el caso práctico que se te ha asignado, siguiendo estos pasos:

- Localiza la zona geográfica que presenta el caso en Google Earth.
- Explica qué factores abióticos influyen en tu ecosistema.
- Cita los factores bióticos que se pueden encontrar en él.

Parte 2. Reunión de expertos

En cada grupo cooperativo, habrá una persona que se dedique a investigar sobre el mismo caso que tú. Reúnete con los expertos para contrastar ideas, intercambiar opiniones y para llegar a conclusiones consensuadas.

Parte 3. Puesta en común

Tras haber alcanzado conclusiones con el grupo de expertos, transmite lo aprendido a tu grupo de referencia. De igual manera, anota en tu cuaderno las características de los ecosistemas de tus compañeros.

Parte 4. Presentación

Después de compartir con el grupo lo aprendido, reunid todos vuestros casos en una sola presentación y compartidla.

Actividades finales

Los ecosistemas

1. Determina cuáles de los siguientes factores son bióticos y cuáles son abióticos:

a) Lluvia

b) Manada de elefantes

c) Musgo

d) Temperatura

e) Grado de salinidad del agua

f) Arboleda

g) Ausencia de luz

h) Hongos

2. Observa la siguiente red trófica y responde a las preguntas:

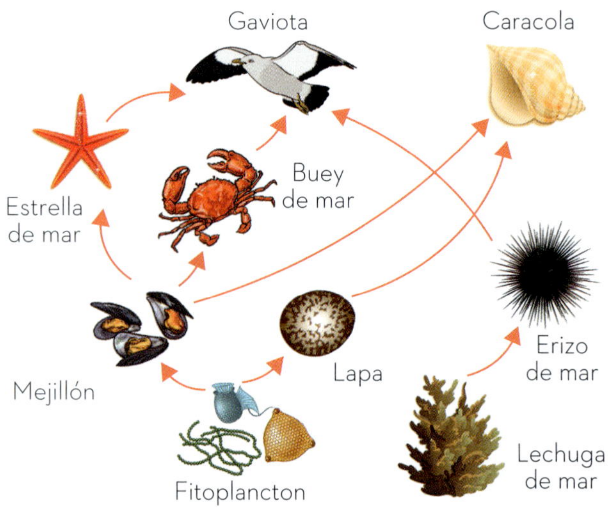

a) Representa tres cadenas tróficas que observes en la imagen.

b) Identifica a los productores. ¿Qué función cumplen en el ecosistema?

c) ¿Qué nivel trófico ocupa la gaviota?

d) ¿Qué ocurriría en este ecosistema si desapareciese el fitoplancton?

3. ¿Por qué es tan importante la función de los descomponedores en el ecosistema?

4. ¿Qué diferencia hay entre las relaciones intraespecíficas y las interespecíficas?

5. ¿Qué tipo de relaciones se establecerán entre los miembros de una colmena de abejas? Justifica la respuesta.

6. Indica el tipo de relación que se establecerá entre los siguientes seres vivos y si los individuos saldrán beneficiados o perjudicados de dicha interacción:

a) Un zorro y un conejo

b) Un tiburón y un pez rémora

c) Un piojo y un ser humano

d) Un banco de peces

e) Una gacela y un antílope

Dinámica de ecosistemas

7. ¿Qué significa *equilibrio ecológico*? ¿Por qué es importante que los ecosistemas mantengan dicho equilibrio?

8. ¿Qué factores naturales y humanos crees que pueden alterar el equilibrio de un ecosistema? Cita dos ejemplos en cada caso.

9. Teniendo en cuenta las acciones humanas que alteran los ecosistemas que has citado en el ejercicio anterior, propón dos soluciones que ayuden a recuperar el equilibrio ecológico.

10. ¿Has oído hablar alguna vez de la migración de las cigüeñas? Busca información sobre ello y responde a las siguientes preguntas:

a) ¿En qué época del año se produce dicha migración? ¿Por qué?

b) ¿De qué manera crees que puede ayudar esto a las poblaciones de cigüeñas?

11. Imagina una situación en la que una población de conejos tenga suficientes recursos como para crecer y reproducirse sin problema. ¿Qué ocurriría si apareciese una manada de zorros? ¿Con qué tipo de estrategia asociarías este ejemplo?

Ecosistemas terrestres y acuáticos

12. Cita tres componentes que puedan formar parte de la materia orgánica que forma el suelo.

13. ¿Qué organismos se encargan de formar el humus del suelo?

14. ¿Qué diferencias encuentras entre el suelo joven y el suelo maduro?

15. Completa el siguiente perfil del suelo en tu cuaderno con la información que falta.

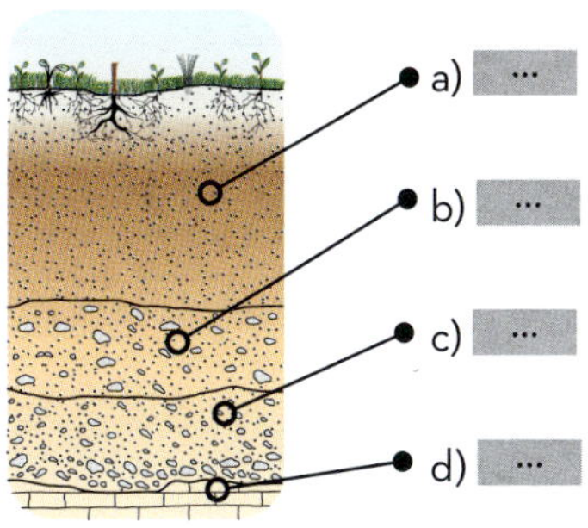

16. ¿Crees que un suelo con un horizonte O cubierto de hierba sufrirá las mismas transformaciones que un suelo del mismo tipo con un horizonte O sin hierba?

17. Construye tres cadenas tróficas que puedan darse en el suelo, de manera que en todas aparezca al menos un individuo perteneciente a cada uno de los niveles tróficos.

18. Observa los ecosistemas que aparecen en las siguientes imágenes y responde a las preguntas:

a) Di, en cada caso, si es un ecosistema terrestre o uno acuático.

b) ¿Con qué tipo de ecosistema asocias cada imagen?

c) Identifica qué posibles factores bióticos y abióticos pueden formar parte de cada uno de los ecosistemas.

19. Trata de buscar una explicación a las adaptaciones que presentan los siguientes individuos:

a) Las branquias de los peces.

b) Las espinas de los cactus.

c) Desarrollo de extensas raíces en algunas plantas.

d) La gruesa capa de grasa que presentan las focas bajo la piel.

e) El exoesqueleto de algunos artrópodos.

20. Investiga cuáles son las especies endémicas españolas, elige dos y describe en qué tipo de ecosistema viven. Puedes encontrar información en este enlace: **bit.ly/Especies_endémicas**.

21. ¿Qué diferencias hay entre un río y un lago? ¿Y entre un lago y un humedal?

22. ¿Por qué crees que en la zona litoral hay más biodiversidad que en la zona oceánica?

23. Busca información sobre los tipos de animales marinos que puedes encontrar y di en qué grandes grupos se dividen. Puedes encontrar información en este enlace: **bit.ly/organismos_marinos**.

Biodiversidad

24. ¿Qué consecuencias puede tener la pérdida de biodiversidad?

25. Los siguientes animales forman parte de la fauna española. Busca información sobre el ecosistema en el que habitan y a qué se debe que se encuentren en la lista de animales en peligro de extinción:

a) Lince ibérico

b) Águila imperial

c) Oso pardo

d) Quebrantahuesos

e) Urogallo

f) Atún rojo

26. Hace ya unos años, hubo un anuncio de televisión en el que aparecían unos bancos de peces y un eslogan que decía: «Pezqueñines no, gracias, hay que dejarlos crecer».

a) ¿A qué problema medioambiental crees que hacía referencia el anuncio?

b) ¿Cuál crees que era su objetivo?

Escribe dos ideas que tengas claras y que sean fundamentales.

Realiza dos preguntas sobre aspectos que no te han quedado claros.

Escribe dos aspectos sobre los que te gustaría profundizar.

PISA

Fuente: Ministerio de Educación

Según el diagrama que ves a continuación, la red trófica A representa un ecosistema más diverso, y, por lo tanto, con más alternativas en los flujos de alimento, que la red trófica B.

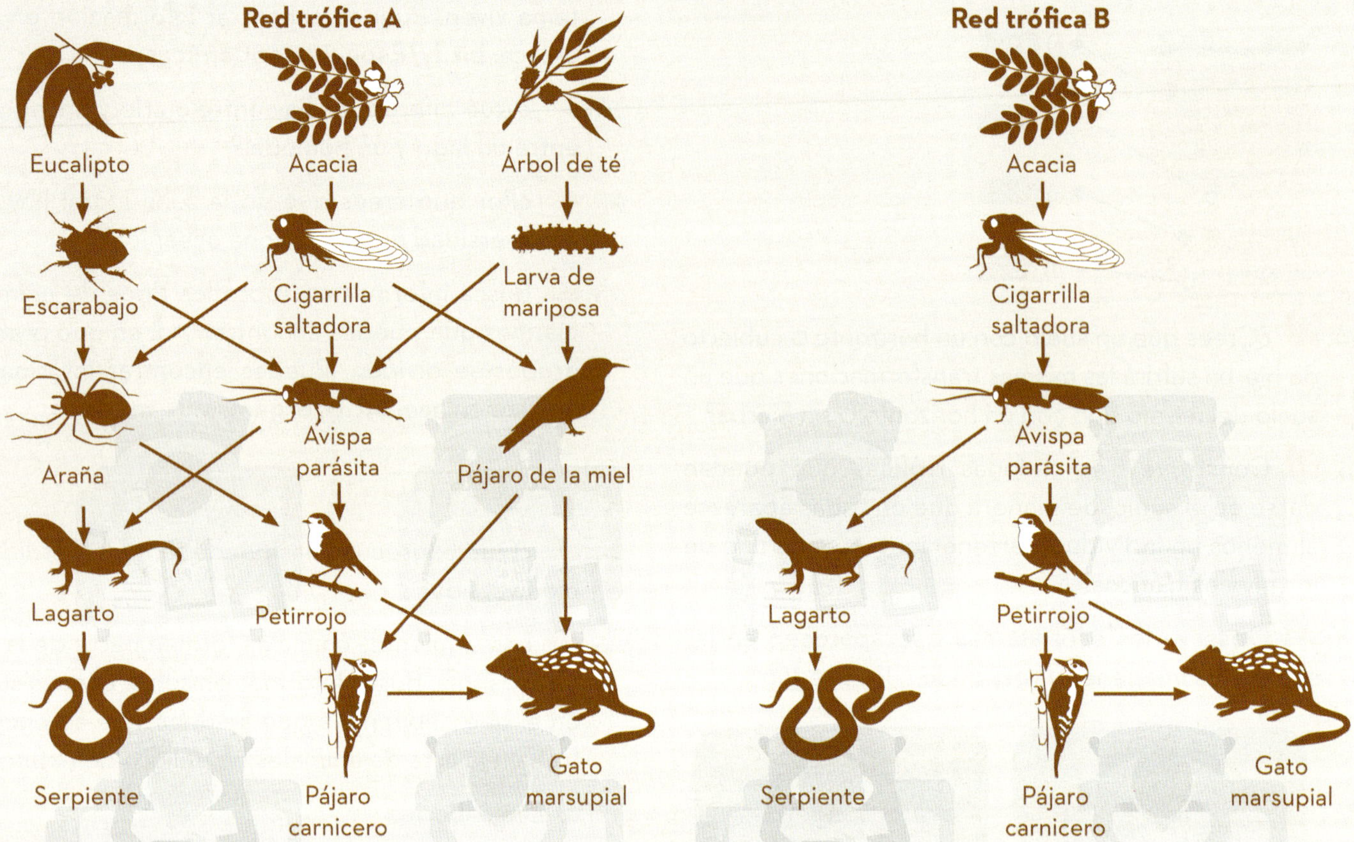

Pregunta 1

Observa la red trófica A. Solo dos animales de esta red trófica tienen tres fuentes directas de alimentación. ¿Cuáles son?

a) El gato marsupial y la avispa parásita.

b) El gato marsupial y el cuervo.

c) La avispa parásita y la cigarrilla saltadora.

d) La avispa parásita y la araña

e) El gato marsupial y el pájaro de la miel

Pregunta 2

Las redes tróficas A y B se encuentran en lugares diferentes. Supón que las cigarrillas saltadoras se extinguieron en ambos lugares. ¿Cuál de las siguientes sería la mejor predicción y explicación del efecto que tendría este hecho en las redes tróficas?

a) El efecto sería mayor en la red trófica A porque la avispa parásita solo tiene una fuente de comida en la red A.

b) El efecto sería mayor en la red trófica A porque la avispa parásita tiene varias fuentes de comida en la red A.

c) El efecto sería mayor en la red trófica B porque la avispa parásita solo tiene una fuente de comida en la red B.

d) El efecto sería mayor en la red trófica B porque la avispa parásita tiene varias fuentes de comida en la red B.

Hicieron ciencia

La columna de Winogradsky

A principios del siglo xx, el microbiólogo ruso Serguéi Winogradsky diseñó una técnica para construir un ecosistema. Se trata de la columna de Winogradsky; no es un ecosistema típico, ya que no está formado por organismos microscopios capaces de interactuar entre sí y con el medio que les rodea.

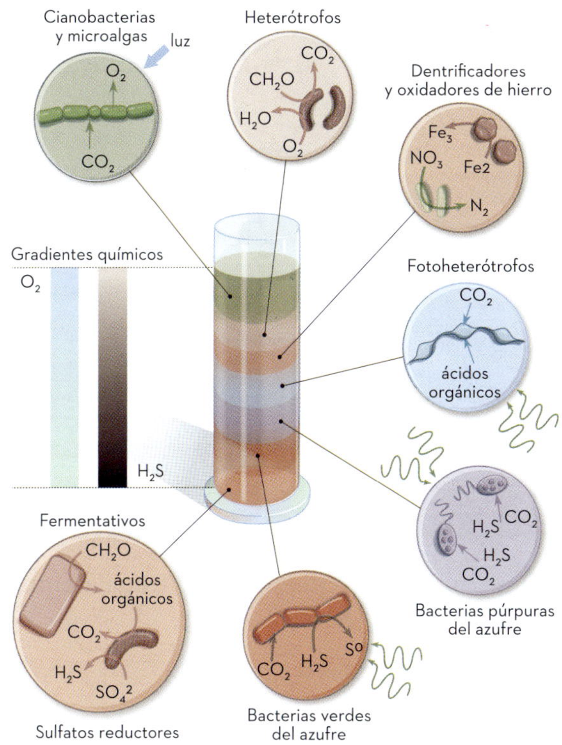

¿Quieres probar a hacer tu propia columna?

1. En un tarro de cristal, introduce barro con gran cantidad de materia orgánica.
2. Añade algo de yeso y roca caliza en polvo, que serán los compuestos que actúen como fuente de azufre, necesario para el metabolismo de ciertos microorganismos, y de calcio, que regulará el pH.
3. Añade una pequeña porción de agua estancada.
4. Tapa con papel de aluminio y déjalo al sol durante seis semanas.

Pasado ese tiempo, verás que la columna tiene bandas de distintos colores. En la parte superior, de color verde, se encuentran los organismos fotosintéticos, como las cianobacterias, que generan grandes cantidades de oxígeno. Según se baja por la columna, la cantidad de oxígeno disminuye y los microorganismos que crezcan ahí serán capaces de vivir en unas condiciones de O_2 muy pobres. A su alrededor se encuentran otros microorganismos que utilizarán los productos que liberan las distintas bacterias. En la zona inferior se localizan las bacterias que no necesitan oxígeno para realizar sus funciones vitales; son las bacterias púrpuras del azufre, que darán lugar a una fina banda de color morado, y las bacterias verdes del azufre, que darán lugar a una banda de color verde.

a) ¿Por qué crees que es posible que los microorganismos se mantengan vivos sin la necesidad de añadir nutrientes a la columna?

b) ¿Sería posible invertir el orden de los microorganismos y que el ecosistema no se viese alterado?

El desafío

Para hacer un repaso divertido de los conceptos fundamentales del tema de ecosistemas, poneos por parejas y preparad vuestros dispositivos electrónicos: ¡Vamos a jugar al Kahoot! Para ello, debéis elegir el nombre de vuestro equipo e introducid el pin en la página de **kahoot.it** con el número de pin que os dé vuestra profesora o vuestro profesor.

Ahora preparad vuestra mente y vuestros dedos; en la pantalla os aparecerá una pregunta con las posibles respuestas. Los más rápidos en contestar obtendrán puntos con cada respuesta correcta.

Proyecto: descubriendo tu ciudad

El objetivo de este proyecto es acercarnos un poco más a la realidad que nos rodea y conocer cuáles son las características biológicas de la ciudad o la zona en la que vivimos a partir de un análisis detallado de los distintos componentes de sus ecosistemas. Para ello dividiremos el proyecto en tres partes:

1. Identificar los lugares de mayor biodiversidad de la zona y hacer un estudio de los componentes bióticos y abióticos que la caracterizan.
2. Elaborar un herbario en el que aparezcan los diez ejemplares vegetales más representativos de la zona.
3. Diseñar y llevar a cabo un plan de concienciación y acción para conservar dicha biodiversidad.

Estudio biótico y abiótico de la zona

En esta primera parte del proyecto trabajaremos estudiando el biotopo y la biocenosis de la zona. Para ello, primero se hará un trabajo de investigación en el que formaréis dos parejas dentro de cada grupo: la **pareja biotopo** y la **pareja biocenosis.**

Pareja biotopo

Seréis los encargados de buscar de manera individual cuáles son los factores abióticos que caracterizan la zona; fijaos en la temperatura a lo largo del año, la humedad, las precipitaciones y el tipo de suelo. Podéis utilizar este enlace como apoyo: **bit.ly/Climas_mundo**. Tras 20 minutos de búsqueda, contrastaréis la información buscada entre vosotros y haréis una presentación en la que se describan las características principales que conforman el biotopo de la zona.

Pareja biocenosis

Seréis los encargados de hacer una búsqueda individual de las especies animales y vegetales características del lugar. Seguramente, en la página del ayuntamiento de vuestra ciudad se pueda encontrar información valiosa sobre estos puntos. Tras 20 minutos de búsqueda, contrastaréis la información buscada entre vosotros y haréis una presentación en la que se describan las características principales que conforman la biocenosis de la zona.

Después, pondréis en común con todo vuestro equipo y uniréis ambas presentaciones en un mismo documento.

Reconocimiento de la zona

En la segunda fase del proyecto, haremos una sesión de exploración en donde el profesor o la profesora repartirá a cada equipo un mapa de la zona en el que vendrá señalada la localización de los diez ejemplares vegetales más representativos del lugar.

De nuevo, formaréis parejas dentro de cada equipo para repartiros el trabajo; cada pareja se centrará en localizar cinco de las diez especies vegetales que han señalado. Para demostrar que habéis encontrado la planta indicada, tendréis que recolectar una hoja característica de cada una de las especies vegetales. Guardadla en una bolsita transparente e indicad su nombre y las características que veis que presenta.

Elaboración de un herbario

Un **herbario** es una colección de plantas o partes de plantas que han sido disecadas e identificadas. En él se indica el lugar y la fecha en la que ha sido recogido cada ejemplar.

1. Ahora es vuestro turno. Con los ejemplares que hayáis recogido, elaboraréis, por equipos, vuestro propio herbario. Para ello seguiréis estos pasos:
2. Unid once hojas DIN A4 con un lazo o una cuerda, de manera que os quede un pequeño libro.
3. Cread una portada en la que indiquéis el nombre de los componentes del grupo.
4. Cada ejemplar ocupará una hoja en blanco, en la que además tendréis que detallar la siguiente información:
   a) Nombre común.
   b) Nombre científico.
   c) Lugar y fecha donde se ha recogido.
   d) Indicar si se trata de una planta gimnosperma o angiosperma y detallar al menos tres características que la definan.

Conservación de la biodiversidad

Seguramente, durante la sesión de reconocimiento, en la que recogisteis los ejemplares de vuestro herbario, descubristeis que la zona en la que vivís tiene muchas cosas que desconocíais; entre ellas, la gran variedad de organismos vivos que os rodean. Sin embargo, existen muchos factores que amenazan diariamente esa biodiversidad: la contaminación acústica, la atmosférica, el vertido de desperdicios en espacios naturales..., acciones humanas que, entre todos, podemos ayudar a evitar o, al menos, reducirlas. Para ello, iniciaremos una campaña de concienciación sobre el medio ambiente.

Cada alumno escribirá en un pósit una acción individual que pueda contribuir a la conservación de la biodiversidad y lo pegará en la pizarra. Se votarán las mejores ideas, tantas como grupos cooperativos haya. A cada grupo se le asignará una idea y tendrá que grabar un anuncio en vídeo. El anuncio deberá cumplir los siguientes requisitos:

1. Tener una duración de entre 30 y 90 segundos.
2. Versar sobre la importancia de la biodiversidad de la zona.
3. Promover la idea que se le ha asignado al grupo.

Finalmente, los vídeos se visionarán en clase para que podamos ver y poner en común el trabajo de los distintos grupos.

Cada alumno hará una evaluación de lo aprendido tras reflexionar sobre las siguientes preguntas:

¿Qué he aprendido con este proyecto? ¿Cómo he obtenido esos conocimientos? ¿Qué evidencias tengo de ello? ¿Podría mejorar el proyecto en algún aspecto?

Anexo. El relieve terrestre y su evolución

Sumario

Al observar el relieve que nos rodea, con sus valles, montañas y llanuras, podemos llegar a la conclusión de que siempre ha sido así, invariable. Pero esta idea es totalmente falsa. A lo largo del tiempo, agentes geológicos como el agua, el viento, los volcanes y los terremotos han modelado el paisaje; algunos de manera lenta, casi imperceptible; otros de una forma más brusca.

También los humanos participamos de este cambio: alteramos el relieve natural con pueblos o ciudades, con campos de cultivo, carreteras, áreas industriales y un largo etcétera.

Descubre

Admiramos el paisaje, nos gusta caminar cerca del mar o por la montaña, rodearnos de naturaleza, pero no solemos preguntarnos cómo se ha formado el relieve. ¿Por qué a veces encontramos largas playas de arena y otras veces, acantilados? ¿Por qué hay fósiles marinos en la cima de una montaña?

Por parejas, observad estas imágenes y utilizad vuestra intuición para explicar cómo creéis que se ha formado cada uno de estos relieves. Anotad vuestras respuestas en el cuaderno. Al finalizar la unidad, recuperad las respuestas. ¿Lo habéis acertado?

¿Qué sé sobre el relieve terrestre?

¿Qué agentes son los responsables de la modificación del relieve?

Conozco las fases del ciclo geológico.

Identifico los agentes geológicos externos e internos.

Reconozco los factores que modelan el paisaje.

El ciclo geológico terrestre

Qué piensas sobre...

Visiona esta animación sobre la historia de una roca:

bit.ly/Historia_roca

¿Qué ideas te ha sugerido la animación?

La Tierra está sometida a una lenta y continua transformación fruto de los procesos geológicos externos e internos. Los agentes geológicos internos y externos son los responsables del modelado del relieve terrestre.

Los agentes geológicos externos son el agua (el agua subterránea, el mar, las aguas salvajes y los ríos), el viento y el hielo; la fuente de energía es el Sol.

El calor interno del planeta genera el ciclo geológico interno que se manifiesta mediante la actividad sísmica, la actividad volcánica y la tectónica.

Todos estos cambios que experimentan las rocas se pueden sintetizar en el **ciclo geológico.** El ciclo geológico comprende el **ciclo externo,** con los procesos de meteorización, erosión, transporte y sedimentación, y el **ciclo interno,** que consta de los procesos siguientes: diagénesis (procesos sedimentarios), metamorfismo y magmatismo.

Sabías que...

Antiguamente, los científicos no sabían explicar por qué se podían encontrar fósiles de animales marinos en las cimas de las montañas. El ciclo de las rocas nos ofrece una explicación al respecto: los animales marinos muertos quedan recubiertos por sedimentos que, con el paso de los milenios, se transforman en roca (diagénesis) bajo la superficie terrestre. Si las fuerzas tectónicas hacen emerger estas rocas, los fósiles pueden quedar visibles.

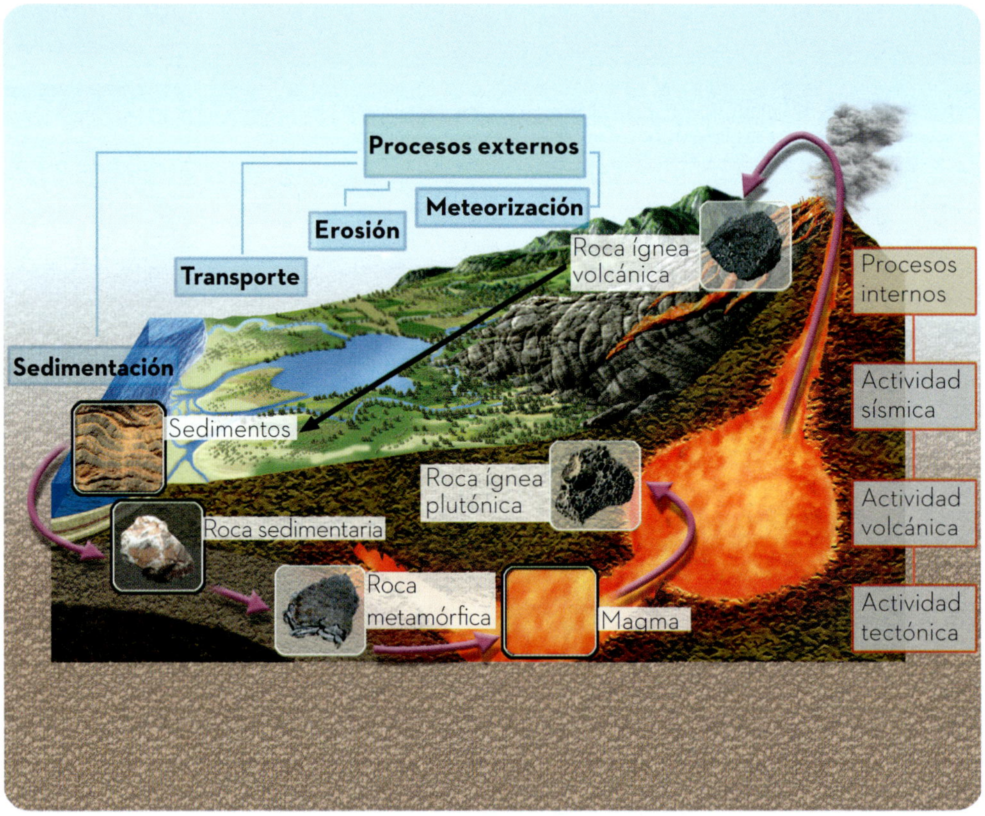

Diagénesis. Paso de sedimento a roca sedimentaria a consecuencia del aumento leve de la presión y la temperatura, que provoca el endurecimiento de los sedimentos. La caliza y la arenisca son ejemplos de **rocas sedimentarias.**	**Metamorfismo.** Cambios en la composición y textura de los minerales que forman la roca sin que llegue a fundirse a consecuencia de un aumento moderado de la presión y la temperatura. El mármol y la pizarra son ejemplos de **rocas metamórficas.**	**Magmatismo.** El aumento elevado de las condiciones de presión y temperatura produce la fusión de la roca, para originar un magma. El magma puede enfriarse lentamente en el interior de la Tierra originando **rocas plutónicas,** como el granito, o bien salir a la superficie por un volcán y enfriarse rápidamente originando **rocas volcánicas,** como el basalto.

Procesos geológicos externos

El ciclo geológico externo se da en la superficie del planeta debido a la actuación de los agentes geológicos externos, principalmente el agua, el hielo y el viento. Comprende los siguientes procesos:

Meteorización

Es la alteración de las rocas *in situ*, producida por distintos procesos que causan la disgregación de los minerales que la forman. La meteorización puede estar producida por factores físicos (cambios de temperatura), biológicos (raíces de las plantas que penetran en las grietas de las rocas) o químicos (reacciones químicas que alteran la naturaleza de la roca).

Erosión

Consiste en el **desplazamiento** de los materiales fragmentados de su lugar original, a causa de la acción del agua, el viento y el hielo. El resultado es la destrucción del relieve original.

Transporte

Es el **arrastre** de los materiales arrancados durante la fase de erosión. Los agentes de transporte son el **agua**, el **hielo** o el **viento** y cada uno de ellos moldea el paisaje de un modo distinto.

Sedimentación

Es la **deposición** de los materiales transportados cuando el agente geológico pierde la capacidad de transporte. Se realiza en las cuencas sedimentarias, que pueden ser mares, ríos, lagos, etc.

Actividades

1. ¿Cuáles son los procesos geológicos externos? ¿Qué agentes los producen?
2. De los tres tipos de rocas, ¿cuáles crees que serán las más resistentes a la erosión: las sedimentarias, las ígneas o las metamórficas? ¿Por qué?
3. ¿Cuáles son los efectos de los procesos geológicos internos? ¿De dónde proviene la energía para realizarlos?
4. Algunas actividades humanas modifican el relieve, por ejemplo el movimiento de tierras para allanar un terreno. En grupos de dos, describid otras tres situaciones en las que el ser humano actúe como un agente geológico modificando el relieve.

El modelado del relieve

Sabías que...

Los cambios en el relieve pueden ser muy lentos y prolongarse millones de años, como la formación de una cordillera, o durar minutos o días, como un terremoto o una erupción volcánica.

La erosión producida por los ríos dará lugar a un valle en **forma de V,** estrecho y profundo.

El relieve es el resultado de la actuación de los procesos geológicos internos y externos. Los agentes externos más relevantes en la modificación del relieve son el agua y el viento.

El agua

El agua es un agente modelador muy importante, tanto si está en forma líquida (torrentes, ríos, olas del mar, etc.) como si es sólida (glaciares). Como resultado, se originan diversos tipos de modelado.

El modelado fluvial

Se produce por la acción modeladora de los ríos. A lo largo de su recorrido, se distingue el curso alto, el medio y el bajo, con formas de relieve características.

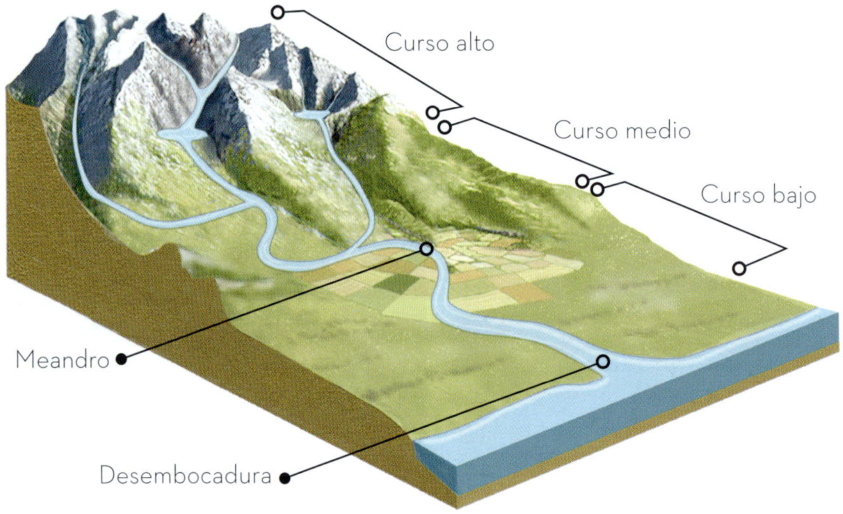

El modelado kárstico

El modelado kárstico está asociado a las rocas sedimentarias, mayoritariamente a las rocas calizas. El agua fluye por las rocas y las disuelve produciendo un modelado típico. En estos macizos montañosos se aprecian relieves característicos, como el **lapiaz,** los **cañones,** las **dolinas** y las **cuevas,** en cuyo interior se encuentran las **estalactitas** y **estalagmitas.**

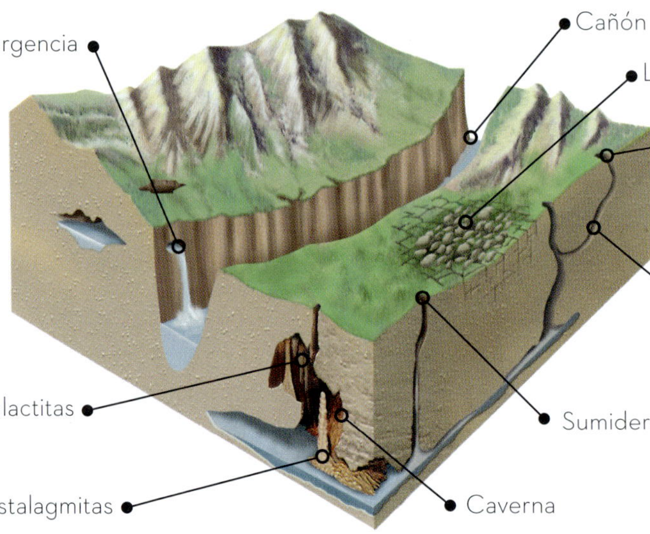

Actividades

5. Investiga: En muchas localidades de la costa mediterránea existen calles que se denominan ramblas. Investiga por qué reciben este nombre.

6. Busca las definiciones de *estalactita, estalagmita, lapiaz, sima* y *dolina*. ¿Puedes reconocer alguno de estos relieves cerca de tu localidad?

El modelado litoral

El mar golpea las rocas constantemente por las corrientes marinas, las olas y las mareas, y moldea la costa. Las corrientes litorales distribuyen los sedimentos a lo largo de la costa y los depositan en las playas. En las costas se pueden encontrar los siguientes relieves:

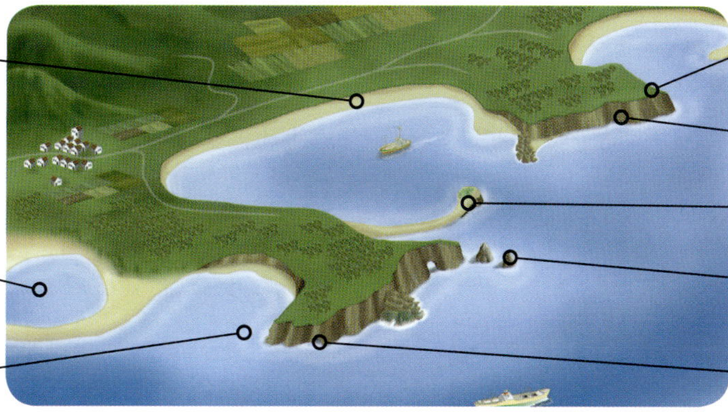

El hielo

La acción geológica del hielo se produce a través de los **glaciares,** que son grandes acumulaciones de nieve que fluyen por las laderas de las montañas y originan el **modelado glacial.**

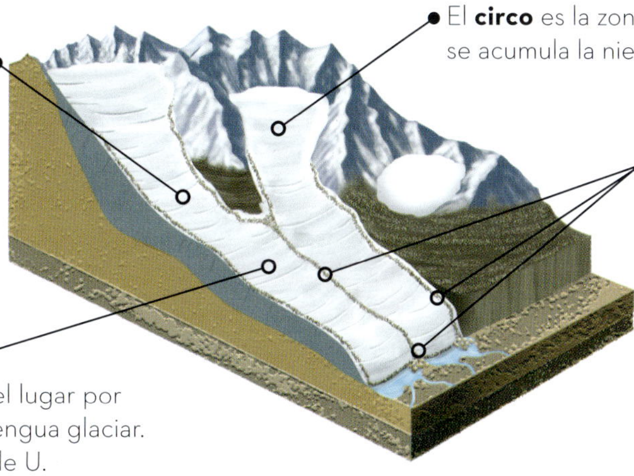

El viento

El viento modela toda la superficie terrestre, pero su acción es más relevante en las zonas sin vegetación. El viento origina diversas formas de relieve:

Dunas. Son acumulaciones de sedimentos que se forman cuando las partículas en suspensión encuentran un obstáculo o el viento disminuye de velocidad.

Piedras seta. Son el resultado de la **abrasión eólica,** que es el desgaste de las rocas cuando las partículas chocan entre sí y sobre los obstáculos que encuentran.

Sabías que...

En el modelado litoral hay zonas en las que predomina la sedimentación y se originan playas y tómbolos; en las zonas en las que predomina la erosión se forman acantilados y cuevas.

La erosión producida por los **glaciares** dará lugar a un valle **en forma de U,** paredes escarpadas y fondo plano.

Actividades

7. Los humanos influimos en nuestro entorno. En grupo, elegid un paisaje próximo y analizad qué factores geológicos lo han modelado. A continuación, explicad qué actividades humanas se desempeñan en él y cómo estas actividades lo modifican.

8. Busca el significado de las palabras *desertización* y *desertificación* y deduce en qué se diferencian ambos términos.

Actividad sísmica y volcánica

Ciencia 2.0

¿Por qué se mueven las placas tectónicas?

bit.ly/Movimiento_placas

Como ya has estudiado en la unidad de la geosfera, la capa superior de la Tierra está fragmentada en una serie de **placas tectónicas** que cubren toda su superficie. Estas placas no se mantienen quietas, sino que se mueven lentamente.

Como resultado, unas placas se separan entre sí, mientras que otras chocan. En este caso, las dos placas pueden plegarse y originar grandes cordilleras, como la del Himalaya, o también una placa puede deslizarse debajo de otra, como en el caso de los Andes. Estos movimientos relativos entre placas originan terremotos y erupciones volcánicas. Por esta razón, la distribución del vulcanismo y la sismicidad en la superficie terrestre no es al azar, sino que se localizan mayoritariamente en los límites de las placas tectónicas.

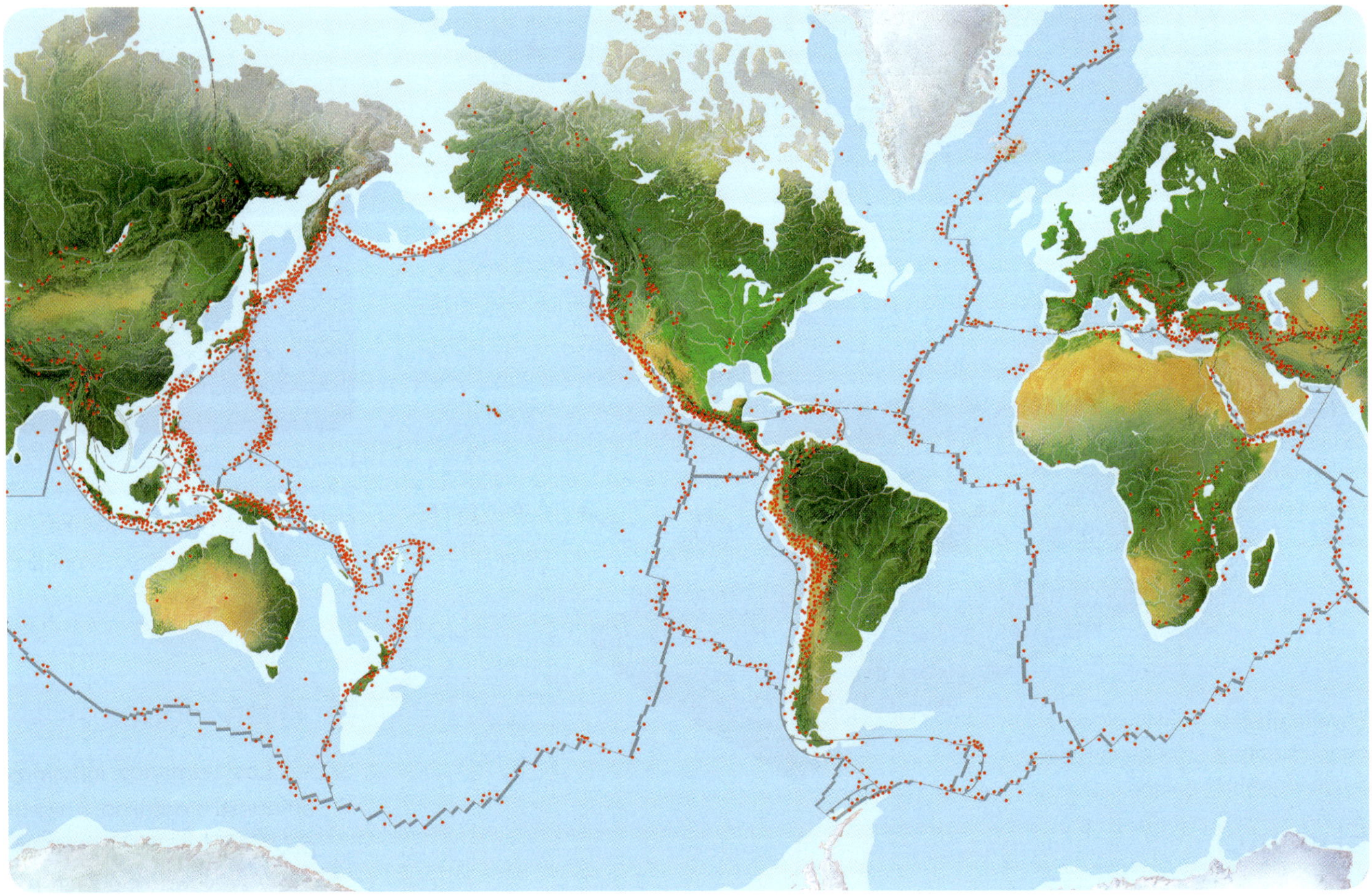

Actividades

9. Investiga: ¿Qué son las fuentes termales? ¿Por qué se producen? ¿Existe alguna cerca de tu población?

10. Busca fotografías de muestras del vulcanismo peninsular y del vulcanismo en las islas Canarias.

El vulcanismo en España

En España hay diversas manifestaciones de vulcanismo. Para su estudio, se divide en dos grupos: el que se ha producido en la Península y el que tiene lugar en las islas Canarias.

- El vulcanismo peninsular se localiza en la zona de la Garrotxa (Gerona), el Campo de Calatrava (Ciudad Real), el Cabo de Gata (Almería), el zona volcánica de Cofrentes (Valencia) y las islas Columbretes (Castellón), todos ellos extintos. También queda actividad volcánica residual en forma de fuentes termales.
- El vulcanismo en las islas Canarias, a diferencia del peninsular, es activo. Se atribuye al ascenso de magma a través de fracturas desde la base del manto.

La sismicidad en España

La sismicidad se produce cuando las rocas se fracturan debido a tensiones ocasionadas por el movimiento de las placas tectónicas. Son temblores o vibraciones de la corteza terrestre que pueden llegar a ser muy intensos.

En España, las zonas con mayor sismicidad se encuentran en los Pirineos, ya que es una zona de choque de placas; también en el sureste de la Península, en la zona de Murcia y Granada. En el mar de Alborán (Málaga) se localizan fallas muy activas que han generado seísmos importantes. En el mapa se puede apreciar la localización de los terremotos ocurridos recientemente en España; este nos permite descubrir cuáles son las zonas más propensas a ellos, si bien se trata de terremotos leves en muchas ocasiones.

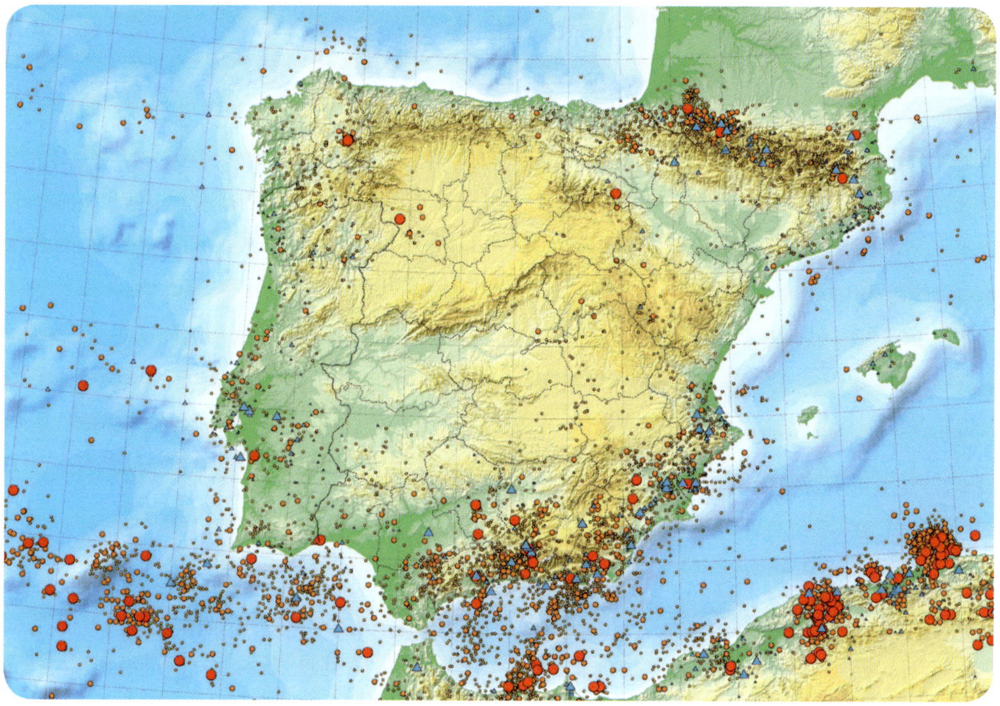

Vocabulario

Foco sísmico o **hipocentro** es el lugar del interior del planeta donde se produce la fractura y se generan las ondas sísmicas.

Epicentro es el primer punto de la superficie donde llegan las ondas sísmicas y donde se producen más daños.

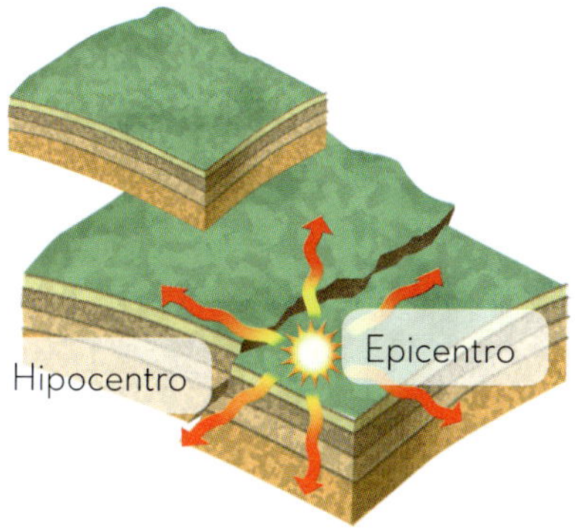

Sabías que...

Cada día se producen terremotos, pero no todos causan daños o son perceptibles a escala humana.

Vulcanismo y sismicidad en la Comunidad Valenciana

En la Comunidad Valenciana se encuentran dos puntos de interés con manifestaciones volcánicas: las islas Columbretes, en Castellón, y la zona volcánica de Cofrentes, con el volcán Cerro de Agrás. Los dos son un ejemplo de volcanes extintos, por lo que no hay riesgo inminente para la población.

En cuanto a la probabilidad de que se produzcan seísmos, la zona con más riesgo se sitúa en el sur de la provincia de Alicante, en la comarca del Bajo Segura, y en el golfo de Valencia.

De qué hablamos...

Los aparatos que captan y miden las ondas sísmicas se llaman *sismógrafos*. Y quienes estudian los seísmos a partir de los sismogramas son los *sismólogos*.

Actividades

11. Existe un cierto riesgo sísmico en el sur de la Comunidad Valenciana.

Consulta el enlace **bit.ly/Riesgo_sísmico** y extrae los consejos que se dan a la población antes, durante y después de un terremoto.

12. En Lorca (Murcia), en 2011, un terremoto causó la muerte de nueve personas e hirió a más de 300. Busca información sobre este incidente y averigua si esta población se halla en zona de riesgo sísmico. Redacta la respuesta como si fuese una noticia periodística.

Glosario

A

Aeróbico. Proceso que tiene lugar con la presencia de oxígeno. Este adjetivo se emplea para designar a los seres vivos que necesitan este gas para sobrevivir y también para designar las reacciones químicas con la participación del oxígeno que se producen en los seres vivos.

Abdomen. En los artrópodos, parte posterior del cuerpo.
pp. 164, 165, 167, 187.

Agar. Sustancia gelatinosa que forma parte de la pared celular de distintas especies de algas. Se emplea principalmente como medio de cultivo para bacterias y como espesante alimentario. También se denomina agar-agar.
p. 123.

Agua. Molécula formada por un átomo de oxígeno y dos de hidrógeno. Es una molécula esencial para el desarrollo y mantenimiento de la vida. Su fórmula química es H_2O.
pp. 16, 18, 19, 27, 32, 33, 35, 36, 46, 50, 57, 58, 63, 69, 72, 73, 74, 75, 76, 77, 78, 79, 80, 81, 82, 83, 84, 86, 87, 88, 89, 90, 91, 92, 93, 94, 96, 97, 98, 108, 112, 116, 118, 123, 135, 136, 137, 138, 139, 141, 142, 143, 144, 150, 158, 163, 168, 175, 177, 178, 180, 181, 190, 192, 200, 202, 203, 205, 208, 209, 210, 214, 217, 220, 222, 223, 224.

Anaeróbico. Proceso que tiene lugar sin la presencia de oxígeno. Este adjetivo se emplea para designar a los seres vivos que pueden vivir sin este gas, como muchas bacterias, y también para las reacciones químicas que tienen lugar en el organismo sin que participe el oxígeno.
p. 58.

Arenisca. Roca sedimentaria formada por granos finos y redondeados, inferiores a 2 mm y mayores que 0,06 mm.
pp. 44, 45, 222.

B

Bridgmanita. Mineral que constituye la mayor parte del manto interno, por lo que se cree que también es el mineral más abundante del planeta.
pp. 35, 48, 49.

Buche. Engrosamiento del tubo digestivo de las aves, en el esófago, que se utiliza para almacenar el alimento.
pp. 184, 185.

C

Campo magnético terrestre. Zona alrededor de la Tierra influenciada por las fuerzas magnéticas generadas en el núcleo terrestre. El campo magnético protege la Tierra de las radiaciones que provienen del espacio, especialmente del Sol.
pp. 18, 34.

Calentamiento global. Aumento de la temperatura terrestre causada por un incremento del efecto invernadero. Como resultado, se espera una subida del nivel del mar, un cambio en la cantidad y distribución de las precipitaciones y un aumento de la superficie de las zonas desérticas.
pp. 64, 65, 66, 69, 200.

Cantera. Explotación minera generalmente en la superficie (a cielo abierto) de la que se extraen materiales rocosos destinados principalmente a la industria y a la construcción.
p. 45.

Carbón mineral. Roca sedimentaria formada por acumulación de restos vegetales. Debido a su alto contenido energético, se utiliza como combustible. En contraposición, se habla de *carbón vegetal* cuando el carbón se obtiene de quemar parcialmente la madera.
p. 45.

Carbono. Elemento químico que en estado puro forma el diamante y el carbono. Se trata de un elemento esencial para la vida al formar parte de la mayoría de compuestos orgánicos. Su símbolo químico es C.
pp. 10, 16, 19, 32, 52, 55, 56, 58, 62, 63, 64, 65, 67, 69, 70, 74, 97, 98, 136, 138, 178, 210.

Cefalotórax. En los crustáceos, parte anterior del cuerpo resultado de la fusión de la cabeza y el tórax.
pp. 165, 166.

Clorofila. Principal pigmento fotosintético de las plantas, las cianobacterias y las algas.
pp. 122, 123, 138, 146.

Clorofluorocarbonado (CFC). Compuesto fabricado por el ser humano formado por carbono (C),

flúor (F) y cloro (Cl) cuya presencia en la atmósfera destruye las moléculas de ozono.
p. 62.

Conglomerado. Roca sedimentaria formada por fragmentos más o menos redondeados de un tamaño superior a los 2 mm.
pp. 42, 44.

D

Densidad. Cantidad de masa que cabe en un volumen concreto. Las unidades con las que se expresa la densidad son los kg/m^3 y los g/cm^3.
pp. 32, 36, 56, 57, 68, 81, 89.

Dicotomía. División de un concepto en dos aspectos que, en la mayoría de los casos, son opuestos. Se emplea esta característica para crear claves dicotómicas.
p. 106.

Dióxido de carbono. Gas que forma parte de la atmósfera terrestre, compuesto por un átomo de oxígeno y dos de carbono. Se trata de una sustancia esencial para la vida porque es la principal fuente de carbono; además, es el responsable principal del efecto invernadero. Su fórmula química es CO_2.
pp. 16, 19, 32, 52, 55, 56, 58,62, 63, 64, 65, 69, 70, 74, 136, 138, 178.

E

Efecto invernadero. Proceso por el cual la radiación térmica reflejada por la superficie terrestre y por la atmósfera es absorbida por los gases de efecto invernadero, que a su vez la irradian en todas direcciones y una parte considerable es devuelta a la superficie terrestre; en consecuencia, la temperatura superficial terrestre aumenta.
pp. 64, 65, 69, 70, 210, 212.

Embrión. Etapa inicial del desarrollo de un ser vivo mientras se encuentra en el útero de la madre o en el interior de un huevo.
pp. 141, 147, 186, 187.

Encéfalo. Parte del sistema nervioso localizada en el interior del cráneo y que está formada por el cerebro, el cerebelo y el bulbo raquídeo.
pp. 176, 177, 188.

Exoplaneta. Planeta que orbita alrededor de una estrella diferente a nuestro Sol.
pp. 7, 18.

Esporofito. En los seres vivos que presentan dos generaciones, es la formación que origina las esporas y que, por lo tanto, se reproduce asexualmente.
pp. 142, 143, 144.

F

Ficoeritrina. Pigmento rojo que se encuentra en las algas rojas o rodófitas.
p. 123.

Fucoxantina. Pigmento de color marrón que se encuentra en las algas pardas o feofíceas.
p. 123.

Floema. Tejido conductor de las plantas por el que circulan los nutrientes producidos desde las hojas hacia el resto de la planta.
p. 137.

Fuerza de gravedad. Fuerza de atracción que ejerce la masa de la Tierra u otro cuerpo celeste sobre los cuerpos cercanos él.
p. 24.

G

Gametofito. En los seres vivos que presentan dos generaciones, es la formación que origina las células sexuales y que, por lo tanto, se reproduce sexualmente.
pp. 142, 143, 144.

Gas de efecto invernadero. Gas que forma parte de la atmósfera terrestre que absorbe radiación calorífica y la irradia en todas direcciones. Los principales gases de efecto invernadero son el dióxido de carbono, el vapor de agua y el metano.
p. 64.

Glucosa. Azúcar (glúcido) formado por seis carbonos. Se trata de una molécula esencial para los seres vivos, por ser el principal nutriente utilizado por las células para obtener energía. También es el principal producto obtenido en la fotosíntesis.
p. 138.

H

Hidrógeno. Elemento químico gaseoso en las condiciones presentes en la superficie terrestre. Se trata de un gas incoloro, inodoro e inflamable, y constituye el principal componente del universo.

Cuando el hidrógeno se combina con el oxígeno, forma agua. Su símbolo químico es H.

pp. 9, 10, 13, 17, 19, 26, 55, 57, 80, 98.

I

Impacto ambiental. Cualquier efecto que la actividad humana provoca sobre el medio ambiente. El impacto ambiental puede ser negativo si causa un daño al medio ambiente o positivo, cuando trata de remediar o minimizar un daño.

pp. 62, 201.

L

Larva. Animal en fase de desarrollo embrionario que tiene lugar fuera del huevo o del cuerpo de la madre. Se trata de una etapa previa al estado adulto. En los insectos, la larva es la etapa previa a la metamorfosis.

pp. 167, 180, 181, 190.

Lutita. Roca sedimentaria formada por granos muy finos, inferiores a los 0,06 mm. La arcilla es un ejemplo de lutita.

pp. 44.

M

Metano. Sustancia gaseosa formada por un átomo de carbono y cuatro de oxígeno. Está presente en el aire y se forma de manera natural durante la descomposición de la materia orgánica. Dado su alto poder calorífico, se utiliza como combustible y es el componente principal del gas natural. Su fórmula química es CH_4.

pp. 17, 58, 62, 63, 64, 68, 69, 97.

Microplástico. Pequeñas partículas de plástico que actúan como contaminantes del suelo y del agua. Estas partículas pueden ser el resultado de la descomposición de plásticos de mayor tamaño o haberse fabricado especialmente con este tamaño como componentes de muchos cosméticos.

p. 87.

Molécula. Porción más pequeña de una sustancia química que mantiene sus características y que es estable.

pp. 80, 122.

Molleja. Estómago muscular de las aves que se emplea para triturar y ablandar los alimentos. Es especialmente robusto en las aves que se alimentan de granos.

pp. 184, 185.

N

Nitrógeno. Elemento químico gaseoso en las condiciones presentes en la superficie terrestre. Es el componente mayoritario del aire y se trata de un gas incoloro e inodoro. Su símbolo químico es N.

pp. 16, 32, 55, 56, 57, 58, 62, 63, 64, 69, 93, 98, 117.

O

Oxígeno. Elemento químico gaseoso en las condiciones presentes en la superficie terrestre. Es el segundo componente mayoritario del aire, pero esencial para la mayoría de seres vivos porque se utiliza para obtener energía a partir de los nutrientes. Su símbolo químico es O.

pp. 16, 18, 19, 32, 33, 54, 55, 56, 57, 58, 68, 69, 80, 90, 94, 96, 98, 111, 119, 123, 138, 148, 163, 178, 184, 205, 209, 217.

Ozono. Molécula gaseosa formada por tres átomos de oxígeno. Se trata de un componente natural de la atmósfera, presente en grandes cantidades a unos 25 km de la superficie terrestre y cuya función es esencial para el mantenimiento de la vida, puesto que filtra las radiaciones ultravioletas que nos llegan del Sol. En las capas bajas de la atmósfera, el ozono se considera un gas contaminante, resultado del uso de combustibles fósiles. Su fórmula química es O_3.

pp. 56, 57, 58, 60, 63, 68, 97.

P

Petrogenético. Ambientes geológicos en los que tiene lugar la formación de rocas.

p. 42.

Pigmento. Molécula compleja que forma parte de muchas células y cuyas funciones son diversas: transportar oxígeno en el caso de la hemoglobina, absorber energía luminosa y transformarla en energía química, en el caso de la clorofila, o absorber la luz ultravioleta para proteger los tejidos vivos, como en el caso de la melanina.

pp. 122, 123.

Propágulo. Estructura de una planta que puede desarrollarse de manera independiente del organismo del que procede y que dará lugar a un nuevo organismo, idéntico a su progenitor.
p. 143.

Q

Queratina. Proteína fibrosa que forma parte de las capas más externas de la piel de los vertebrados, así como del pelo, la piel, las plumas y los cuernos.

R

Radiación. Emisión de energía o de partículas emitidas por un cuerpo que se propaga a través del espacio en forma de ondas.
pp. 18, 56, 57, 60, 61, 64, 65, 68, 69.

Reciclaje. Proceso de transformación de un objeto o material usado para que pueda volver a utilizarse.
pp. 46, 47, 84, 101.

Respiración. Proceso mediante el cual los seres vivos intercambian gases (dióxido de carbono y oxígeno) con el medio externo.
pp. 58, 68, 136, 138, 156, 170.

Respiración celular. Proceso que tiene lugar en el interior de las células y que consiste en obtener energía a partir de la degradación de determinados nutrientes, con la participación activa del oxígeno.
p. 138.

S

Sedimento. Conjunto de partículas sólidas acumuladas en la superficie terrestre, depositadas principalmente por la acción del agua y del viento. Los sedimentos pueden cambiar de lugar o permanecer estables durante largos períodos de tiempo, hasta que se convierten en rocas.
p. 222.

Semilla. Óvulo fecundado de una planta en cuyo interior se localizan un embrión en estado latente y diversos tipos de nutrientes que le facilitarán la germinación posterior, todo ello recubierto por unas cubiertas protectoras.
pp. 141, 144, 145, 146, 147, 148, 149, 151, 152, 185, 205.

Soro. Agrupación de esporangios en los que se localizan las esporas. En los helechos, los soros se ubican en el envés de las frondes.
p. 144.

Suelo. Parte superficial de la corteza terrestre que contiene todos los nutrientes necesarios para permitir el crecimiento de las plantas.
pp. 46, 51, 58, 63, 68, 76, 77, 116, 138, 142, 144, 147, 196, 199, 200, 202, 203, 204, 205, 214, 215, 218.

Sumidero de carbono. Depósito de origen natural o artificial que retiene carbono, lo que reduce la cantidad de dióxido de carbono atmosférico (CO_2). Los bosques en crecimiento y los océanos son los principales sumideros de carbono naturales.
pp. 52, 67.

T

Taxonomía. Ciencia que trata sobre la clasificación de los seres vivos y sobre su nomenclatura.
p. 105.

Tejido. Estructura formada por un conjunto de células similares que tienen el mismo origen y que realizan una función común.
pp. 105, 120, 122, 124, 142, 148.

Tórax. En los artrópodos, parte del cuerpo situada entre la cabeza y el abdomen.
pp. 164, 165, 167, 173.

U

Urticante. Sustancia o estructura que, al contacto con la piel, produce una sensación de escozor. Algunas plantas, como la ortiga, y algunos animales, como las medusas, contienen sustancias urticantes.
p. 172.

V

Virus. Estructura acelular muy simple capaz de reproducirse en el interior de las células que parasita.
p. 85, 112, 114, 115, 122, 130, 131.

X

Xilema. Tejido conductor de las plantas por el que circulan principalmente agua y sales minerales desde la raíz hasta las hojas.
p. 137.